21世纪高等院校规划教材

动态网页设计与制作实用教程

（第三版）

主　编　程伟渊　倪　燃

副主编　迟增晓　杨　海　张　进

中国水利水电出版社

www.waterpub.com.cn

内 容 提 要

本书在吸取前两版成功经验的基础上，校正了错误，更新丰富了实例，并以 Windows XP/Windows 7 作为操作平台，由浅入深，系统地介绍了网页的构思、规划、制作和网站建设与维护的全过程。书中以 Adobe 公司的网页制作工具（Adobe Flash、Fireworks 和 Dreamweaver）作为技术支持，结合 ASP 编程技术，详细阐释了静态、动态网页设计技术。

全书共 20 章，主要内容包括：网页设计概述，Adobe Flash CS5 基础知识，动画角色的绘制与编辑，动画的基本形式，洋葱皮、图层及声音的应用，动画技术的综合应用，Fireworks 基础知识，位图编辑与动画制作，图像的优化与导出，Dreamweaver CS5 基础知识，设计页面布局，网页元素的添加与编辑，链接、库与模板，浏览器动态网页的制作，服务器动态网页知识基础，服务器动态网页的制作，动态网页设计实例，动态站点的管理，常用 Web 技术简介以及网页的艺术设计。

书中语言简洁、流畅，概念解释准确、严谨，图文并茂，实例丰富，可操作性及实用性较强。可作为高等院校网页设计课程的教材，也可供各类网页设计爱好者阅读或参考。

本书所配电子教案及相关素材，读者可以从中国水利水电出版社和万水书苑网站免费下载，网址为：http://www.waterpub.com.cn/softdown/和 http://www.wsbookshow.com。

图书在版编目（CIP）数据

动态网页设计与制作实用教程 / 程伟渊主编. -- 3
版. -- 北京 : 中国水利水电出版社，2013.1
21世纪高等院校规划教材
ISBN 978-7-5170-0585-8

Ⅰ. ①动… Ⅱ. ①程… Ⅲ. ①网页制作工具－高等学校－教材 Ⅳ. ①TP393.092

中国版本图书馆CIP数据核字(2013)第011987号

策划编辑：雷顺加　　　责任编辑：李 炎　　　封面设计：李 佳

书　　名	21 世纪高等院校规划教材 **动态网页设计与制作实用教程（第三版）**	
作　　者	主编　程伟渊　倪 燃 副主编　迟增晓　杨 海　张 进	
出版发行	中国水利水电出版社 （北京市海淀区玉渊潭南路 1 号 D 座　100038） 网址：www.waterpub.com.cn E-mail: mchannel@263.net（万水） 　　　　sales@waterpub.com.cn 电话：（010）68367658（发行部）、82562819（万水）	
经　　售	北京科水图书销售中心（零售） 电话：（010）88383994、63202643、68545874 全国各地新华书店和相关出版物销售网点	
排　　版	北京万水电子信息有限公司	
印　　刷	三河市铭浩彩色印装有限公司	
规　　格	184mm×260mm　16 开本　20 印张　502 千字	
版　　次	2003 年 7 月第 1 版　2003 年 7 月第 1 次印刷 2013 年 1 月第 3 版　2013 年 1 月第 1 次印刷	
印　　数	0001—4000 册	
定　　价	35.00 元	

前　　言

随着计算机和通信技术的发展，互联网的触角已延伸到社会生活的各个方面。在 Internet 上建立自己的站点已不再是少数人的专利。为适应社会的需要，各高校都先后开设了网页制作课程。但适合高校学生使用的技术先进、系统完整、实践技能性强的教材十分缺乏。为填补高等学校此类教材的空白，尽快在高校学生中普及网站建设和网页制作的知识，我们组织了一些教学经验丰富，具有系统开发实战经历的教师修订编写了该教材。

1. 教材的风格特色

根据教材的适用对象和对知识能力的培养目标，教材突出了以下特色：

（1）系统性：本书系统介绍了网页制作的全过程和网站管理的基本原则，使学生对 Internet、网页、网站等概念有全面的认识。

（2）实用性：以"教学信息网"网页设计和网站管理的实例贯穿始终，通过实例讲解提高学生的实践能力。

（3）科学性：本书内容叙述详实准确，章节编排通过了专家审定并在教学实践中得到检验，效果良好。

（4）先进性：本书选用的工具软件和技术都是目前最流行的，保证了学生设计理念的先进性。

（5）通俗性：根据认知规律设计章节。本书通过醒目的标题、步骤提示和屏幕画面使读者如临操作现场，学起来轻松自如。

2. 主要内容

本书共分 20 章。第 1 章概述网页设计的基础知识，包括网页设计的基本方式、网页包括的常见元素、网页制作的常用工具、HTML 语言基础知识、动态网页的支持技术等；第 2～6 章以 Adobe Flash CS5 工具为例介绍了网页动画制作工具 Flash 的应用，包括动画的基本形式、各种动画特效技术的应用、交互动画的制作、动画的综合实例等；第 7～9 章介绍网页图像处理工具 Fireworks 的应用，包括矢量图像的处理、位图图像的处理、图像的优化与导出等；第 10～14 章介绍网页编辑工具 Dreamweaver 的基本操作，包括本地站点的建立、网页的规划设计、网页元素的编辑、服务器端动态网页的制作等；第 15～17 章讲述服务器端动态网页设计的基础知识和在 Dreamweaver 可视环境下建立动态网页的一般过程及实例；第 18 章介绍站点管理的基本要求和操作过程；第 19 章介绍网页编程的最新技术及实例；第 20 章介绍网站的艺术设计；附录部分为经典网站欣赏。

本书语言简洁、流畅，概念解释准确、严谨，图文并茂，举例新颖，在讲述原理、技术的同时，配合讲解一些有针对性的设计实例，使读者在实践中掌握动态网页制作的技巧，可操作性及实用性较强。

本书可作为高等学校网页设计课程的教材。第 1~14 章可作为非计算机专业学生的选修课或自学课教材；第 15～20 章具有一定的专业性，可供各类网页设计爱好者阅读或参考。

3. 修订说明

本书目前为第三版，在吸取了前两版成功经验的基础上，校正了错误，更新并丰富了实例，实用性更强，兼顾了广泛的读者群体。考虑到系统稳定性的要求及学生不同地区的分布特点，本书以 Windows XP/7 为操作平台，采用较新版本的 Adobe Flash CS5、Fireworks CS5、Dreamweaver CS5 为工具，介绍了以上网页制作工具软件的操作和实例演示。此外，在前 2 版的基础上适当增加了下列内容：

（1）使用 Adobe Flash CS5、Fireworks CS5 和 Dreamweaver CS5 版本替换此前 8.0 版本。

（2）第 10 章认识 Dreamweaver CS5 部分，因为 XHTML 网站设计标准中，不再使用表格定位技术，而是采用 DIV+CSS 的方式实现各种定位。所以增加了 DIV+CSS 进行页面布局的基本知识及相关实例，删减了使用布局模式进行页面布局

（3）第 13 章增加 Spry 菜单栏。

（4）由于 Dreamweaver 8 中的部分行为在 Dreamweaver CS 5 中已被摒弃，故删减了第 14 章"浏览器动态网页的制作"的相关章节，并适当地增加了预先载入图像、交换图像和转到 URL 等行为。

（5）将第 16、17 章的程序在新的环境下调试通过，并将原来有问题的程序改过。并以"说明"的形式，增加了在程序调试过程中易出错部分的提示。

（6）新版本下站点的设置及上传操作。

此次修订，由程伟渊、倪燃担任主编，迟增晓、杨海、张进担任副主编，参加编写工作的还有徐成强、王德利、王明婷、毛玉明和王克彦等同志。在编写过程中参考了多种相关书籍和资料，我们对这些书籍和资料的编著者表示衷心的感谢。

本书的第 1 章、第 20 章由程伟渊、王克彦编写，第 2～4 章由倪燃编写，第 5～6 章由杨海编写，第 7～9 章由徐成强、毛玉明编写，第 10～13 章由迟增晓编写，第 14～16 章由王德利、樊保军编写，第 17～19 章由张进编写，附录由相伟编写。

最后，我们特别对沈祥玖教授表示深切的谢意。他对本书进行了细致的审查，提出了许多宝贵意见，提高了本书的质量。此外闫德志老师对于本书的编写工作提供了大量帮助，在此我们表示深切的感谢。

限于编者水平，书中缺点及错误在所难免，恳请广大读者提出宝贵意见，以便修改。

编者
2012 年 10 月

目 录

第 1 章　网页设计概述

本章导读

　　本章主要讲解网页设计制作的基本方式、构成网页的基本元素、编辑网页的常用工具、动态网页的支持技术和网页编码的基本知识。通过本章学习，读者应该掌握以下内容：

- 网页设计的基本方式
- 网页包括的常见元素
- 网页元素的创作与编辑工具
- HTML 语言基础知识
- 动态网页的支持技术

1.1　网页设计的基本方式

　　网页设计制作的基本方式包括：手工直接编码、利用可视化工具、手工编码和可视化工具结合 3 种。下面对这 3 种方式进行简单介绍。

1.1.1　手工编码方式

　　网页是由 HTML（Hyper Text Markup Language，超文本标记语言）编码的文档，设计制作网页的过程就是生成 HTML 代码的过程。在 WWW（World Wide Web）发展的初期，人们制作网页是通过直接编写 HTML 代码来实现的。例如，如果在网页上显示如图 1-1 所示的表格，就应该在网页文档中编写下面的代码：

图 1-1　网页上的表格

```
<table align="center"  width="75%" border="1">
   <tr>
      <td align="center">学期</td>
      <td align="center">课程</td>
      <td align="center">成绩</td>
      <td align="center">说明</td>
   </tr>
```

```
    <tr>
        <td align="center">2002-2003-1</td>
        <td align="center">动态网页制作</td>
        <td align="center">89.1</td>
        <td align="center">考试课</td>
    </tr>
</table>
```

说明：将上面的超文本代码录入到 Windows 自带的"记事本"工具里，保存时注意文件的类型扩展名为".htm"或".html"；然后用 IE 浏览器打开该网页文件就可以看到图中的效果了。

手工编码制作网页对网页设计人员的要求较高，编码效率低，调试过程复杂，因此，对大多数网页设计人员来说采用这种方式比较困难。但学习一定的编码知识是网页制作的基础，而且手工编码可以灵活地制作出丰富的网页效果。

1.1.2　可视化工具方式

随着网页制作技术的不断发展，出现了诸如 FrontPage、Dreamweaver 等可视化的网页编辑工具。利用这些工具人们在可视环境下编辑制作网页元素，"所见即所得"，再由编辑工具自动生成对应的网页代码，大大提高了网页开发的效率。如要在网页上显示图 1-1 中的表格，就可以直接在工作区中绘制表格而不用考虑编码的规则和语法。利用可视化工具编辑网页，操作简单直观，调试方便，是大众化的网页编辑方式。但单纯利用可视化工具在制作一些特殊网页效果时，会有一定的局限性。

1.1.3　编码和可视化工具结合方式

编码和可视化工具结合是一种比较成熟的网页制作方式。具体过程为：一般的网页元素通过可视化工具编辑制作，一些特殊的网页效果通过插入代码生成，这种方式效率高、调试方便而且可以实现丰富的网页效果，但要求设计人员既要熟悉 HTML 语言又能运用可视化工具。

除了上面 3 种基本的网页设计制作方式外，还可以通过修改已有的网页代码生成自己的网页。在网页编辑制作过程中具体采用何种方式要根据个人的具体情况而定，没有必要拘泥于某种固定的模式。

1.2　网页中的常见元素

在初次设计网页之前，首先应该认识一下构成网页的基本元素，只有这样，才能在设计时得心应手，根据需要合理地组织和安排网页内容。

图 1-2 是一个站点的首页，其中包含了常见的网页元素，如：文本、图像、超级链接、表格、动画、音乐和交互式表单等。下面将详细介绍网页中包含的常见元素及其在网页中的作用。

1.2.1　文本

文本一直是人类最重要的信息载体与交流工具，网页中的信息也以文本为主。与图像相比，文字虽然不如图像那样能够很快引起浏览者的注意，但却能准确地表达信息的内容和含义。为了克服文字固有的缺点，人们赋予了网页中的文本更多的属性，如字体、字号、颜色、底纹和边框等，通过不同格式的区别，突出显示重要的内容。此外，用户还可以在网页中设计各种各样的文字列表，来清晰地表达一系列项目。这些功能都给网页中的文本赋予了新的生命力。

图 1-2 包含各种元素的主页

1.2.2 图像和动画

图像在网页中具有提供信息，展示作品，装饰网页，表达个人情调和风格的作用。用户可以在网页中使用 GIF、JPEG（JPG）、PNG 三种图像格式，其中使用最广泛的是 GIF 和 JPEG 两种格式。

说明：

（1）当用户使用"所见即所得"的网页设计软件在网页上添加其他非 GIF、JPEG 或 PNG 格式的图片并保存时，这些软件通常会自动将少于 8 位颜色的图片转化为 GIF 格式，或将多于 8 位颜色的图片转化为 JPEG。

（2）GIF 的一个优点是它的颜色数较少，文件尺寸特别小，而且压缩比也是可调的，尤其适合网络传输。它的另外一个优点是 JPEG 无法比拟的，那就是它支持透明背景。它的主要缺点是不支持真彩色，如果要显示真彩色就只有让位给 JPEG。由于颜色数量受到限制（不超过 256 色）GIF 更适合用来做插图、剪贴画等，用于色彩数要求不高的场合。另外，GIF 还可以做成动态效果，例如一些网站上的动态徽标或广告就是动态 GIF 文件。

在网页中，为了更有效地吸引浏览者的注意，许多网站的广告都做成了动画形式。图 1-2 中的"金曲点播"就是一个动画广告。

1.2.3 声音和视频

声音是多媒体网页的一个重要组成部分。当前存在着一些不同类型的声音文件和格式，也有不同的方法将这些声音添加到 Web 页中。在决定添加声音之前，需要考虑的因素包括其用途、格式、文件大小、声音品质和浏览器差别等。不同浏览器对于声音文件的处理方法是有较大差别的，彼此之间很可能不兼容。

用于网络的声音文件的格式非常多，常用的有 MIDI、WAV、MP3 和 AIF 等。设计者在使用这些格式的文件时，需要加以区别。很多浏览器不要插件也可以支持 MIDI、WAV 和 AIF

格式的文件，而 MP3 和 RM 格式的声音文件则需要专门的浏览器播放。

一般来说，不要使用声音文件作为背景音乐，那样会影响网页下载的速度。可以在网页中添加一个打开声音文件的链接，让音乐播放变得可以控制。

视频文件的格式也非常多，常见的有 RM、RA、RAM、ASF、MPEG、AVI、VOB 和 DivX 等。视频文件的采用让网页变得精彩而又动感。

1.2.4　超级链接

超级链接技术可以说是万维网流行起来的最主要的原因。它是从一个网页指向另一个目的端的链接，例如指向另一个网页或者相同网页上的不同位置。这个目的端通常是另一个网页，但也可以是一幅图片、一个电子邮件地址、一个文件、一个程序或者是本网页中的其他位置。其锚点通常是文本、图片或图片中的区域，也可以是一些不可见的程序脚本。

锚点就是超级链接指向的网页中的一个位置，这个位置既可以是当前网页中的一个位置，也可以是其他网页中的一个位置。当浏览者单击超级链接锚点时，鼠标的外观会变成一个小手的样子，其目的端将显示在 Web 浏览器上，并根据目的端的类型以不同方式打开。例如，当指向一个 AVI 文件的超级链接被单击后，该文件将在媒体播放软件中打开；如果单击的是指向一个网页的超级链接，则该网页将显示在 Web 浏览器上。

在图 1-2 中，加下划线的文字，就是已经建立了超链接的文本。

1.2.5　表格

在网页中，表格是用来控制网页中信息的布局方式。这包括两方面：一是使用行和列的形式来布局文本和图像以及其他的列表化数据；二是可以使用表格来精确控制各种网页元素在网页中出现的位置。图 1-2 中的"特色栏目"就运用了表格进行布局定位。

1.2.6　表单

使用超级链接，浏览者和 Web 站点便建立起了一种简单的交互关系。网页中的表单通常用来接受用户在浏览器端输入的信息，然后将这些信息发送到用户设置的目标端。这个目标可以是文本文件（即不包含任何格式信息的、以 ASCII 码方式保存的文件）、Web 页、电子邮件，也可以是服务器端的应用程序。表单一般用来收集联系信息、接受用户要求、获得反馈意见、设置来宾签名簿、让浏览者注册为会员并以会员的身份登录站点等。

表单由不同功能的表单域组成，最简单的表单也要包含一个输入区域和一个提交按钮。站点浏览者填写表单的方式通常是输入文本，选中单选按钮或复选框，以及从下拉列表框中选择选项等。

根据表单功能与处理方式的不同，通常可以将表单分为用户反馈表单、留言簿表单、搜索表单和用户注册表单等类型。

1.2.7　导航栏

导航栏是用户在规划好站点结构，开始设计主页时必须考虑的一项内容。导航栏的作用就是引导浏览者游历站点。事实上，导航栏就是一组超级链接，这组超级链接的目标就是本站点的主页以及其他重要网页。在设计站点中的诸网页时，可以在站点的每个网页上显示一个导航栏，这样，浏览者就可以既快又容易地转向站点的其他网页。

一般情况下，导航栏应放在网页中较引人注目的位置，通常是在网页的顶部或一侧。导航栏既可以是文本链接，也可以是一些图形按钮。图 1-2 中的导航栏就是一组文本链接。

1.2.8　其他常见元素

网页中除了以上几种最基本的元素之外，还有一些其他的常用元素，包括悬停按钮、Java 特效、ActiveX 等各种特效。它们不仅能点缀网页，使网页更活泼有趣，而且在网上娱乐、电子商务等方面也有着不可忽视的作用。

1.3　网页元素的创作与编辑工具

通过上面的介绍，可以看到网页内容非常丰富，那么用什么工具来进行创作、编辑这些元素呢？现在网页制作软件很多，下面介绍几种主要的网页图像、动画制作软件和网页编辑工具。

1.3.1　网页图像制作工具

1. Fireworks

Fireworks 是 Macromedia 公司的产品，是目前最流行的网页图像制作软件。只要将 Dreamweaver 的默认图像编辑器设为 Fireworks，那么在 Fireworks 中制作完成网页图像后将其输出就会立即在 Dreamweaver 中更新。Fireworks 还可以安装使用所有的 Photoshop 滤镜，并且可以直接导入 PSD 格式图像。更方便的是它不仅结合了 Photoshop 的位图功能以及 CorelDRAW 的矢量图功能，而且提供了大量的网页图像模板供用户使用。例如，网页上很流行的阴影和立体按钮等效果，只需单击一下就可以制作完成。其最方便之处是，它可以将图像切割、图像映射、悬停按钮以及图像翻转等效果直接生成 HTML 代码，或者嵌入到现有的网页中，或者作为单独的网页出现。

2. PhotoImpact

PhotoImpact 是一个功能强大，有趣且好用的基于对象的图像编辑软件。在这个软件中，所有要编辑的图像都会以独立的对象形式存在，用户可以一直对独立的对象进行编辑，直到满意后再将它合并到图像上。当然，在编辑独立对象的过程中不会影响图像的其他部分，这样，用户对于正在编辑的作品就有了更大的控制权。PhotoImpact 还提供了各种各样的特效及模板，使用户可以更轻松地编辑图像。

3. Photoshop

Photoshop 是由美国 Adobe 公司开发的一个集图像扫描、编辑修改、图像制作、广告创意、图像合成、图像输入/输出于一体的专业图形处理软件，为美术设计人员提供了无限的创意空间，可以从一个空白的画面或从一幅现成的图像开始，通过各种绘图工具的配合使用及图像调整方式的组合，在图像中任意调整颜色、明度、彩度、对比，甚至轮廓及图像；通过几十种特殊滤镜的处理，为作品增添变幻无穷的魅力。Photoshop 在电脑美术的二维平面领域里，是最具代表性的软件，掌握了它再学习其他绘图软件将事半功倍。

1.3.2   动画制作工具

1. Flash

Flash 原是 Macromedia 公司的产品，后来被 Adobe 公司收购，是目前最流行的矢量动画制作软件。与其他的动画软件相比，它具有以下优点：

- 制作的是矢量图像。只要用少量矢量数据就可以描述一个复杂的对象，而占有的存储空间只是位图的几千分之一，非常适合在网络上使用。同时，矢量图像不会随浏览器窗口大小的改变而改变画面质量。
- 使用插件方式工作。
- 提供了一些增强功能。例如，支持位图、声音、渐变色和 Alpha 透明等。拥有了这些功能，用户就完全可以建立一个全部由 Flash 制作的站点。
- Flash 影片也是一种流式文件。也就是说，浏览者在观看一个大动画时，可以不必等到影片全部下载到本地再观看，而是可以随时观看，即使后面的内容还没有完全下载，也可以开始欣赏动画。

2. Director

Director 是 Macromedia 公司推出的多媒体开发工具，它为广大多媒体制作人员提供了建立交互式应用的强大功能。用户可以在友好的界面下通过使用 Director 制作出令人满意的多媒体作品。Director 是一个简单且直观的软件，即使是首次使用该软件的用户也能编出优秀的程序。而且，Director 又是一个高度面向对象的工具，非常适合多媒体软件设计者使用。

1.3.3   网页编辑工具

1. FrontPage

FrontPage 是 Microsoft Office 家族中的一员，FrontPage 的界面及功能与 Word 都非常相似。FrontPage 提供了相当数量的模板和向导，使初学者能够非常容易地设计出美观实用的网页。FrontPage 最强大之处，是其站点管理与远程发布功能。用户只需在本地对网页进行编辑，FrontPage 便会跟踪用户编辑过的文件，在发布时，自动将修改过的网页进行发布，未编辑过的网页可由用户决定是否再次向服务器发送。

2. Dreamweaver

Dreamweaver 和 Fireworks、Flash 一起，被人们喻为"网页制作三剑客"。同 FrontPage 一样，Dreamweaver 也是"所见即所得"的网页编辑软件，它能够很好地支持 ActiveX、JavaScript、Java、Flash 和 Shockwave 等，而且还能通过鼠标拖动的方式从头到尾制作动态的 HTML 效果。Dreamweaver 还采用了 Roundtrip HTML 技术，使用这些技术，网页可以在 Dreamweaver 和 HTML 代码编辑器之间进行自由转化，而 HTML 语法及结构不变。这样，专业设计者可以在不改变原有编辑习惯的同时，充分享受到"所见即所得"带来的方便。

Adobe Dreamweaver CS5 是一款集网页制作和管理网站于一身的"所见即所得"的网页编辑器，Dreamweaver CS5 是第一套针对专业网页设计师特别发展的视觉化网页开发工具，利用它可以轻而易举地制作出跨越平台限制和跨越浏览器限制的充满动感的网页。

3. HotDog

HotDog 是较早基于代码的网页设计工具，其最具特色的地方是提供了许多向导工具，能帮助设计者制作页面中的复杂部分。HotDog 的高级 HTML 支持插入 marquee（动态文本标记），并能在预览模式中以正常速度观看。这点非常难得，因为即使首创这种标签的 Microsoft 在 FrontPage 98 中也未提供这样的功能。HotDog 对 plug-in 的支持也远远超过其他产品，它提供的对话框允许用户以手动方式为不同格式的文件选择不同的选项。但对中文的处理不是很方便。HotDog 是一个功能强大的软件，对于那些希望在网页中加入 CSS、Java、RealVideo 等复杂技术的高级设计者是个很好的选择。

1.4　HTML 基础知识

网页是由 HTML 标记语言代码构成的程序文件。虽然现在我们可以利用 Dreamweaver、FrontPage 等可视化工具方便、直观地设计制作网页，生成网页文件，不需要再去编写繁琐的网页代码。但对 HTML 语言有一个初步的了解，能够帮助我们理解网页的制作原理和运行机制，分析借鉴其他网页的元素，以及创建在可视化环境下难以实现的效果。例如，在没有掌握任何网页编辑工具的情况下，通过分析修改其他网页的 HTML 代码，也可以创建出符合自己主题的网页。

1.4.1　HTML 基本概念

1．HTML 的概念

HTML 是一种描述语言，对 Web 页面中显示内容的属性以标签的形式进行描述。客户机上的浏览器（Browser）对这些描述进行解释，将相应页面内容正确显示在显示器上。一个 Web 页面就是一个 HTML 文档。

2．HTML 文档的构成

HTML 文档由 3 大元素构成：HTML 元素、HEAD 元素和 BODY 元素。每个元素又包含各自相应的标记（属性）。HTML 元素是最外层的元素，里面包含 HEAD 元素和 BODY 元素。HEAD 元素中包含对文档基本信息（文档标题、文档搜索关键字和文档生成器等）描述的标记。BODY 元素是文档的主体部分，包含有对网页元素（文本、表格、图片、动画和链接等）描述的标记。HTML 中标记一般成对，如：<P>和</P>、<HTML>和</HTML>等，但也有一些不成对。

HTML 文档的结构形式如下：

```
<HTML VERSION ="-//W3C//DTD HTML 3.2 FINAL//EN">
<HEAD>页面信息的描述</HEAD>
<BODY>页面元素的描述</BODY>
</HTML>
```

3．HTML 文档的编辑

HTML 文档是普通文本（ASCII）文件，它可以用任意编辑器（如 Windows 中的记事本、写字板，Macintosh 中的 BBEdit 等）生成。也可以使用字处理软件，不过要注意保存时文件类型要选择 "带换行符的纯文本"，并且类型扩展名为 ".htm" 或 ".html"。早期网页制作的过程就是直接书写 HTML 代码来定义页面元素的过程。

HTML 文档制作完成后，应该将其放到 Web 服务器上，供客户端浏览器下载、浏览。如果你所在的单位有 Web 服务器，可以和 Web 服务器管理员联系，看看如何把你的文件存放到 Web 服务器上。否则，可以通过免费网络 FreeNet（一种提供免费 Internet 访问服务的基于社区的网络）或当地的 Internet 服务提供商（ISP），把你的文档存放到服务器上。

1.4.2　HTML 的基本语法结构

HTML 的语法是通过标记来体现的，不同标记的符号及其属性构成了该语言的语法特征。下面以 HTML 4.0 版为例，通过三大元素中的标记来描述 HTML 的语法结构。

1. HTML 元素

HTML 标记是对整个文档属性的描述，即告诉浏览器 HTML 文档的开始与结束，是网页中最外层的标记。由<HTML>和</HTML>标记对标出。HTML 元素只有 HTML 一个标记。

2. HEAD 元素

（1）HEAD 标记。该标记用来表示 HEAD 元素的开始和结束，其格式为：<HEAD></HEAD>。

（2）BASE 标记（不成对标记）。BASE 标记用来确定当前初始的 URL，当前文件中的链接都以所定义的初始地址为基础。它有一个 HREF 属性，其值为所定义的基准 URL 地址，格式为：

```
<BASE HREF=HTTP://WWW.YAHOW.COM/>
```

上面的格式标志着文档中的相对链接都会以HTTP://WWW.YAHOW.COM为基础地址。页面中到达相对路径 INDEX.HTM 的链接就会被浏览器自动解释成绝对路径 HTTP://WWW.YAHOW.COM/INDEX.HTM。

（3）META 标记（不成对标记）。该标记通过一些属性设置，向浏览器传递一些页面参数。如：浏览器用什么字符集对文件进行解码、搜索引擎关键字和文档生成器等。常见的属性格式有：

- ```
  <META HTTP-EQUIV="GENERATOR"  CONTENT="DREAMWEAVER">
  // 服务器会向客户发达一个报头：GENERATOR：DREAMWEAVER（生成器：DREAMWEAVER）
  ```
- ```
  <META NAME="KEYWORDS" CONTENT="DREAMWEAVER,HTML">
  // 服务器向搜索引擎发送一个搜索关键字（KEYWRDS）：DREAMWEAVER
  ```
- ```
  <META HTTP-EQUIR="CONTENT-TYPE" CONTENT="TEXT/HTML" CHARSET="GB2312">
  // 服务器向客户浏览器发送的信息为：文本形式：超文本，解码方式：简体中文
  ```

（4）TITLE 标记。TITLE 标记用来定义浏览器的标题栏，例如：

```
<TITLE> MY HOMEPAGE </TITLE>
// 浏览该页面时在浏览器标题栏上会出现 MY HOMEPAGE 标题
```

（5）SCRIPT 标记。在页面中插入脚本代码（Visual Basic 或 Java 程序）。格式为：

```
<SCRIPT>
脚本代码
</SCRIPT>
```

3. BODY 元素（可见对象的描述）

（1）BODY 标记。该标记是 BODY 元素开始和结束的标志，格式为：

```
<body>
元素标记
</body>
```

（2）DIV 层标记。层是各种元素的集合，是一个活动板，便于元素定位。例如：

```
<div id="Layer3" style="position:absolute; left:358px; top:361px; width:155px;
height:86px; z-index:3"><img src="image/483.s" width="100" height="80"></div>
```

（3）文本标记。该标记用来标识文本属性，其属性参数比较复杂，具体格式如下：

```
<FONT face=? >  </FONT> // 定义文本的字体，?= "宋体、楷体、隶书"等
<FONT size=? >  </FONT> // 定义文本的字号，?= "1~7"的值
```
```

```
<FONT color=?>  </FONT>   // 定义文本的颜色, ?= "#ffcc00"等十六进制值
<b>   </b>          // 粗体显示
<I>   </I>          // 斜体显示
<u>                 // 下划线显示
<sub>               // 下标显示
<sup>               // 上标显示
```
例如：
```
<font face="宋体"  size="3"  color="#FF6666">显示文本</font>
```
（4）段落标记。该标记用来标识段落和列表，格式如下：
```
<p>   </p>                    // 创建一个新的段落，两段落之间有行间空隙
<p align="?">  </p>           // 定义段落对齐方式, ?= "right、left、center"
<br>  </br>                   // 段内插入回车换行符，行间没有空隙
<Ul>  <LI>    </Ul>           // 创建不编号列表
<OL>  <LI>  <UL>              // 创建编号列表
```
例如，下面是一个包含 3 个项目的不编号列表：
```
<UL>
<LI> 物理系
<LI> 化学系
<LI> 外语系
</UL>
```
输出形式为：
- 物理系
- 化学系
- 外语系

（5）表格标记。该标记用来定义网页上的表格，格式如下：
```
<table>  </table>                   // 定义表格的起始、结束位置
<table border=? > </table>          // 定义表格的边框宽度, ?= "像素值"
<table width=? > </table>           // 定义表格的宽度, ?= "像素值"或百分比
<table align=? > </table>           // 定义表格的对齐方式, ?= " right、left、center"
<table cellspacing=? > </table>     // 定义表格单元格之间的距离, ?= "像素值"
<table cellpadding=? >  </table>    // 定义表格边框与内容间的距离, ?= "像素值"
<tr>  </tr>              // 定义表格行的起始和结束位置
<tr align=?>  </tr>     // 定义单元格水平对齐方式, ?= "right、left、center"
<tr valign=?>  </tr>    // 定义单元格竖直对齐方式, ?= "right、left、center"
<td>  </td>             // 定义表格列的起始和结束位置
<td colspan=?>  </td>   // 定义单元格跨占的列数 ?= "1、2……"
<td rowspan=?>  </td>   // 定义单元格跨占的行数 ?= "1、2……"
```
例如，要在网页中显示如图 1-3 所示的表格，则其 HTML 代码如下：

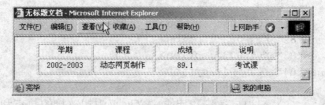

图 1-3　定义网页中的表格

```
<table align="center"  width="75%" border="1">
    <tr>
     <td align="center">学期</td>
```

```
        <td align="center">课程</td>
        <td align="center">成绩</td>
        <td align="center">说明</td>
    </tr>
    <tr>
        <td align="center" >2002-2003</td>
        <td align="center" >动态网页制作</td>
        <td align="center">89.1</td>
        <td align="center">考试课</td>
    </tr>
</table>
```

（6）图像标记。（？号的含义参照"表格标记"的说明，不再重复）。该标记用来定义显示图像的地址、大小等属性，格式如下：

```
<img src="name">              // 添加图片的 URL 地址和文件名
<img src="name" align=? >      // 图像的对齐方式
<img src="name" border=? >     // 设置围绕图像边框的大小
<img src="name" alt=? >        // 设置图像下载时的说明文字
    <hr>                       // 加入一条水平线
<hr size=?>                    // 设置水平线的高度
<hr width=?>                   // 设置水平线的长度
<hr noshade=?>                // 去掉水平线的阴影
```

例如，显示"泉标图片"的标记代码如下：

```
<img src="http://www.cjonaren.net/8240.Jpeg" width=115height="169" border="2"
alt="泉标图片" >       // alt="泉标图片" 表示图片完全下载前在图片位置显示的提示文字
```

（7）下拉表单标记。该标记用来在网页上建立一个下拉表单，格式如下：

```
<select  name="select">  </select>   //创建下拉表单
<select  name="select" size=?>  </select> ?= "1"  //下拉显示，否则滚动显示
<option value=?> </option>   //  设置表单项目和选中时的参数值
```

例如，在网页中定义一个如图 1-4 所示的汽车选择表单，其 HTML 代码如下：

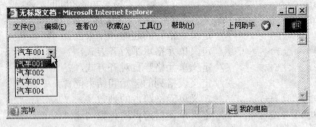

图 1-4　定义网页中的下拉表单

```
<select name="select">
<option value="01">汽车 001</option>
<option value="02">汽车 002</option>
<option value="03">汽车 003</option>
<option value="04">汽车 004</option>
</select>
```

（8）链接（Linking）标记。该标记用来定义网页中超链接的热点和目标，格式如下：

```
<A HREF="URL.name" >热点文字（图像等）</A>    // URL.name 为被链接的文件名
```

（9）多媒体标记。

● 背景音乐标记：<bgsound src="音乐文件地址" loop="循环次数" >。

例如：

```
<bgsound src="sound.wav" loop="3" >    // 将播放与页面文档同文件夹下的音乐文件
```
sound.wav，循环 3 次。

- 视频剪辑标记：`<img src="url.gif"  dynsrc="url.avi">`。url.avi 表示用来播放的视频文件（包括相对地址和文件名）。url.gif 表示视频文件的封面，即：在浏览器尚未完全读入 avi 文件时，先在 avi 播放区域显示该图像。例如：

```
<img src="sample.gif" dynsrc="sample.avi">
```

- 视频播放时间控制标记：`<IMG START=fileopen 或 mouseover>`。
  fileopen 表示页面打开即开始播放；mouseover 表示把鼠标移动到 AVI 区域时才开始播放。

- 视频播放控制条显示标记：`<img controls >`。
  用来在视频窗口下附加 AVI 的播放控制条。例如：

```
<img src="sample.gif" dynsrc="sample.avi" controls >
```

- 视频播放循环次数标记：`<img loop=n >` n 为数字。`<img loop=infinite>`将循环播放不止。例如：

```
<img src="sample.gif" dynsrc="sample.avi" controls loop=3 >
```

（10）移动文字标记。

- 文字移动标记：`<marquee>  </marquee>`。例如：

```
<marquee>看！我可以移动啦！</marquee>
// 标记中的文本将按照从右向左的默认方向运动
```

- 移动方向标记：`<direction=left、right、up、down>`。例如：

```
<marquee direction= left >  我要向左移动啦！</marquee>
<marquee direction= right > 我要向右移动啦！</marquee>
<marquee direction= up >  我要向上移动啦！</marquee>
```

- 移动面积标记：`< height="高度数值" width="宽度数值">`。例如：

```
<marquee direction=up height=180  width="20%">改变运动面积</marquee>
```

- 移动速度标记：`<scrollamount="数值" scrolldelay="数值">`。例如：

```
<marquee direction=up height=180 id=tonggao scrollamount=20>调整我运动的
速度</marquee>
```

- 移动模式标记：`<behavior=scroll 或 slide 或 alternate>`。例如：

```
<marquee behavior=scroll >    我要向左移动啦！    </marquee>
<marquee behavior=slide >   我只运动一次即停止！</marquee>
<marquee behavior=alternate > 我可以来回地运动    </marquee>
```

- 移动控制标记：`<onMouseOver=this.stop() onMouseOut=this.start()>`。例如：

```
    <marquee onMouseOver=this.stop() onMouseOut=this.start() scrollamount
= 1 scrolldelay=50 direction=up height=116 border=1 width=188> 鼠标移上
时将停止，移开时继续移动< /marquee>
```

- 移动外观标记：`<align=? >  定义位移对齐方式，? ="top、middle、bottom"`。例如：

```
<font size=6><marquee align="middle" width=400>我在中间移动</marquee> </font>
```

- 背景颜色标记：`<bgcolor=? >` 定义背景色彩，? =6 位十六进制数码或者是下列颜色：
  Black、Olive、Teal、Red、Blue、Maroon、Navy、Gray、Lime、Fuchsia、White、Green、Purple、Silver、Yellow、Aqua 等。例如：

```
<marquee bgcolor=aaaaee>看，我的背景色变化了</marquee>
```

随着 HTML 技术的迅速发展，除了上面介绍的标记外，不断有新的功能更强的标记出现。

利用这些标记能够设计出内容更丰富、生动的网页。由于篇幅所限，这里就不再对其他标记一一介绍了，但通过分析研究其他网页的代码，相信大家一定能学会许多新东西。

1.5 动态网页的支持技术

动态网页在此处是指浏览器和服务器数据库可以进行实时数据交流的动态交互网页，而不是指加上动画等效果的动感网页。随着 Web 技术的发展，动态网页已成为网页制作的流行趋势。制作动态网页仅用上面的工具是不够的，还要结合下面几种常见的支持技术来开发服务器端的脚本应用程序。

1.5.1 CGI 技术

CGI（Common Gateway Interface）是用于连接主页和应用程序的接口。由于 HTML 语言的功能是比较贫乏的，难以完成诸如访问数据库等一类的操作，而实际的情况则是经常需要先对数据库进行操作（例如文件检索系统），然后把访问的结果动态地显示在网页上。诸如此类的需求只用 HTML 是无法做到的，所以 CGI 便应运而生。CGI 是在服务器端运行的一个可执行程序，由网页的一个热链接激活进行调用，并对该程序的返回结果进行处理显示在网页上。简而言之，CGI 就是为了扩展网页的功能而设立的。

1.5.2 ASP 技术

ASP（Active Server Pages）是一套微软开发的服务器端脚本环境，ASP 内含于 IIS 3.0、4.0 和 5.0 之中，通过 ASP 我们可以结合 HTML 网页、ASP 指令和 ActiveX 元件建立动态、交互且高效的 Web 服务器应用程序。有了 ASP，你就不必担心客户的浏览器是否能运行你所编写的代码，因为所有的程序都将在服务器端执行，包括所有嵌在普通 HTML 中的脚本程序。当程序执行完毕后，服务器仅将执行的结果返回给客户浏览器，这样也就减轻了客户端浏览器的负担，大大提高了交互的速度。ASP 应用程序可以手工编码制作，也可以通过 Dreamweaver MX 等可视化工具创作生成。

ASP 的具体内容将在后面的动态网页设计中讲解。

1.5.3 PHP 技术

PHP（Hypertext Preprocessor，超文本预处理器）是一种易于学习和使用的服务器端脚本语言。只需要很少的编程知识，你就能使用 PHP 建立一个真正交互的 Web 站点。PHP 自从诞生以来，以其简单的语法、强大的功能迅速得到了广泛的应用。PHP 除了能够操作页面，还能发送 HTTP 的标题；它不需要特殊的开发环境和 IDE；它不仅支持多种数据库，还支持多种通信协议；另外，PHP 还具有极强的兼容性。PHP 是完全免费的，可以从PHP 官方站点（http://www.php.net）自由下载。

PHP 在大多数 UNIX 平台、GNU/Linux 和微软 Windows 平台上均可以运行。

1.5.4 JSP 技术

JSP（Java Server Pages）是由 Sun Microsystems 公司倡导、许多公司参与一起建立的一种动态网页技术标准。JSP 技术是用 Java 语言作为脚本语言的，JSP 网页为整个服务器端的 Java

库单元提供了一个接口，来服务于 HTTP 的应用程序。在传统的网页 HTML 文件（*.htm,*.html）中加入 Java 程序片段（Scriptlet）和 JSP 标记（tag），就构成了 JSP 网页（*.jsp）。Web 服务器在遇到访问 JSP 网页的请求时，首先执行其中的程序片段，然后将执行结果以 HTML 格式返回给客户。程序片段可以操作数据库、重新定向网页以及发送 E-mail 等，这就是建立动态网站所需要的功能。所有程序操作都在服务器端执行，网络上传送给客户端的仅是得到的结果，对客户浏览器的要求最低，可以实现无 Plugin，无 ActiveX，无 Java Applet，甚至无 Frame。

　　JSP 与 ASP 虽然有很多相似之处，但两者也有重要区别：①ASP 的编程语言是 VBScript 或 JavaScript 之类的脚本语言，JSP 使用的是 Java；②两种语言引擎用完全不同的方式处理页面中嵌入的程序代码。在 ASP 下，VBScript 代码被 ASP 引擎解释执行；在 JSP 下，代码被编译成 Servlet 并由 Java 虚拟机执行处理代码。

　　设计制作网页的常见方式有：手工直接编码、利用可视化工具、手工编码和可视化工具结合 3 种。可根据自己的实际情况选择合适的方式。如果采用可视化工具编辑网页，应从前面介绍的工具中通过实际操作进行选择。一旦选定了工具，就应该系统深入地学习研究其功能和用法，切不可浅尝辄止，似是而非。

　　网页元素非常丰富，但要根据实际需要和它们的特点选择使用。不要认为元素用的越多越好或越复杂越好；相反，简洁生动、突出主题才是网页设计的终极目标。

　　动态网页的支持技术和 HTML 语言不要求大家进行深入系统的学习，但对他们功能和特点的了解有利于我们理解网页技术的工作原理和进行设计工具的选择。

思考练习

1．常见网页元素包括哪些？浏览搜狐（www.sohu.com）主页，并指出其中包含的网页元素。

2．网页设计制作的常见工具有哪些？各有什么特点？

3．动态网页的支持技术有哪些？各有什么特点？

4．分析搜狐主页的网页代码，并将其改造成我们自己的主页。

提示：

（1）在 IE 浏览器中浏览该主页，并通过“查看→源文件”菜单将源代码复制到硬盘中。

（2）分析代码中的 HTML 标记，修改相关内容，使之成为符合我们个人主题的网页。比如班级主页、学校主页或个人主页等。

（3）在 IE 浏览器中打开我们修改后的主页文件，浏览修改效果。

第 2 章　Adobe Flash CS5 基础知识

网页动画是一种重要的网页元素。一个合适的动画可使整个页面生动流畅，充满生机。第 1 章我们简单介绍了网页动画制作的常用工具，后面几章将以 Flash 的最新版本 Adobe Flash CS5 为例，系统讲解网页动画的制作过程。本章主要讲述 Adobe Flash CS5 的基础知识，通过本章的学习，读者应该掌握以下内容：

- Flash CS5 的新增功能
- Flash CS5 的工作界面
- Flash CS5 的浮动面板

2.1　认识 Adobe Flash CS5

2.1.1　Adobe Flash CS5 的发展

Flash 的前身是 Future Splash，是早期网上流行的矢量动画插件。Macromedia 公司收购了 Future Splash 以后便将其改名为 Flash，到 2005 年 Macromedia 公司发布最后一个版本为 Flash 8，随后该公司及旗下软件于 2007 年被 Adobe 公司收购并进行后续开发，2010 年发布的新版本为 Adobe Flash CS5。用户可以使用 Flash 创建导航栏、动态指标、带有声音的动画，甚至一个完整的、丰富多彩的网站。

Flash 动画是一种专为网络而创建的交互式矢量图形动画。由于 Flash 动画使用的是矢量图形，所以下载速度快，而且能够缩放，使浏览者能够全屏幕观看。

要浏览 Flash 制作的网页，必须在用户计算机中安装一个 Flash 播放器，该播放器可通过安装 Flash 软件而得到，也可从相关网站上下载。

2.1.2　安装 Flash

Adobe Flash CS5 可在 Windows 系列操作系统和 Macintosh 系列操作系统中运行，本书主要在 Windows 系统下进行讲解。

- Intel Pentium 4 或 AMD Athlon 64 处理器。
- Microsoft Windows XP，带有 Service Pack 2（推荐带有 Service Pack 3）或 Windows Vista Home Premium、Business、Ultimate 或 Enterprise 版（带有 Service Pack 1）；已认证可用于 32 位 Windows XP 和 Windows Vista 或 Windows 7。
- 推荐 1GB 或更多内存。
- 安装需要 3.5GB 可用硬盘空间；安装过程中会需要更多的可用空间（无法在基于闪存的存储设备上安装）。

- 1024×768 显示器（推荐使用 1280×800 分辨率），16 位或更高的显卡。
- DVD-ROM 驱动器。
- 多媒体功能需要 QuickTime 7.6.2。
- 实现在线服务需要宽带 Internet 连接。

下面将以光盘安装为例介绍 Flash CS5 的安装过程。

（1）放入安装光盘，单击安装程序，如图 2-1 所示。

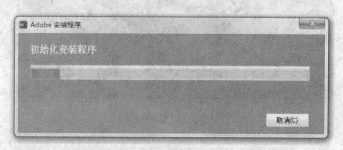

图 2-1　安装步骤 1

（2）在经过步骤 1 之后会弹出"Adobe Flash CS5 安装程序"对话框，在显示语言中选择"简体中文"，查看"Adobe 软件许可协议"并单击"接受"进入"下一步"按钮，如图 2-2 所示。

图 2-2　安装步骤 2

（3）在弹出的"请输入序列号"界面中，输入 24 位提供序列号，单击"下一步"按钮，如图 2-3 所示。

（4）在安装程序进行到选择"目的地文件夹"时，如图 2-4、图 2-5 所示。可以单击"更改"按钮，在弹出的"更改当前目的地文件夹"对话框的"搜索范围"中选择安装路径。单击"下一步"按钮。

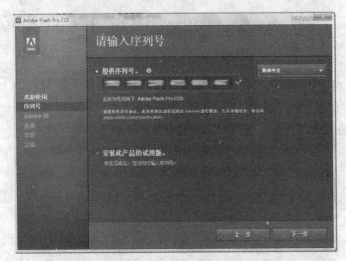

图 2-3　安装步骤 3

图 2-4　安装步骤 4-1

图 2-5　安装步骤 4-2

（5）安装程序会提示安装 Macromedia Flash Player，如图 2-6 所示。单击"下一步"按钮。

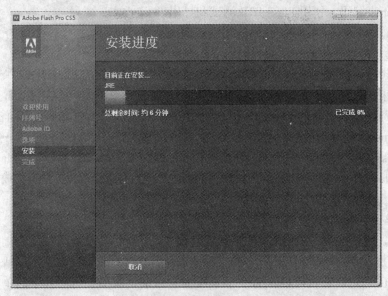

图 2-6　安装步骤 5

（6）选择"安装"后，程序安装完会弹出安装完成的对话框，如图 2-7 所示，完成 Flash CS5 的安装。

图 2-7　安装完成

2.1.3　Flash CS5 的新增功能

与之前的版本相比，Flash CS5 对开发人员更加友好，Flash CS5 可以和 Flash Builder（即最新版本的 Flex Builder）协作来完成项目。使用 Flash CS5，可以通过它的新的导出对话框建立一个新的 Flash Builder 项目。对于使用 Flash Builder，也非常方便，可以按照"相反"的过程来创建项目，只需要定位到 FLA 文件，然后创建一个 Flash Builder 项目并且包含这个文件。

并可以在 Flash Builder 中调试和测试性能。这样或许就创建了一个非常好的工作流程，可以使用 Flash Builder 来编码，使用 Flash IDE 测试和导出。

针对 Flash 设计人员，增强了代码易用性方面的功能，比如增加了一个新的"代码示例面板"，来帮助设计师轻松生成和学习代码。

在代码编辑器方面继续增强，很多开发人员熟知的但在之前的 Flash IDE 中没有体现的功能将被增加进来，包括自定义类的导入和代码提示，支持 ASDoc，可以在 Flash IDE 中编码。

针对设计师，增加了新的 Flash Text Layout Framework，包含在文本布局面板中，并且增强了"Deco-brush"喷涂功能。

此外，Flash CS5 具有 6 大特点：XFL 格式（Flash 专业版）、文本布局（Flash 专业版）、代码片段库（Flash 专业版）、与 Flash Builder 完美集成、与 Flash Catalyst 完美集成、Flash Player 10.1 无处不在。

1. XFL 格式（Flash 专业版）

XFL 格式，将变成现在.Fla 项目的默认保存格式。

XFL 格式是 XML 结构。从本质上讲，它是一个所有素材及项目文件，包括 XML 元数据信息为一体的压缩包。它也可以作为一个未压缩的目录结构单独访问其中的单个元素使用。（如 Photoshop 使用其中的图片。）

2. 文本布局（Flash 专业版）

在 Flash CS5 Professional 中已经在垂直文本、外国字符集、间距、缩进、列及优质打印等方面，都有所提升。提升后的文本布局，可以让您轻松控制打印质量及排版文本。

3. 代码片段库（Flash 专业版）

以前只有在专业编程的 IDE 才会出现的代码片段库，现在也出现在 Flash CS5，这也是 CS5 的突破，在之前的版本都没有。Flash CS5 代码库可以让您方便地通过导入和导出功能，管理您的代码。

4. 与 Flash Builder 完美集成

Flash CS5 可以轻松和 Flash Builder 进行完美集成。您可以在 Flash 中完成创意，在 Flash Builder 完成 Actionscript 的编码。如果您选择，Flash 还可以帮您创建一个 Flash Builder 项目。

5. 与 Flash Catalyst 完美集成

Flash Catalyst CS5 已经到来，Flash Catalyst 可以将您团队中的设计及开发快速串联起来。自然 Flash 可以与 Flash Catalyst 完美集成。Photoshop、Illustrator、Fireworks 的文件，可以无需编写代码，就可完成互动项目。

6. Flash Player 10.1 无处不在

Flash Player 已经进入了多种设备，已不在停留在台式机、笔记本上，现在上网本、智能手机及数字电视，都安装了 Flash Player。作为一个 Flash 开发人员，您无需为每个不同规格设备重新编译，就可让您的作品部署到多设备上。Flash 表现出强大的优势。

2.2　Flash CS5 的工作界面

首先熟悉一下使用 Flash CS5 的工作流程，单击启动 Flash CS5，进入用户界面。可以直接单击新建中的 ActionScript 3.0 新建一个 FLA 文件（如图 2-8 所示），也可以通过选择"文件"→"新建"，在"新建文档"对话框中，默认选择文件类型 ActionScript 3.0（如图 2-9 所示）。

单击"确定"按钮。

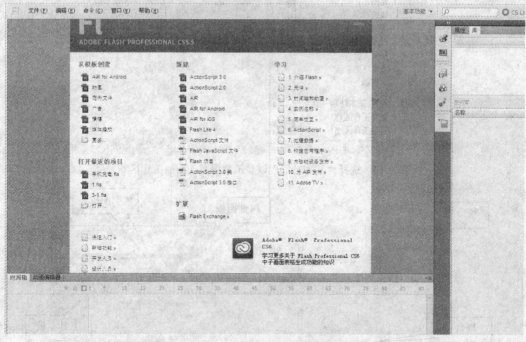

图 2-8　Flash CS5 用户界面

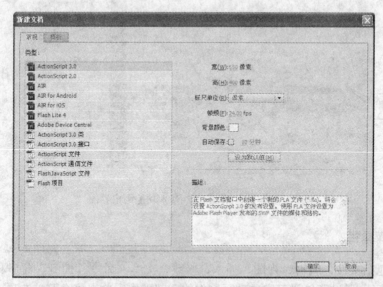

图 2-9　"新建文档"对话框显示 Flash Professional 文件类型

　　单击屏幕右上角的工作区下拉菜单，选择"基本工作区布局选项"。配置 Flash Professional 中的面板布局。本书全部面板布局为基本，读者可以通过这个功能来随时还原基本功能布局，如图 2-10 所示。

　　此时，我们已经使用 Flash CS5 创建了一个称为 FLA 文件的文档。FLA 文件的文件扩展名为.fla（FLA）。Flash CS5 基本功能用户界面（请参阅图 2-11）由菜单栏和其他 5 个主要面板组成。下面对其中的重点部分进行介绍。

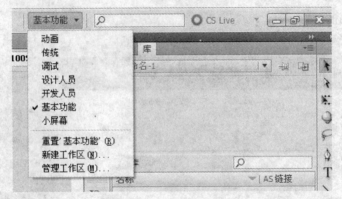

图 2-10　选择"基本功能"以显示教程所使用的工作区布局

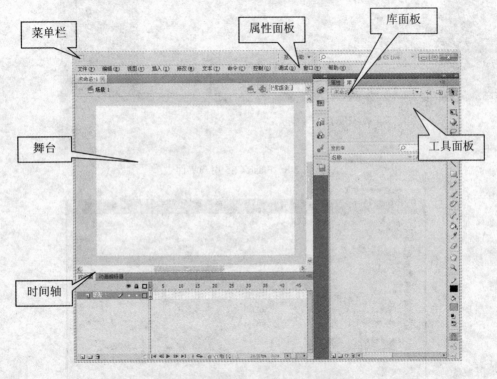

图 2-11　Flash CS5 基本功能用户界面

2.2.1　菜单栏

菜单栏包括文件、编辑、视图、插入、修改、文本、命令、控制、窗口和帮助等菜单，如图 2-12 所示。通过菜单栏可完成动画制作的全部操作。单击每个菜单选项，可以看到相应的下拉菜单选项，其具体功能将在后面的应用中讲解。通过"窗口"下拉菜单可以选择打开或关闭其他功能面板。

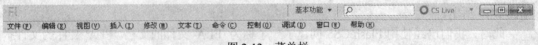

图 2-12　菜单栏

在默认基本功能界面下，有以下 5 个面板：

（1）舞台，您的图形、视频和按钮等在回放过程中显示在舞台中。

（2）时间轴，时间轴控制影片中的元素出现在舞台中的时间。使用时间轴指定图形在舞台中的分层顺序。高层图形显示在低层图形上方。

（3）工具面板："工具"面板包含一组常用工具，可使用它们选择舞台中的对象和绘制矢量图形。

（4）属性面板："属性"面板显示有关任何选定对象的可编辑信息。

（5）库面板："库"面板用于存储和组织媒体元素和元件。

2.2.2　工具栏和绘图工具箱

1. 工具栏

工具栏由主工具栏、控制器和编辑栏 3 部分组成，可以在菜单栏的"窗口→工具栏"选项中进行启动。

（1）主工具栏。许多应用程序，如 Word 中也有类似的工具，因此我们称其为主工具栏，如图 2-13 所示。

图 2-13　主工具栏

比较特别的是后面的几个工具：

- 磁铁工具：在移动对象时使用该工具，将使所选对象靠近最相邻的格线，用来规范对象的对齐属性。
- 平滑曲线工具：调整线条的平滑度，反复应用此工具，可以让对象越来越平滑。
- 拉直工具：拉直对象。
- 旋转工具：旋转对象。
- 缩放工具：缩小或放大对象。
- 对齐工具：对齐对象。

（2）控制器。用来控制动画播放的动作，它们分别是停止、倒回最前、倒退、播放、快进和进到最后，如图 2-14 所示。

（3）编辑栏。用来编辑场景、编辑元件、控制场景的显示比例，元件位于时间轴顶端，如图 2-15 所示。

图 2-14　控制器

2. 绘图工具箱

绘图工具箱通过"窗口→工具"菜单启动，默认位置在启动界面的左侧。绘图工具栏集中了绘画、文字及修改等常用工具，使用这些工具可以绘制、选取、喷涂及修改作品。在 Flash CS5 中，绘图工具箱由工具区、视图区、颜色区和工具选项区 4 个区域构成，其中工具选项区的内容随着所选工具的不同而变化，用于对绘图工具进行细节的设置。

熟练掌握绘图工具是 Flash 创作的基础，在后面的内容将进行详细的介绍。

编辑场景   场景显示比例

编辑元件

图 2-15   编辑栏

2.2.3   时间轴

一个动画可以看作是静态图片按照一定的时间顺序先后播放的结果，而播放时间和顺序的控制是通过时间轴来进行的。由于牵扯到帧与图层的概念，因此在这里不做详细解说，大家只需了解时间轴窗口在哪里就行了，在后面将会结合帧与图层进行综合的讲解，时间轴面板在"窗口→时间轴"菜单中启动。

2.2.4   "属性"面板

"属性"面板用来显示当前所选对象的常用属性。在场景中选中某一对象，选择"窗口→属性"命令，启动属性面板，在"属性"面板上将显示对象的属性参数。如图2-16 所示，是椭圆工具对象的属性面板。

2.2.5   其他面板

在 Flash CS5 中，还有几类设置面板，它们往往是进行元件设置的关键，因此我们必须熟练地掌握它们。这些设置面板在"窗口"菜单中启动。

图 2-16   "属性"面板

1.   "库"面板

"库"面板是存放元件的地方，它用于存储和组织导入的元件，包括位图图形、声音文件和视频剪辑等，可以在库中建立文件夹对元件进行管理，如图 2-17 所示。

预览窗口

元件列表

图 2-17   "库"面板

预览窗口：所选元件的预览窗口。

元件列表：其中罗列出所有的元件。

- 　：添加一个新元件。
- 　：在库窗口中添加一个元件管理夹，对元件进行分类管理。
- 　：对元件属性进行设置。
- 　：删除选定元件。

2. "信息"面板

用来显示选定对象的宽、高，以及鼠标光标处的颜色值、坐标值等信息，如图 2-18 所示。当要用 Flash 制作一个指定大小的对象时，就得先利用此面板获取详细的对象信息，然后再进行制作。

3. "颜色"面板（"混色器"面板）

通过本面板可以选择颜色和填充的样式。颜色包括轮廓色、填充色、默认黑白色、轮廓色与填充色互换等。右下角的红、绿、蓝 3 个输入框显示了颜色的 RGB 值，可以通过直接输入数值的方式指定某种颜色；左下方是色彩板，也可以直接用鼠标点选自己中意的颜色。另外有填充样式与填充颜色 Alpha 值两种设置功能。填充样式分为无、纯色、线性渐变、径向渐变（放射性渐变）和位图填充 5 种，如图 2-19 所示。

图 2-18　"信息"面板

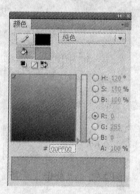

图 2-19　"混色器"面板

几乎所有的图形图像处理软件都有类似于上面的几种填充方式。其中，线性渐变填充主要是在几种颜色中产生一种过渡渐变，而径向渐变常常在制作球体时用到，位图填充就是用元件库中由外部导入的图片作为填充内容。选中颜料桶后在绘图工具箱底部会出现填充锁定图标用来锁定填充和编辑填充内容，如旋转、移动、放大和缩小等操作。

位图填充的过程：

（1）将外部图片导入元件库。选择菜单"文件→导入"，在"导入"对话框中选中要导入的图片，单击右下角的"打开"按钮。

（2）在工作区画出要填充的图形，启动"颜色"面板，选中"位图填充"模式，选中窗口中的位图图片，如图 2-20 所示。

（3）利用"颜料桶"工具填充图形，利用绘图工具箱中的"填充变形"工具，编辑填充图片。如图 2-21 所示，方块改变大小，圆圈调整位置、旋转等。

4. "变形"面板

"变形"面板主要用于缩放、旋转和倾斜所选的对象，用户只需在相应的输入框内填入合适的数字，再单击最下排两个按钮的第一个按钮就可以了。"变形"面板在"窗口→变形"菜单中启动，如图 2-22 所示。

图 2-20　颜色-混色器

图 2-21　填充编辑

5．"对齐"面板

本面板用来处理多个对象的相应位置关系，分别有左、中、右 3 种水平对齐，上、中、下 3 种垂直对齐和顶、中、底 3 种分散对齐方式。此外，还有宽度匹配、高度匹配、宽度与高度都匹配 3 种匹配方式；空白高度匹配、空白宽度匹配两种间隔匹配方式，如图 2-23 所示。

图 2-22　"变形"面板

图 2-23　"对齐"面板

说明：要选中多个物件，只需在选择时按住 Shift 键即可。

6．"颜色样本"面板

"颜色样本"面板如图 2-24 所示，使用"颜色样本"面板可以方便选取存放在其中预设好的各种色彩和渐变色进行填充，从而减少重复设置颜色，提高工作效率。

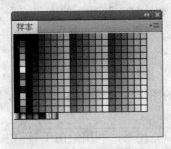

图 2-24　"颜色样本"面板

7．"动作"面板

Flash CS5 中的"动作"面板用于为影片添加脚本，动画的交互性都是通过脚本实现的。要熟练地掌握脚本，就得有一定的 Flash 编程基础。选择"窗口→动作"菜单，启动"动作"面板。

8. "组件"面板

"组件"面板如图 2-25 所示，"组件"面板中提供了一些常用的组件。

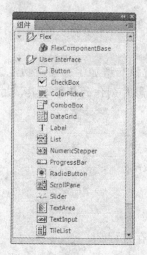

图 2-25　"组件"面板

2.3　创建与保存动画

2.3.1　创建与保存动画

双击桌面上或"开始"菜单中的 Adobe Flash CS5 图标，打开工作界面。运用工具栏上的绘图工具创建和绘制图形，制作完成后，单击"文件"菜单中的"保存"菜单项就可以将创建的动画保存。

2.3.2　文档属性设置

文档属性包括动画尺寸等内容。动画的尺寸就是动画在播放时画面的大小，在设置动画之前，必须根据需求首先设置动画的尺寸，同时还可以设置动画的播放速度和背景色等属性。操作如下：选择"修改→文档"命令，打开"文档设置"对话框，如图 2-26 所示。

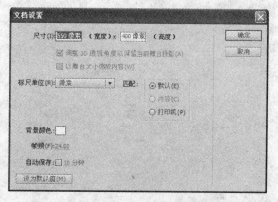

图 2-26　文档属性的设置

在对话框中设置动画标题、尺寸、匹配关系、背景色、帧率和标尺单位等参数。单击"确定"按钮，完成设置。

与 Flash 8 相比，Flash CS5 增强和增加了一些新功能。这些功能大大方便了影片的创作。Flash 中工具栏和浮动面板是进行影片创作的基本工具，熟练掌握这些工具的使用可大幅度提高影片创作的工作效率。

1. 练习位图填充的过程。
2. 练习各个面板的操作过程。
3. 练习影片文件的建立与保存过程。

第 3 章 动画角色的绘制与编辑

在制作动画之前应该先掌握绘制、编辑动画角色的基本工具和技巧。在 Flash 中绘制、编辑动画角色主要通过绘图工具箱来进行。本章主要讲述绘图工具的使用和图形编辑过程。通过本章的学习，读者应该掌握以下内容：

- 矢量图形和位图
- Flash CS5 绘图工具箱的使用
- Flash CS5 的图形编辑功能
- 图形绘制与编辑举例

3.1 矢量图形和位图

在计算机中，图形的显示格式有两种：矢量图和位图。学会区分两种格式的图形对于动画的创作非常有用，同时可以提高工作效率。

3.1.1 矢量图

矢量图通过直线和曲线来描述图形，这些直线和曲线称为矢量。矢量根据图形（包括文字）的几何特性来对其进行描述，因此同样具有颜色和位置属性，所以不要期望把一副矢量图缩小就可以减少该图的大小。

矢量图的形状是由曲线通过的点来描述的，而它的颜色则由曲线的颜色和曲线所包围区域的颜色确定。在对一幅矢量图进行编辑时，实际上修改的是其中曲线的属性，可对曲线进行移动、缩放、改变形状和颜色等操作而不影响它的显示质量。

矢量图具有分辨率无关性，换句话说，用户将它缩放到任意大小和以任意分辨率在输出设备上打印出来，都不会遗漏细节或清晰度。因此，矢量图是文字（尤其是文字）和粗略图形的最佳选择，这些图形（比如徽标）在缩放到不同大小时必须保持清晰的线条。这意味着它可在不同分辨率的输出设备上显示，而显示质量却没有任何下降，因为计算机显示器通过在网格上的显示来呈现图像，因此矢量图和位图图像在屏幕上都是以像素显示的。

3.1.2 位图

位图通过把叫做像素的不同颜色的点安排在网格中而形成图像。成像的原理是指定像素在网格中的位置和颜色值，方式与拼接而成的图形十分类似。

对位图文件进行编辑时，对象是像素而不是曲线。所以位图显示的质量与分辨率有关，因为图像的每一个数据是固定到一个特定大小的网格的。对位图进行编辑有可能改变显示的质量，尤其是缩放操作可使图形边缘呈锯齿状，在一个比图形本身分辨率低的输出设备上显示图形时也会使显示质量下降。

3.1.3　位图转换为矢量图

在新建的 Flash 文档中导入一幅位图图片，从主菜单上选择"修改→位图→转换位图为矢量图"，就会弹出"转换位图为矢量图"对话框，如图 3-1 所示。我们可以做以下的设置：

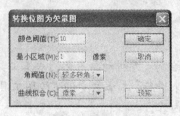

图 3-1　转换设置

（1）"颜色阈值"选项的参数范围：1～500。它的作用是在两个像素相比时，颜色差低于设定的颜色阈值，则两个像素被认为是相同的。阈值越大转换后的矢量图的颜色减少。

（2）"最小区域"选项的参数范围：1～1000。它的作用是在指定的像素颜色时需要考虑周围的像素数量，最小区域是跟踪位图平均不同的颜色值。

（3）"曲线拟合"选项的参数范围：像素。它是决定生成的矢量图的轮廓和区域的粘合程度。

（4）"角阈值"选项的参数范围：较多转角。它是决定生成的矢量图中保留锐利边缘还是平滑处理。

实践表明，如果要创建最接近原始位图的矢量图形，图 3-1 中为最佳的设置。设置完成后单击"确定"按钮，就可以将位图转换为矢量图形了。

3.2　图形角色的绘制与填充

Flash 绘制的是矢量图形，具有文件小、响应快、无限缩放等优点，比较适合制作网页动画。本节主要讲述利用绘图工具箱绘制图形的操作过程。

3.2.1　图形角色的绘制

图形绘制主要通过绘图工具箱来完成，本节主要讲述绘图工具箱的使用。绘图工具箱如图 3-2 所示。在图形绘制过程中，可通过"属性"面板调整绘制工具和绘制图形的属性。有些绘图工具选中后，在工具箱的选项栏中会出现其模式选项。模式选项使绘图更加灵活、准确。

1. 直线工具

主要用于绘制线段。选中该工具后，可在属性面板中调整线型和粗细。线条的属性主要有笔触颜色、笔触高度和笔触样式 3 种。直线工具的属性如图 3-3 所示。

绘制线条的方法如下：

（1）单击"绘图工具箱"中的"直线工具"按钮。

（2）调出属性面板，按照具体要求设置好要使用的线条属性。

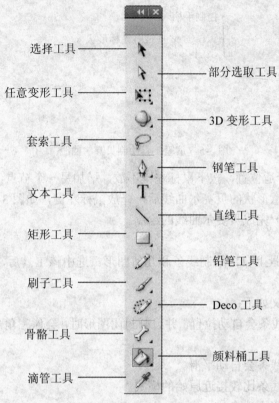

图 3-2　绘图工具箱

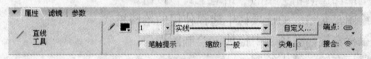

图 3-3　直线工具的属性

（3）在线条的起点处按下鼠标左键不放，拖拽至线条终点处释放，可以绘出需要的线条，一次操作只能绘制出一条线条。

2．钢笔工具

主要用于绘制贝赛尔曲线，通过对贝赛尔曲线的调整，可以得到复杂的曲线图形。钢笔工具的属性如图 3-4 所示。

图 3-4　钢笔工具的属性

绘制贝赛尔曲线的方法：

（1）单击"绘图工具箱"中的"钢笔工具"按钮。

（2）在场景上按下鼠标左键不放，会在该点增加贝赛尔曲线的一个节点。

（3）拖拽鼠标，在该节点处就会出现两个控制手柄，调整控制手柄的方向和长短就可以控制贝赛尔曲线的形状，如图 3-5 左图所示。

（4）释放鼠标左键，结束对控制手柄的调整。

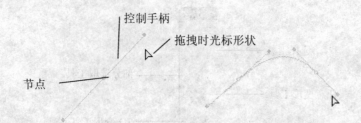

图 3-5　钢笔工具绘制贝赛尔曲线

（5）移动光标至合适位置，按下鼠标左键不放，增加另一个节点，并拖拽鼠标调整贝赛尔曲线的形状，得到满意形状的贝赛尔曲线后，释放鼠标左键，如图 3-5 右图所示。

（6）重复步骤（5）完成贝赛尔曲线的绘制。

3．铅笔工具

铅笔工具可以在场景上自由绘制线条和几何图形。选中该工具后，在选项栏中可选择绘制模式。如图 3-6 所示。

铅笔的 3 种模式含义如下：

● 伸直：画出的线条会自动拉直，并且画封闭图形时，会像三角形、矩形和圆形等规则的几何图形。

● 平滑：画出的线条会自动平滑。

● 墨水：画出的线条比较接近原始的模式。

"铅笔工具"的使用方法：

（1）单击"绘图工具箱"中的"铅笔工具"按钮。

（2）在"绘图工具箱"的选项栏中选择使用的绘图模式。

（3）按住鼠标左键，在场景中拖拽，绘制图形。

（4）释放鼠标左键，结束绘制。

4．文本工具

该工具用来在场景中添加文本角色。单击该工具，然后在工作区中单击确定文本的输入点，就可以输入文本内容了。文本输入完成后，可通过"属性"面板对文本进行编辑，步骤如下：

（1）单击"黑色箭头"选取工具，选择要编辑的文本对象。

（2）启动"属性"面板，设置文本的属性参数，如图 3-7 所示。

图 3-6　铅笔工具模式

图 3-7　文本的"属性"面板

面板上的参数和 Word 中的参数基本相同，这里不再详述。

5. 椭圆工具

可以在场景上绘制出椭圆或圆形，绘制出的图形包括轮廓线和填充色。

"椭圆工具"的使用方法：

（1）单击"绘图工具箱"中的"椭圆工具"按钮。

（2）单击"绘图工具箱"中的"颜色"选项中的"笔触颜色"按钮，在弹出的颜色设置面板中选择轮廓线的颜色。

（3）单击"绘图工具箱"中的"颜色"选项中的"填充色"按钮，在弹出的颜色设置面板中选择填充色。

（4）按住鼠标左键，在场景中拖拽，绘制出椭圆图形，如图 3-8 所示。

图 3-8　绘制椭圆

6. 矩形工具

可以在场景上绘制矩形或者正方形图形，操作方法与"椭圆工具"完全相同。

"矩形工具"的使用方法：

（1）单击"绘图工具箱"中的"矩形工具"按钮。

（2）在"属性"面板中设置"填充"和"笔触"。

（3）在"属性"面板中的"矩形选项"中设置四角的"边角半径"，如图 3-9 所示。

图 3-9　圆角矩形搬进设置及其图形

（4）在场景中按住鼠标左键拖拽鼠标，绘制圆角矩形图形。

7. 多角星形工具

"多角星形工具"与"矩形工具"占据同一位置，按住"矩形工具"按钮不放，会弹出工具选择列表，切换到"多角星形工具"，使用"多角星形工具"可以在场景上绘制等边多边形或等边星形图形。

"多角星形工具"使用方法：

（1）单击"绘图工具箱"中的"矩形工具"按钮，切换到"多边星形工具"。

（2）在"绘图工具箱"的"颜色"选项中设置合适的笔触颜色和填充色。

（3）打开"属性"面板，如图 3-10 所示。

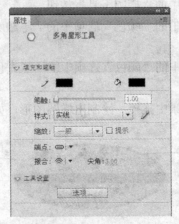

图 3-10   多角星形工具属性

（4）单击"属性"面板中的"选项"按钮，弹出"工具设置"对话框，如图 3-11 所示。

图 3-11   工具设置及绘出的多边形

（5）在场景中拖拽鼠标绘制出多边形或星形。

3.2.2   颜色的填充

1. 墨水瓶工具

该工具用来给图形对象的线条或几何图形的笔画边框上色。"墨水瓶工具"与"颜料桶工具"占据同一位置。

"墨水瓶工具"使用方法：

（1）从工具箱中选取墨水瓶工具。

（2）在属性面板中设置线条颜色、笔画和线宽。

（3）单击文档窗口中已有的线条或填充图形，改变线条的属性或为填充图形添加轮廓。

2. 颜料桶工具

对图像进行填色，根据选项的不同可以采取多种填充方式。如图 3-12 所示。颜料桶工具的使用方法与墨水瓶工具相似，这里不再详述。

各填充模式的含义如下：

● 不封闭空隙：指只能对完全封闭的区域填充。

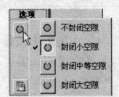

图 3-12   颜色填充选项

- 封闭小空隙：指可以对留有小空隙的区域填充。
- 封闭中等空隙：指对留有中等空隙的区域也可填充。
- 封闭大空隙：指对留有较大缺口的区域也可填充。

3. 笔刷工具

既然是"刷子"，它起着涂刷的功能。它的选项功能非常特别，下面把其功能列举如下，如图 3-13 所示。

- 标准绘画：标准涂刷模式，在选定区域用新的颜色进行覆盖。
- 颜料填充：一个对象可以分为填充区域与轮廓区域，填充涂刷只对填充区域起作用，而保留原图像的轮廓。
- 后面绘画：用此工具涂刷出的图像将处在已有对象的后面。
- 颜料选择：涂刷只针对所选区域，所选区域外的部分不能进行涂刷。
- 内部绘画：根据起点位置的不同而填充形式不同。如果起点在某个对象外（即内部应该是空白区域），那么对于该对象来说，它不是内部，所以该对象会遮挡经过它的涂刷部分。

图 3-13　笔刷的样式

- 涂刷样式与笔刷大小：用来决定用什么样式的笔刷进行涂刷与笔刷的大小。

4. 滴管工具

该工具用来进行颜色取样，将一个图形或线条的颜色复制到其他图形或线条上。使用方法非常简单，只需用滴管在已有图形中点一下要取的颜色，然后在要添色的位置点击滴管即可。

说明： 如果空隙太大，将不能用任何方式进行区域填充。

3.3　编辑图形角色

3.3.1　选取角色

1. 箭头选择工具

用于选择对象。对任何对象进行处理时，首先得选中它，然后才能对其进行操作。要选中多个对象，只需用箭头选择工具在这些对象的外部点一下（进行定位），然后拖动鼠标拉出一个能包含所有对象的方形，最后松开鼠标，这时所有对象都被选中了。

2. 套索工具

主要用来选择具有复杂轮廓的对象。使用方法是先用此工具定下起始点，然后大致沿轮廓画线，最后与起始点重合形成封闭路径从而选中此范围内的对象。当选中套索工具后，在选项区域将出现下面 3 个图标：图标　为"魔术棒"工具、图标　为"魔术棒设置"调节工具、图标　为多边形选取工具，如图 3-14 所示。利用魔术棒工具可在分离的位图上选取相近色块，操作步骤如下：

（1）选择位图，通过"修改→分离"命令分离图像。

（2）选取套索工具选项中的魔术棒图标。

（3）单击"阈值"调节图标，设置阈值，阈值越大选取范围越大。

（4）在位图上的任意处单击，就会选取与单击处颜色相近的区域，如图 3-15 所示。

图 3-14　套索选项

图 3-15　魔术棒的应用

选定范围后可进行删除、填充等操作。例如可用魔术棒对图片的背景进行删除、填充等操作。

3.3.2　复制和删除

先选中要复制或删除的对象，然后在对象上右击，选择复制或删除功能菜单（也可通过"编辑"菜单进行）。

3.3.3　擦除角色工具

本工具用来擦除一些不需要的线条或区域。要灵活使用此工具，首先得掌握其各个选项。擦除模式选项（如图 3-16 所示）的含义：

- 标准擦除：凡橡皮经过的地方都被清除，当然，不是当前层的内容不能清除。
- 擦除填色：只擦除填色区域内的信息，非填色区域，如边框不能擦除。
- 擦除线条：专门用来擦除对象的边框与轮廓。
- 擦除所选填充：清除选定区域内的填充色。
- 内部擦除：擦除情况跟开始点相关，如果起始点在某个物体外，如空白区域，那么这个"内部"则是空白区域内部，这时进行擦除不能抹掉物体信息；如果起始点在物体内，那么这个"内部"则是物体内部，这时可以擦除该物体的相关信息，而不能作用于外部区域。

图 3-16　擦除模式

3.3.4　变形工具

（1）任意变形工具：本工具可实现对动画角色的大小和旋转变形。

（2）填充变形工具：本工具可实现对填充内容的缩放和旋转变形，像前面讲过的位图填充的变形。

3.4　角色创作实例

图形绘制工具学习起来非常简单，但利用他们绘制、组合出满意的图形却需要通过大量的练习才能实现。下面给出了一些实例，希望对大家有所启发。

例 3-1　人物的绘制

制作思路：利用箭头选取工具拉弯线条，组成简笔画。

制作步骤（如图 3-17 所示）如下：

图 3-17　脸谱的绘制

（1）建立一个新文件（以后实例的第一步都是这个操作，不再一一指明）。

（2）用画圆工具画出空心圆，在眼睛和嘴巴部位画出线条。

（3）选取"黑色箭头"工具，让鼠标逐渐靠近线段，当鼠标箭头末端虚线框变为圆弧时，按住左键拉弯线段，构成简笔画。

例 3-2　花朵的制作

制作思路：利用 5 个圆形进行叠加，组合出花朵图案。

制作步骤如下：

（1）利用画圆工具画出一个填充色的黄色无边框的圆（无边框显得边界柔和）和 4 个填充色为紫色无边框的圆（复制），如图 3-18 所示。

（2）利用"修改→组合"命令分别把 5 个圆组合起来，并把它们叠加成如图 3-18（b）所示的图案。必要时可通过"修改→排列"菜单调整圆的排列层次，使黄色的圆在其他圆的上面。

（3）利用矩形工具、圆工具和箭头的拖曳功能做出花托，如图 3-18（c）所示，然后，把花朵和花托组合起来，形成如图 3-18（d）所示的花朵图案。

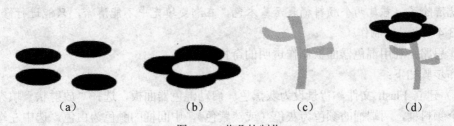

(a)　　　　　(b)　　　　　(c)　　　　　(d)

图 3-18　花朵的制作

例 3-3　放大镜绘制

制作思路：此物件可由一个圆与一个弧角方形构成，弧角方形应用褐色的实心填充，圆则应用由白到灰的放射状填充。

制作步骤如下：

（1）用方形工具绘制一个 30 度的圆角方形，并用褐色进行填充。用箭头工具拖拉弧角方形的两条长边，使其稍具弧形。

说明：给方形设置弧度，只需通过设置绘图工具栏选项下的属性就可以了。Flash 在处理矢量图形时，可以任意改变图像的大小与外观，其处理方法就是用箭头工具进行拉扯。

（2）绘制一个轮廓为黑色，填充为白色的圆，并将其移动到弧角方形上。

（3）在混色器中将填充方式设为"放射状"填充，颜料桶设成如图 3-19 所示。然后用颜料桶工具进行填充。

说明：在混色器上进行渐变填充的设置步骤如下：

（1）两个颜料桶与其上的长方形分别表示内部颜色、外部颜色和色值范围，根据需要可以对它们进行任意变化、组合。

（2）改变内部或外部颜色：选中表示内部颜色或外部颜色的颜料桶，在下面的调色板中选择颜色，会发现左下角的颜色预览框变成了相应的颜色。以我们绘制的那个圆为例，我们只是将外部颜色由黑色改变为灰色，就得到了类似于人眼的"灰眼球"。

（3）增加色块：现在我们知道如何修改渐变填充的内部颜色与外部颜色了，那么如果想将第三种或第四种颜色填加进去，并产生渐变效果，只需在两个颜料桶之间填加表示第三种颜色甚至第四种颜色的颜料桶就可以了，方法是用鼠标在两个颜料桶间点一下，出现第三个颜料桶，然后选中新添的颜料桶，并在下边的调色板中选择相应的颜色。

图 3-19   放大镜的绘制

（4）清除颜料桶：对于第三个或第四个添加的颜料桶，要清除它们非常简单，只需将其往下拉就清除了，首尾两个颜料桶表示基本色，在渐变填充中不能清除，只能进行修改。

例 3-4   水晕的制作

制作思路：利用混色器面板制作透明的奇特效果。

制作步骤如下：

（1）建立 Flash 文件，背景设为灰黑色。启动混色器面板，选择"放射状"填充模式。设置 3 个颜料桶，两端桶的颜色为灰色（或淡紫色），中间桶的颜色为白色，选中左端的颜料桶，调整 Alpha 值为 0，即将颜色设为透明。同样将右端的颜料桶设为透明色。中间颜色的 Alpha 值不变，如图 3-20 所示。

（2）利用图形绘制工具（不要边框）绘出正圆，并将其变形，效果如图 3-21 所示，圆圈中间为白色，向两边颜色逐渐过渡为透明，显示出背景色。

图 3-20   填充色设置

图 3-21   水晕图效果

例 3-5　放射齿轮的绘制

制作思路：本物件由三圈齿轮构成，只要做好了第一个齿轮，第二个、第三个齿轮只需通过复制再变小就行了。因此，关键是第一个齿轮的制作。要绘制一个齿轮，只需画一个齿轮状轮廓的圆就行了。

制作步骤如下：

（1）选定画圆工具，然后在属性面板中将笔触样式改成"斑马线"。为了让齿轮清楚一些，我们将笔触高度变得更大，即 10，颜色继续用默认的黑色。

（2）设定后在工作区绘出圆形。

（3）选中绘制好的齿轮，用"编辑→拷贝"菜单，复制出两个齿轮。调整它们的大小和位置，即可制作出如图 3-22 所示的效果。

图 3-22　齿轮

例 3-6　弯月的制作

制作思路：本图形可由两个圆叠合而成，如图 3-23 所示。

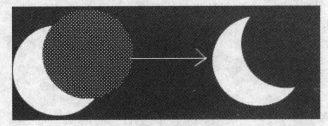

图 3-23　弯月的绘制

具体制作过程由读者练习完成。

本章小结

掌握绘制、编辑动画角色的基本工具和简单技巧是进行动画创作的基础。在 Flash 中绘制、编辑动画角色主要通过绘图工具箱来进行。通过本章的实例可以看出，比较复杂的平面构图都是由简单的线条和图形组合而成的，只要我们全面掌握绘图和编辑工具的使用技巧，找出图案组合的一般规律，编辑出形神并茂的动画角色是完全可能的。

思考练习

1．用套索工具来选取图 3-24 中的蝴蝶。

图 3-24　蝴蝶

2．用 Flash 实现蜡烛燃烧的效果，如图 3-25 所示。

图 3-25　蜡烛燃烧

3．通过圆形或矩形的叠加组合以及填充色的过渡效果，制作如图 3-26 所示的立体按钮。

图 3-26　立体按钮

4．使用 Flash 工具绘制一个正方体堆积的图案，如图 3-27 所示。

图 3-27　正方体堆积

第4章　动画的基本形式

本章导读

在 Flash 中，动画的制作分为帧动画、移动动画和形变动画 3 种基本形式。本章将分别讲述有关动画制作的基本概念和 3 种动画形式的制作过程，通过本章的学习，读者应该掌握以下内容：

● 　场景、时间轴、帧、元件在动画制作中的作用
● 　帧动画、移动动画和形变动画的特点与制作过程

4.1　动画制作的有关概念

4.1.1　场景

在 Flash 动画中，场景是进行 Flash 创作的工作区域。在场景中可以对当前帧的内容进行编辑，只有在场景的矩形区域中的内容才会最终被导出成为 Flash 作品。场景可以不止一个，多个场景可以集合在一起，并按它们在场景面板上排列的先后顺序进行播放。下面是关于场景的几个基本操作。

（1）改变场景属性。使用"修改→文档"命令或在工作区右击，选择"文档属性"命令，弹出"文档属性"窗口，设置属性参数，如图 4-1 所示。

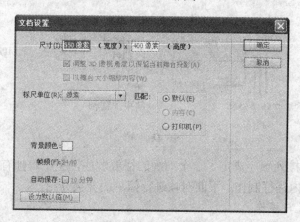

图 4-1　场景属性面板

（2）场景的缩放与移动。在动画制作中，为了方便操作，可以通过菜单命令缩放工作区域，具体方法有：

1）使用场景右上角的缩放比率输入框，可以直接输入相应的缩放比率，也可以在下拉菜单中选择预设的选项。

2）使用绘图工具栏中"查看"中的"缩放"工具，在选项中选择放大或缩小，然后单击场景。

3）还可以使用快捷键，放大使用 Ctrl+=组合键，缩小使用 Ctrl+-组合键，还可以使用"手形"拖动场景。

4.1.2　时间轴

时间轴是 Flash 中最重要、最核心的部分，如图 4-2 所示。Flash 是通过时间轴把一幅幅画面组织起来的，所以，时间轴在 Flash 动画制作中扮演导演的角色。

时间轴是进行有关帧和层操作的地方，主要由图层、帧和播放头组成，可以分为左右两部分，左边部分用来对图层进行管理和操作，右边部分用来对帧进行操作。

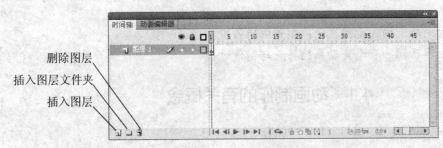

图 4-2　时间轴

4.1.3　帧

前面我们讲到了时间轴，随着时间的推进，动画会按照时间轴的横轴方向播放，而时间轴正是对帧进行操作的场所。在时间轴上，每一个小方格就是一个帧，每一帧相当于场景中的一个镜头。在默认状态下，每隔 5 帧进行数字标示，如时间轴上的 1、5、10、15 等数字标识，如图 4-3 所示。

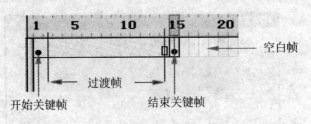

图 4-3　帧

帧在时间轴上的排列顺序决定了一个动画的播放顺序，至于每帧有什么具体内容，则需在相应帧的工作区域内进行制作。下面对帧进行简单的分类介绍。

1. 关键帧的定义与操作

（1）定义：关键帧定义了一个过程的起始和终结，也可以是另外一个过程的开始，当帧内容发生变化时应当插入关键帧。关键帧具有延续功能，只要定义好了开始关键帧并加入了对象，那么在定义结束关键帧时就不需再添加该对象了，因为起始关键帧中的对象也延续到结束关键帧了。而这正是关键帧动态制作的基础。

（2）插入关键帧：将鼠标移到时间轴上表示帧的部分，并单击要定义为关键帧的方格，然后右击，在弹出菜单中选择"插入关键帧"命令。

（3）复制关键帧：选中要进行复制的某个帧或某几个帧，选择"编辑→复制"命令，然后在拷贝放置的位置选择"编辑→粘贴"命令。

（4）清除关键帧：选中要清除的关键帧，右击并在弹出菜单中选择"删除帧"命令。

2. 过渡帧

两个关键帧之间的部分就是过渡帧，它们是起始关键帧动作向结束关键帧动作变化的过渡部分。在动画制作过程中，我们不必理会过渡帧的问题，只要定义好关键帧以及相应的动作就可以了。过渡帧用灰色表示。

3. 空白关键帧

在一个关键帧里，什么对象也没有，这种关键帧我们就称其为空白关键帧。

4.1.4　元件

元件只是一种人为的规范，我们将动画中一些出现频率比较高的对象作定义以便引用，而这种被定义的对象就是"元件"。元件好像被储备起来的演员，随时可调出来扮演角色。使用元件，可以很方便地对动画元素进行管理与修改，如颜色、亮度、透明度等。而且只需在库窗口中对元件进行修改，动画中所有被引用的该元件都会发生相应的变化。

动画制作中，文件体积当然越小越好，而使用元件，可以在很大程度上减小文件体积。如果动画中有很多重复的图形而不使用元件，装载时就要不断地重复装载图形；如果使用元件，则只需装载一次，以后就可以通过调用来直接播放了。

1. 新建一个元件

选择"插入→新建元件"命令（也可以选中场景中已有的图片，选择"插入→转换为元件"命令），弹出"创建新元件"对话框，如图 4-4 所示。

图 4-4　"创建新元件"对话框

对话框中各选项的含义如下：

● 名称：元件的名称，在进行元件调用时非常重要，最好不要使用中文，因为如果有程序调用的话，中文名容易出错。

● 类型：在 Flash CS5 中，有 3 种类型的元件：影片剪辑、按钮和图形。

名称与类型设置好后，单击"确定"按钮，进入元件编辑状态。这时，你会发现标准工具栏下的场景旁出现了元件编辑图标，如图 4-5 所示。

工作区域成为元件编辑区域，符号"+"表示元件旋转、缩放的中心点。现在我们可以按自己的需要进行制作，如果是图形类型的元件，这时需要作一幅图或导入一个外部图像；如果是影片剪辑，则需在此区域内制作一段影片（当然也可以是一幅静止的图像）；如果是按钮类型的元件，其时间轴则显得非常特别，如图 4-6 所示。

图 4-5 元件的制作

图 4-6 按钮元件

按钮的 4 种状态：

● 弹起：表示一般状态下按钮的样式。

● 指针经过：当鼠标移上时按钮的样式。

● 按下：用鼠标单击按钮时的样式。

● 点击：单击按钮后在执行状态中的样式。

明白了按钮的几种状态，我们非常容易地就能制作响应鼠标事件的按钮了。

图形元件的制作除上面提到的新建和转化两种方法外，还可以将外部图片通过"文件→导入"命令，将其导入元件库。图形元件的建立比较简单，不再单独举例。后面的实例讲解按钮元件和影片元件的制作过程。

2. 清除一个元件

在库窗口选中要删除的元件，单击窗口下边框处的删除图标🗑；或者选中元件后，在右键菜单中选择"删除"命令。

3. 拷贝一个元件

选中元件后，在右键菜单中选择"复制"命令，并在弹出的窗口中设置元件属性。

4. 元件的常规属性

元件有位置和大小、3D 定位和查看、色彩效果、显示、滤镜等设置，可以通过属性面板进行设置，如图 4-7 所示。

（1）实例名称：选择元件的类型，如果是影片剪辑或按钮元件，还要有一个函数调用名，如图 4-7 中的 hell。

（2）色彩效果：通过样式菜单，可以快速地为元件变

图 4-7 元件属性的设置

换整体颜色、亮度和透明度（Alpha 值）等。

5. 元件的应用

在场景中应用元件包括应用本影片元件库中的元件和应用其他影片元件库中的元件。应用本影片元件库中的元件，应先打开元件库面板，将相应的元件用鼠标拖入场景工作区。应用其他影片中的元件应该先通过菜单"文件→作为库打开"命令打开相应的元件库，再应用其中的元件。

Flash 制作影片如同导演排戏，把各个元件按步骤放入时间轴，并按创作意图组合在一起就可以了。在这个过程中，元件扮演着极为重要的角色。

在以前的 Flash 制作过程中，我们都将很大部分的工作放在元件制作上，现在除了大量的网络图库可以直接找到素材外，Adobe 公司还提供了专门的元件下载基地，可以到公司的资源中心进行下载。

例 4-1　按钮元件的制作

（1）选择"插入→新建元件"命令，将新元件设为按钮属性，进入元件编辑区域。其时间轴窗口如图 4-6 所示。

（2）用矩形绘制工具绘制一个弧度为 20 的圆角矩形，并以红色填充。这时你会发现，按钮的"弹起"帧有个黑点，表示该帧有内容，即我们所绘制的矩形，如图 4-8 所示。

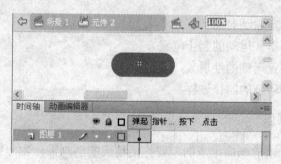

图 4-8　按钮测试

（3）用鼠标点一下"指针经过"帧，在右键菜单中选择"插入→插入关键帧"命令或按快捷键 F6，并将该帧中的红色矩形重新用蓝色填充。

（4）同理，把表示"按下"状态的按钮制作成用绿色填充的矩形。

（5）按钮制作完毕后，回到场景 1，按 Ctrl+L 键打开库窗口，并将刚才做好的按钮元件拖到场景中的任意位置。

说明：为什么要将元件拖到场景？正如前面我们所说的，每一帧相当于一个影格，而无论是元件还是其他 Flash 元素都必须作为帧的内容拖到影格中，即帧有了内容后，动画才能最终实现。

（6）按钮测试：按住 Ctrl+Enter，并用鼠标测试。一般状态下，按钮是红色的；鼠标移上时，按钮是蓝色的；鼠标按下时，按钮是绿色的。

例 4-2　制作一个月季花开的影片元件

（1）新建 Flash 文件，导入图片 4 张（表示月季花开的 4 种状态），成为 4 个元件，如图 4-9 所示。

（2）选择"插入→新建元件"命令，并将新元件设为影片属性，进入元件编辑区域。

（3）将第 1 帧、第 5 帧、第 10 帧和第 15 帧分别设置成关键帧，分别将 4 个元件拖入这

4 个关键帧，并对齐好位置。

（4）测试元件。按住 Ctrl+Enter，测试影片剪辑元件。

名称	类型
位图 2	位图
位图 3	位图
位图 4	位图
位图1	位图

图 4-9　影片元件

说明：本元件的制作过程就是后面将要讲到的帧动画的制作过程。

4.2　三种基本动画形式

帧动画、移动动画和形变动画的制作过程各有特点，但制作原理是相通的，即要解决以下 3 个问题：

- 什么在动（确定运动对象）。
- 从哪里动到哪里（运动的起止位置）。
- 怎么运动（设置运动的性质）。

下面分别讲述 3 种动画的制作过程。

4.2.1　帧动画的制作

帧动画是由一帧一帧的画面组成的，要作出精美的动画需一幅一幅地绘制画面，而后串接起来。帧动画的制作没有什么特别之处，只是绘制不同的帧内容时，适当地利用以前帧的内容（洋葱皮效果）可以大大简化、加快我们的动画制作进程。

帧动画的制作过程比较简单，前面制作元件"月季开花"的过程就是一个帧动画制作的实例，这里不再重复举例。

4.2.2　移动动画的制作

移动动画是通过改变对象的位置、颜色、大小、旋转角度和透明度等来实现的。改变以上属性需要设置"属性"和"混色器"面板等，该动画的运动对象必须是元件等实体。

下面我们通过实例来讲述移动动画的制作。

例 4-3　运动的小球

（1）打开 Flash 程序，在场景编辑窗口的左边用圆形工具绘制一个圆，内部填色为"线性"渐变。

（2）用黑箭头工具选中刚刚绘制的圆，选择"插入→转换为元件"命令，弹出"元件命名"对话框，将圆命名为 Ball，类型选为"图形"类型。这样场景中的圆就变成元件了。

（3）在第 30 帧处右击，在弹出菜单中选择"插入关键帧"命令。插入新建关键帧后，系统自动复制 Ball 元件在工作区的左边缘处。用鼠标直接按住 Ball 水平拖到工作区右边缘处。

注意：尽量不要使原图形的上下位置改变，也可以选中 Ball 对象后，直接用键盘上的方向键控制移动，这样就能防止 Ball 上下位置改变。

（4）鼠标在时间轴的第一帧（动画的开始关键帧）与结束帧之间的过渡帧上右击，选择"创建传统部件"命令，此时在过渡帧中可以看到帧属性，如图 4-10 所示。

帧属性的设置内容比较丰富，简单介绍如下：

● **帧标签**：也就是帧的名称，主要在函数引用中作为参数。

● **补间**：就是运动形式，可以是无变化，可以是动画，也可以是形状。

● **缩放**：如果元件有大小变化，请勾选此项。如上面的例子，将结束帧的球变大或变小，其效果是逐渐变大（或变小）的球沿着指定路径运动。

● **缓动**：这个属性还可以控制变化的剧烈程度，默认状态为 0，数字越大，变化越剧烈，反之越小。如果想让例 4-3 中的球随运动加速，则需将此项设置加大。

● **旋转**：元件还可以旋转着进行变化，默认为自动，可以顺时针旋转，也可逆时针旋转。次数是对旋转速度的设置。

其他选项读者可通过试验掌握其含义，这里不再一一列举。

（5）此时可以看到在时间轴上，从第 1 帧到第 30 帧处所有帧的颜色都变成淡蓝色，并且有一个黑色的箭头贯穿各帧。利用洋葱皮效果切换按钮，拖动时间标尺上的界标，使之覆盖所有帧。

（6）测试动画。动画已经制作完成，在场景编辑窗口中按下回车键直接预览，可以看到 Ball 元件从左到右飞过场景，如图 4-11 所示。

图 4-10　帧属性设置

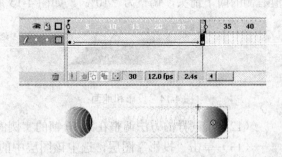

图 4-11　位移动画

说明：Flash 移动动画的对象一定不能是直接用 Flash 绘图工具绘制的图形或打散的对象，而应该是元件、组件（利用"修改→组合"命令组合而成）、文本等对象，这一点恰恰与形变动画是互补的。

例 4-4　创建一个匀速弹球动画

这个实例中通过把绘制的球形转化为元件，创建元件的实例，制作球元件的匀速弹球动画。

（1）新建一个 Flash 动画，并命名为"弹球动画"。

（2）选中"图层 1"并改名为"球"，在图层上用"椭圆工具"绘制一个球。

　　（3）选择绘制的球形，选择菜单栏中的"修改→转换为元件"命令，在弹出的元件对话框中选择"图形"类型，这样在"库"中添加了一个球元件，如图 4-12 所示。

　　（4）在时间轴上创建两个新图层，分别命名为"投影"和"地面"，同时把它们拖放到"球"图层的下方，如图 4-13 所示。

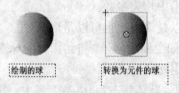

绘制的球　　　　转换为元件的球

图 4-12　绘制的球和元件实例　　　　　　　　图 4-13　新建的图层

　　（5）选中"投影"图层，用工具栏中的"椭圆工具"在球的下方绘制投影，并把投影转换为元件，如图 4-14 所示。

　　（6）选中"地面"图层，用"矩形工具"绘制地面，同时选中该图层的第 30 帧，按 F5 键，将其延伸到第 30 帧，如图 4-14 所示。

　　（7）选中"球"图层，单击第 15 帧，按 F6 键插入一个关键帧。

　　（8）选中该图层的第 1 帧，将球垂直上移，作为球的起始位置，然后选中该实例，选择菜单栏中的"编辑→复制"命令，将该实例复制到剪贴板上。

　　（9）在该图层的第 30 帧插入关键帧，并将该帧实例对象删除，然后选择菜单栏中的"编辑→粘贴到当前位置"命令，这样第 30 帧中球的位置就和第 1 帧中的位置相同了。

　　（10）单击"球"图层，选中该图层的所有帧，选择菜单栏中的"插入→时间轴→创建补间动画"命令。

　　（11）选中"投影"图层，分别在第 15 帧和第 30 帧插入关键帧，然后选中第 1 帧上的实例，在"属性"面板中，在"颜色"下拉列表中选择"Alpha"选项，然后单击"Alpha"数量值右侧的向下箭头，调整为"10%"。如图 4-15 所示。

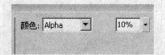

图 4-14　投影和地面　　　　　　　　　图 4-15　属性中 Alpha 的设置

　　（12）用同样的方法调整在第 30 帧的实例的颜色属性，设置好工作区中实例效果。

　　（13）单击"投影"图层，选中该图层中的所有帧，选择菜单栏中的"插入→时间轴→创建补间动画"命令，创建投影的补间动画。

　　（14）按 Ctrl+Enter 测试动画，如图 4-16 所示。

4.2.3　形变动画

　　创建 Flash 动画，除了上面提到的位置变化外，还有形状变化。形状变化指的是运动对象的构成进行了重新组合。形变的运动对象与位移动画相反，必须是打散的实体，否则无法变形。在 Flash 中实现图形变形的途径有多种，如通过选择工具、变形工具、编辑工具等都可以实现变形。

图 4-16　效果图

例 4-5　变形动画的制作

要求：一个红色的圆球，逐渐变形成一个"O"字。开始时让这个圆球先停留 10 帧左右，然后开始变形，最后完全变成"O"字，变形完成后"O"字延续 10 帧。

（1）建立 Flash 文件，制作两个图片元件：一个是名为 Ball 的红色球体；另一个是名为 Font 的"O"字符。

（2）元件制作完毕，进入场景。在第 1 帧处，将元件 Ball 拖入工作区偏左位置。

（3）在第 10 帧处插入关键帧，并将它作为向"O"字变化的起始关键帧。

（4）在第 30 帧处插入关键帧，然后将此帧中的球体清除，并加入元件 Font，即那个"O"字。

说明：想让球体与字符水平对齐或位置比较平衡，最好先将 Font 元件放到比较合适的位置，然后再将原来那个球体清除了；如果先清除该帧中的球体，由于缺少了参照物，字符元件的位置可能不好确定。也可通过后面介绍的"洋葱皮效果"（Onion Skin）来调整元件位置。

（5）要实现变形完毕后，"O"字会延续 10 帧而无变化，我们在第 40 帧处插入一个过渡帧。

（6）现在来处理从第 10 帧到第 30 帧的变形动画。先回到第 10 帧，选中元件后，按 Ctrl+B 组合键或使用菜单"修改→分离"命令，将所选元件打散；然后再到第 30 帧处，将该处的 Font 元件打散。

说明：为什么要打散？这是因为变形操作不支持元件或组合对象，不打散硬要进行变形操作的话，变形将不能成功，而且会弹出警示框。打散前与打散后的图示区别如图 4-17 所示。

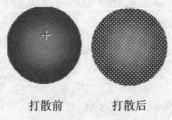

打散前　　　　打散后

图 4-17　元件的分离

（7）确认打散后，回到第 10 帧到第 30 帧中间的过渡帧右击，并选择"创建补间形状"命令，最后时间轴状态如图 4-18 所示。

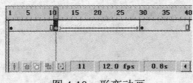

图 4-18　形变动画

说明：形变动画的时间轴示意图与位移变化是不同的，一个是绿色的，一个是蓝色的。在制作过程中大家要体会移动动画与形变动画在实际操作中的不同之处。

（8）按 Ctrl+Enter 测试动画。

在 Flash 中动画分为帧动画、移动动画和形变动画 3 种基本形式，复杂动画是通过基本动画形式组合而成的。在动画制作过程中应先进行策划、创意，做好准备工作后再进行具体创作，有利于提高制作效率。

思考练习

1．利用移动动画的原理，制作箭射中靶心的效果。
2．利用形变动画的原理，实现滴墨水的效果。

第 5 章　洋葱皮、图层及声音的应用

本章导读

　　本章主要讲解洋葱皮、图层及声音效果在 Flash 动画制作中的应用。熟练掌握这些工具才能制作出声形并茂、丰富多彩的动画效果。通过本章的学习，读者应该掌握以下内容：

- 洋葱皮效果的应用
- 图层技术的应用
- 声音技术的应用

5.1　洋葱皮效果的应用

　　Flash 中有种专门的多帧编辑与对齐模式，叫作"洋葱皮效果"（Onion Skin），它们位于时间轴下面。把"洋葱皮"视图模式打开，点按时间轴下面的图标，时间轴会变成如图 5-1 所示的样式。

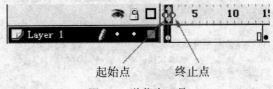

起始点　　终止点

图 5-1　洋葱皮工具

　　在图 5-1 的时间轴上出现了两个圆圈，它们分别代表洋葱皮的起始帧与终止帧，凡是在这个范围内的帧都可在同一时间进行显示。现在我们把右边的圆圈拉到第 40 帧，时间轴会变成如图 5-2 所示。

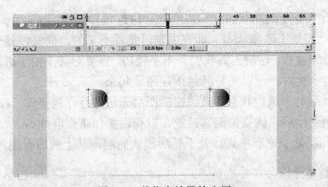

图 5-2　洋葱皮效果的应用

　　工作区中的内容也会有所变化，从第 1 帧到第 40 帧的内容全显示出来了。洋葱皮模式的作用主要是用来进行多帧编辑，在进行起始帧与终止帧的元素精确定位时，它常常是必不可少

的工具。

元件有个中心点，它是缩放与旋转操作的参照点，因此在进行多帧编辑时有必要先改变元件的中心点再进行编辑。改变元件中心点的操作是在元件的编辑窗口中进行的。

5.2 图层的应用

在大部分图像处理软件中，都引入了图层（Layer）的概念，灵活地掌握与使用图层，不但能轻松制作出各种特殊效果，还可以大大提高工作效率。一个图层，犹如一张透明的纸，上面可以绘制任何事物或书写任何文字，所有的图层叠合在一起，就组成了一幅完整的画。

图层有两大特点：除了画有图形或文字的地方，其他部分都是透明的（遮罩层除外），也就是说，下层的内容可以通过透明的部分显示出来；图层又是相对独立的，修改其中一层，不会影响到其他层。在一个图层上只能定义对象的一种运动状态，当多个对象有不同的运动状态时应将其放在不同图层上定义。如在一个小蜜蜂采花的动画中，花是静态的而蜜蜂是运动的，在建立动画时应将蜜蜂和花放在不同的图层上分别定义其动作。

上面对图层的理解，不仅适合于 Flash，对其他图形处理软件，如 Photoshop、PaintShop、Fireworks 等都是有效的。

5.2.1 图层的状态

在 Flash 中，图层有 4 种状态，如图 5-3 所示。通过鼠标单击图层名右侧的圆点，可调整图层的状态。

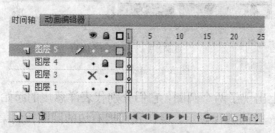

图 5-3 图层的状态

- 　：表明此层处于活动状态，可以对该层进行各种操作。
- 　：表明此层处于隐藏状态，即在编辑时是看不见的，同时，处于隐藏状态的图层不能进行任何修改。这就告诉我们一个小技巧，当要对某个图层进行修改又不想被其他层的内容干扰时，可以先将其他图层隐藏起来。
- 　：表明此层处于锁定状态，被锁定的图层无法进行任何操作。在 Flash 制作中，完成一个层的制作后，就立刻把它锁定，以免误操作带来麻烦。
- 　：表明此层处于轮廓模式。处于轮廓模式的层，其上的所有图形只能显示轮廓。

5.2.2 图层的基本操作

图层的基本操作可通过图层窗口中的工具图标进行。工具图标在图层窗口的左下角，下面将结合操作过程讲述它们的应用。

1．新建一个图层

每次打开一个新文件时就会有一个默认的图层"图层 1"。要新建一个图层，只需用鼠标单击图层窗口左下角的"插入图层"按钮┛，或者调用"插入→图层"命令，这时，在原来图层上就会出现一个新图层"图层 2"。

2．选择图层

用鼠标单击该图层就选定了图层；在工作区域选中一个对象，按住 Shift 键，再选择其他层的对象就可以选择多个图层。

3．删除图层

选中要删除的图层，单击垃圾桶图标 🗑 即可。

4．图层改名

用鼠标双击某个图层就可以进行改名了。

5．拷贝某个图层

选中要复制的图层，调用"编辑→复制（拷贝所有帧）"菜单，再创建一个新层，并调用"编辑→粘贴"菜单即可。

6．图层的顺序

我们已经知道，上层的内容会遮盖下层的内容，下层内容只能通过上层透明的部分显示出来。因此，常常会有重新调整层的排列顺序的操作。要改变它们的顺序非常简单，用鼠标拖住该层，然后向上或向下拖到合适的位置即可。

5.2.3　图层的属性

随便选中某个图层，右击，在弹出的菜单中选择"属性"命令，将弹出如图 5-4 所示的对话框。

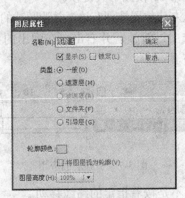

图 5-4　图层属性

本面板中，有图层名称、显示、锁定、类型、轮廓颜色、是否为轮廓等内容。

类型中，除了普通图层（Normal），还有"引导层"和"遮罩层"两种。后面将介绍这两种图层的应用。

5.2.4　引导层

在 Flash 中，引导图层的名称前有一个"小锤"或者"弧线"图标，如图 5-5 所示。

图 5-5　引导图层图标

两种图标表示两种引导图层，"小锤"图标表示的是普通的导向图层，仅起到辅助静态定位作用；弧线图标表示的引导图层为运动引导图层，在制作动画时起到引导对象沿指定路径运动的作用。

下面通过一些简单的实例来介绍一下引导层的应用。

例 5-1   引导层的应用

要求：让一个球按指定的路线移动。

（1）在一个新建的影片文件中创建一个球形图形元件。

（2）回到场景中，将该元件从库中拖入图层 1 工作区的偏左位置。

（3）在图层 1 上右击，选择添加传统运动引导层。新图层名的左侧出现图标 ，标志新添的层是引导层。

（4）利用铅笔等绘图工具，在引导层中制作图层 1 中球形元件的运动路线，如图 5-6 所示。

图 5-6   引导线

说明：图 5-6 中，只有那条路径是引导层中的内容，而那个圆球是图层 1 中的球。引导层中的路径，在实际播放时不会显示出来。还有一点非常重要，路径的起点必须与被引导的对象的中心点相重合。选中被引导对象时会出现一个"+"号，而这个"+"号所处位置就是该对象的中心点。

（5）回到图层 1 中，并在第 15 帧插入关键帧。

（6）在第 15 帧处把圆球从左边位置拖到右边，并让圆球的中心点与引导线的尾端重合。

（7）为元件指定动作。选中过渡帧，并右击，在弹出的菜单中选择"创建传统补间"。完成设置后时间轴变化如图 5-7 所示。

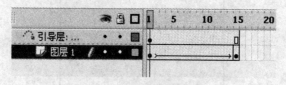

图 5-7   引导层的应用

（8）测试动画，看圆球是不是按着指定的路线移动。

说明：引导层的要点在于被引导物件的中心点与引导路径的首尾重合。

5.2.5   遮罩层

从前面的知识我们知道：层是透明的，上面层的空白处可以透露出下面层的内容，Flash 的遮罩层跟这个原理正好相反，遮罩层的内容完全覆盖在被遮罩的层上面，只有遮罩层内有内容的地区可以显示下层图像信息。就像探照灯似的，黑色的背景上，只有一个探照灯，灯光打到什么地方就显示出该处的内容。

例 5-2 遮罩层的应用

要求：实现在黑夜里探照灯照射到文字上的效果。

（1）在一个新建的影片文件中绘制一个圆，这个圆是遮罩效果要显示的区域，因而该图层也叫"遮罩图层"。

（2）选中上面创建的"遮罩图层"，然后选择菜单栏中的"插入→时间轴→图层"命令，创建一个新的图层，在新图层中添加文字"山东交通"，注意文字不要打散，该图层又称为"被遮罩图层"，如图 5-8 所示。

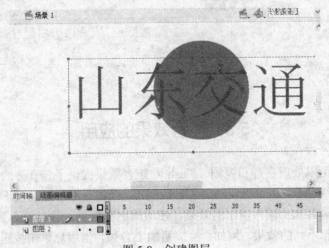

图 5-8 创建图层

（3）在"被遮罩图层"的时间轴的第 30 帧处按 F6 键，创建一个关键帧。

（4）在"遮罩图层"的第 30 帧处按 F6 键，创建一个关键帧，选择第 1 帧，把圆移到文字左侧，选中第 30 帧，把圆移动到文字右侧。

（5）在该图层上创建一个关于圆的移动动画，使该圆从左侧移动到右侧。

（6）在时间轴上将文字图层拖放到原来图层的下方，在"遮罩图层"中右击，在弹出的下拉菜单中选择"遮罩层"命令，创建遮罩层，如图 5-9 所示。

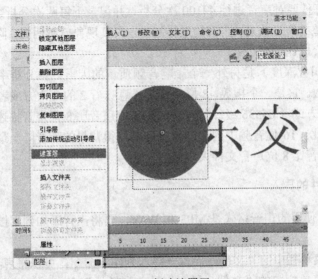

图 5-9 创建遮罩层

（7）此时时间轴上的图层如图 5-10 左图所示，制作完成，按 Ctrl+Enter 键进行测试。效果如图 5-10 右图所示。

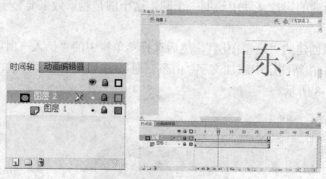

图 5-10　遮罩层的应用

5.3　声音效果的应用

在 Flash 中也可以处理声音和视频，Flash 对声音效果提供了强有力的支持，既可以使声音独立于时间轴连续播放，也可以让动画和音轨同步，或在鼠标滑过及按下按钮时发出特定的声音，甚至可以为声音加上淡入淡出的效果，使动画更有特色。适当地给 Flash 动画配上一段音频，将会产生意想不到的效果。例如，给按钮加上音频，当用户单击按钮时，也许会发出诸如敲击琴键等形象的声音，会使动画变得更加生动。

5.3.1　影响声音质量的因素

在 Flash 中使用声音时，用户必须了解影响声音质量和文件大小的几个主要因素，其中最重要的就是采样率（Sample Rate）和位分辨率（Bit Resolution）。

采样率是指在进行数字录音时单位时间内对音频信号进行采样的次数。这个频率的单位为赫兹（Hz）或千赫兹（kHz）。采样率越高，声音越好。例如，MP3 音乐一般都是以 44.1kHz 频率采样的声音，每秒要对声音进行 44100 次分析，并记录下每两次分析之间的差别。高采样率可以得到丰富完整的声音信息。声音的采样越少，失真现象就越明显。降低声音文件的采样率，文件的大小也会成比例减少。

位分辨率（或叫位深度）是另外一个影响音频质量的因素。位分辨率指用于描述每个音频采样点的比特位数。它是一个指数，8 位声音采样意味着 2 的 8 次方或者 256 级，16 位声音采样表示 2 的 16 次方或者 65536 级。同等长度的 16 位声音比 8 位声音描述的声音信息要多得多。与 8 位声音相比，16 位音频中的额外信息可以使得背景的噪音降至最小，而且更清晰更丰富；但 16 位的声音比 8 位声音文件大一倍。

5.3.2　音频文件的导入

一般在 Flash 中使用的声音格式是 MP3 和 WAV，要将声音添加到文档中必须先导入，导入的方法有两个：

方法一：使用菜单栏中的"文件→导入→导入到库"命令，可以将声音导入到库中。

方法二：使用菜单栏中的"文件→导入→导入到场景"命令，同样也可以导入声音，但是声音不会在场景上显示，也是导入到库中的。

选中一个关键帧，打开"属性"面板，在"声音"下拉列表中选择需要添加的声音，如图 5-11 左图所示。

图 5-11　声音选择和设置

添加声音后可以进行其他的设置，如图 5-11 右图所示。可以设置的参数如下：

（1）"效果"下拉列表：设置淡入、淡出等渐变效果。

（2）"编辑"按钮：对声音的渐变效果进行细致设置。

（3）"同步"下拉列表：可以选择同步方式，决定在同步播放过程中声音与时间轴动画的关系：在动画暂停的时候，声音是跟着暂停，还是独立播放下去。

（4）"重复"方式：设置声音的重复方式，可以是"重复"，也可以是"循环"。

（5）重复次数：设置声音重复的次数。

5.3.3　声音的同步方式

在时间轴上可以设置声音的 4 种同步方式，在实际的应用中注意选择合适的同步方式。

（1）事件。使用事件方式，会使声音和一个事件的发生过程同步起来，事件声音在显示起始关键帧时开始播放，并独立于时间轴完整播放，即使 SWF 文件已经停止，声音播放也会继续，事件声音的一个示例就是当前用户单击一个按钮时播放的声音。

（2）开始。"开始"方式与"事件"方式的功能相近，但是如果声音已经在播放，则新声音实例不会播放，如果使用"事件"方式后，出现了同一个声音多次重叠出现的不良现象，那么可以将同步方式改为"开始"来解决这个问题。

（3）停止。"停止"方式的作用是使指定的声音静音，使用"事件"或者"开始"方式启动了声音之后，如果声音播放结束之前想强制静音，就可以使用"停止"方式。

（4）数据流。"数据流"方式的声音将会严格与时间轴同步，如果影片在播放，就播放声音；如果影片暂停，声音就会停止。数据流的一个示例就是 MV 的制作。如果不使用"数据流"方式，那么音乐很容易在播放过程中与动画、台词脱节。

5.3.4　给动画加上声音

在 Flash 中可以给某一帧加上声音，即当动画播放到这一帧时声音就开始播放，或者是给按钮加上声音，即可以给按钮的 4 个状态："弹起"、"指针经过"、"按下"和"点击"中的某些状态中加入声音，当触发按钮的某一状态时声音就开始播放。当然，加入的声音文件必须先进行导入操作。

1. 给某一帧加上声音

给某一帧加入声音时，首先要导入声音，并专门为声音创建一个新的图层。在场景中可以有任意数目的声音图层，Flash 将对它们进行混合。但是，太多的声音图层将增大影片文件的大小，而且影响到计算机的处理速度。

另外，加入的声音文件大概要播放的帧数，用户可以通过这个关系式进行估计：声音文件的长度×帧频率（可以通过"修改→文档"菜单命令设定）。例如，一个 10s 的声音片断在帧频率设置为 12fps 的动画中，将占据时间轴上的 120 帧，同样在 6fps 的动画中，它将只占据 60 帧。

给某一帧加入声音的操作如下：

（1）在"场景编辑"窗口中新建图层，作为声音图层，并在声音图层上需要播放声音处插入关键帧。

（2）启动"属性"面板，单击声音图层上的开始关键帧，出现如图 5-12 所示的"帧属性"面板。在"声音"标签后的下拉列表中选择已导入的声音文件。选择完成后，在声音图层上声音关键帧处将出现声音波形。

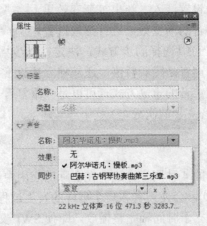

图 5-12　声音属性的设置

（3）设置声音的属性。根据选项内容，设置各个选项，完成给某一帧加入声音的操作。新建声音层，加入了声音文件的层如果没有显示出声音波形，只要大概估计一下声音所占的帧数，然后在相应的起始帧后的帧数处再添加一个关键帧就可以了。

2. 给按钮加上声音

在很多的多媒体作品中，单击按钮时除了产生动画变化外，还会发出一些特殊的声音，使操作更加生动。在 Flash 中实现这些效果其实非常简单。因为在通常情况下，每一个 Flash 的按钮元件都是由 4 个关键帧组成（"弹起"、"指针经过"、"按下"和"点击"），为不同的关键帧设置不同的音频引用就可在单击按钮时产生不同的声音效果。

说明： Flash 中给"弹起"状态添加声音的效果等同于给"指针经过"状态添加声音，给"点击"状态添加声音等同于给"按下"状态添加声音。

为按钮添加声音的操作如下：

（1）导入所需要的声音文件。

（2）启动"库"面板，双击要加入声音的按钮对象，进入"按钮编辑"窗口。

（3）单击选择要加入声音的某一关键帧，如"指针经过"或"按下"。

（4）启动"帧属性"面板，选择声音文件，设置声音属性。设置方法同上，这里就不详述了。

按钮加入声音后，对应帧的中部位置有一条横线。经过上述步骤的操作后，就完成了对按钮对象加入声音的操作。

本章小结

在 Flash 的动画制作过程中恰当地运用洋葱皮、图层及声音技术可以产生丰富生动的动画效果。但这些技术也不可滥用，一定要和整个动画的内容协调配合。

思考练习

1．利用图层效果制作一个蝴蝶在花朵上飞舞的动画。

2．练习给一个动画加上背景音乐。

3．利用形状动画的原理，练习制作一个从一个运动圆形孔中观看底部文字的动画。

提示：文字为被遮罩层，圆为遮罩层，圆作位移运动。

第 6 章　动画技术的综合应用

前几章介绍了 Flash CS5 动画制作的基本概念、基本动画形式和各种制作技术。本章主要讲述交互动画的制作和各种动画制作技术综合运用的实例。通过实例使大家加深理解 Flash 的强大功能和使用技巧。通过本章的学习，读者应掌握以下内容：

- 交互动画的制作技术
- 动画的优化与输出
- 动画制作技术的综合运用

6.1　交互动画的制作

6.1.1　交互动画的原理

交互动画就是观众能控制动画播放内容的动画，动画的播放不仅仅是由设计者自己决定的，还决定于播放者的操作，这样观众就由被动地接受变为主动地控制，将大大增强动画的感染力和吸引力。

动画之所以具有交互性，是通过对帧或按钮设定一定的动作脚本（Action Script）来实现的。所谓的"动作"，指的是一套命令语句，当某事件发生或某条件成立时，就会发出命令来执行特定的动作。而用来触发这些动作的"事件"，无非就是播放指针移到某一帧，或者用户单击某个按钮或按某个键。当这些事件发生时，动画就会执行事先已经设定好的动作。

动作命令可以是一个短语，如 Play（播放动画）和 Stop（停止播放）。也可以是一系列的短句。大多数的动作命令不需要编程经验，但如果想要深入开发，就必须对编程语言比较熟悉。

说明：在 Flash CS5 中，Action Script 包括 3 个版本，AS 1.0、AS 2.0 和 AS 3.0，AS 1.0和 AS 2.0 是 Micromedia 时代的脚本，AS 3.0 是 Adobe 时代的产物，在语法和使用上差别很大。所以在创建 Flash 文件的时候，要注意选择自己熟悉的 Action 脚本语言。本书代码基于 AS 2.0创建，因此在做练习时请选择创建 Flash Action Script 2.0 文件，如图 6-1 所示。

由于篇幅限制等原因，我们只讲解动作的概念以及最常用的几个行为命令，利用有限的几个命令我们也能够做出精彩的、交互性很强的动画。

6.1.2　简单交互动画的制作

Flash Action Script 2.0 中交互功能是通过一个这样的过程来实现的：事件→动作→目标，就是某一事件发生后将触发相应的行为，相应的行为就会作用于目标，产生出特定的效果。在动画中添加交互功能，可以通过两种方式来触发事件：一种是基于动作事件（例如单击鼠标或键盘）来完成交互，这种交互也被称为按钮事件交互，因为它们总是通过按钮来触发动作的；

另外一种是基于时间的，当动画播放到某一帧时就会触发相应的事件来完成交互功能，这就是帧事件交互。

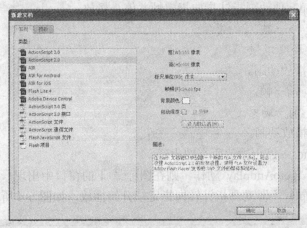

图 6-1　创建 ActionScript 2.0 文件

1. 按钮事件交互

创建一个 Flash Action Script 2.0 文件，实现按钮事件交互的基本操作如下：

（1）制作按钮元件 A1，并将按钮元件拖入工作区。

（2）在按钮 A1 上右击，选择弹出菜单中的"动作"命令，启动"动作——按钮"面板，如图 6-2 所示。

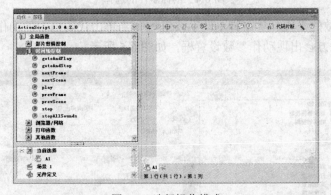

图 6-2　选择操作模式

（3）单击面板中的图标，依次选择弹出菜单中的"全局函数→时间轴控制"，则面板中弹出如图 6-3 所示的动作选择菜单。

图 6-3　动作选择菜单

时间轴控制动作简单介绍如下：

- gotoAndPlay：使动画指针转向指定帧并播放。
- gotoAndStop：使动画指针指向指定帧并停止播放。
- nextFrame：下一帧。
- nextScene：下一场景。
- play：开始播放动画。
- prevFrame：前一帧。
- prevScene：前一场景。
- stop：停止播放动画。
- stopAllSounds：停止播放所有的声音。

如果我们选择了 gotoAndplay 动作，则在图标 下的窗口中出现一行函数代码：为事件触发的动作 gotoAndplay，即动画指针转向指定帧开始播放，如图 6-4 所示。

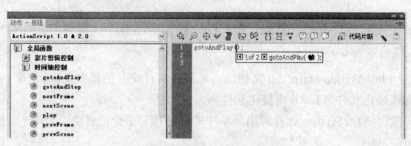

图 6-4　鼠标事件的选择

（4）动作参数的设置。单击脚本助手按钮 ，当单击代码框中的动作代码 gotoAndPlay 时，在代码框的上方会出现动作参数设置框，如图 6-5 所示。

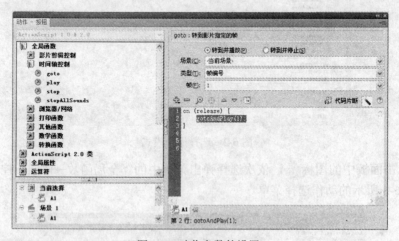

图 6-5　动作参数的设置

这些参数主要描述动作发生的位置（场景），动作的控制方式和动作的目标等。这些参数的意义比较明确，这里不再详述。其他动作的操作过程基本相似，读者可通过试验来掌握他们的应用技巧。

2. 帧事件交互

帧事件是基于时间的，是指当动画播放到某一帧时就会触发相应的事件。如果给帧指定一个动作,当动画播放到该帧时将选择事件触发的动作。如创建一个跳转动画,可指定动画跳转的帧,然后添加跳转语句。选择跳转目的地后,就可实现动画播放的跳转功能。

帧事件的定义并不能实现真正意义上的交互,只是用它来控制动画的播放而已,这是帧事件与鼠标事件的根本区别。帧事件总是设置在关键帧上,在某个时刻触发一个指定的动作。例如,Stop 动作停止动画文件的播放,而 Goto 动作则使动画跳转到时间轴上的另一帧或场景。

添加触发行为的帧事件的具体步骤如下:

（1）单击选取场景上要触发行为的关键帧。

（2）在选定的关键帧上右击,并选择弹出菜单中的“动作”选项。下面的操作与按钮事件交互相同,不再重复讲述。

（3）帧事件交互的设定完成后,在该关键帧上会出现标志图标 ᵃ̊。

6.1.3　交互动画实例

下面通过两个具体交互（Action）动画实例来进一步熟悉交互动画的制作技巧,让大家对交互动画有一个比较具体的认识。

例 6-1　利用帧和按钮事件实现播放跳转

（1）新建一个 Flash Action Script 2.0 文件,选择图层 1 中的第一个关键帧,单击“窗口→公用库→按钮”命令,从 Flash 自带的按钮元件库中选择 3 个按钮,拖入工作区,如图 6-6 所示。

（2）给 3 个按钮分别设置停止（Stop）、播放（Play）和跳转（Goto）动作,跳转目标是第 1 帧。在第 30 帧处插入一关键帧,作为动画的结束帧。

（3）增加一个新层“图层 2”。制作一个影片元件 yp,内容为:蝴蝶扇动翅膀（内容读者可自己设定）。在图层 2 的 1～20 帧间建立 yp 元件的位移动画,运动过程是蝴蝶从左向右飞行。

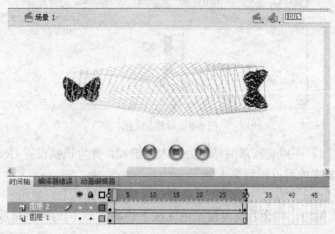

图 6-6　交互动画实例

（4）按 Ctrl+Enter,测试动画效果,通过按钮控制动画的播放过程。

本例很简单,只使用了两个图层,但它却可以做到动画的控制,实现以前觉得要通过很复杂的手段才能达到的效果。

例 6-2　利用键盘事件控制声音的播放

（1）建立 Flash Action Script 2.0 文件,导入一个声音元件（按键时产生的声音,该声音文件可通过 Windows 2000 的录音机获得）并制作琴键元件和热区按钮元件，如图 6-7 所示。

　　说明：热区按钮元件制作时只在时间轴上"单击"一下插入关键帧，画出和琴键大小相当的区域。此按钮之所以称为热区按钮，因其有按钮的功能但在播放时看不到按钮的存在。

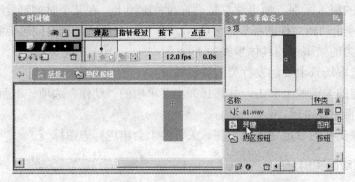

图 6-7　热区按钮的制作

　　（2）回到场景中，在图层 1 的第 1 帧处将琴键元件和按钮元件拖入工作区。为按钮元件设置键盘事件（键名为"1"）和 Goto 动作（目标第 2 帧），为第 1 帧设置 Stop()帧事件，使动画在未按按钮时总停留在第 1 帧上。

　　（3）在第 2 帧处插入关键帧，改变琴键右上角黑色区域的填充色（变淡，产生按键的效果）。增加一个新的图层"图层 2"，在新图层的第 2 帧处插入关键帧，将导入的声音元件拖入该帧的工作区中，如图 6-8 所示。

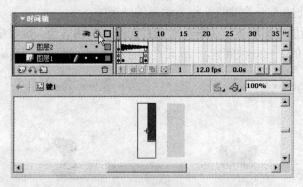

图 6-8　琴键的制作

　　（4）回到图层 1，在声音波形的结尾处插入关键帧，并为该帧设置 Goto 动作，目标为第 1 帧，保证每次播放完成后返回到第 1 帧。

　　（5）按 Ctrl+Enter，测试动画效果。动画开始播放，屏幕上只显示一个琴键的图形，当按动键盘上的"1"键时，将会看到琴键变色（按下的感觉），同时听到播放声音。

6.1.4　交互性的检测

　　在 Flash 编辑环境中，播放电影可预览电影中的动画和声音，但要检测全部的交互性，应使用"控制→测试影片"命令，或将电影输出为 Shockwave Flash 格式。

　　检测局部交互性可通过选择"控制→启用简单按钮"或"控制→启用简单帧动作"命令实现。

　　检测所有交互性和动画，可通过选择"控制→测试影片"或"控制→测试场景"命令实现。

　　以上两个功能可以将电影或当前场景输出到一个临时文件，然后在新窗口中播放此文件。当检测窗口被激活后，用来控制电影的控制菜单中的命令和所有键盘快捷键继续保持有效。用户可以使用此窗口来检测交互效果。

6.2　动画的输出与优化

6.2.1　Flash 动画的输出

　　Flash 动画的输出共有 3 种方式：①"保存"或"另存为"；②导出影片；③发布影片。如果最终文件要保留具体的图层信息和后期的可编辑权，那就用"保存"或"另存为"方式；如果最终文件直接输出成影片，就用"导出影片"方式；如果要用指定格式，如网页的超文本协议（HTML）直接进行发布，而不是另外添加代码对最终结果进行引用，则可以用"发布影片"方式。

　　1．保存或另存为

　　单击"保存"或"另存为"命令，弹出如图 6-9 所示的"另存为"对话框。

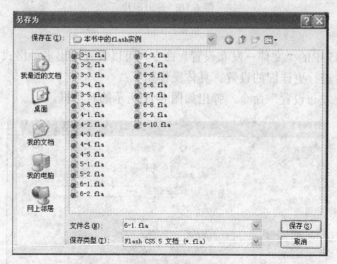

图 6-9　保存文件

　　选择文件保存的路径、文件类型和文件名，然后单击"保存"按钮，文件就以.fla 格式进行保存。这种保存结果能够保留所有的图层信息，可以用 Flash CS5 打开进行再编辑，但文件比较大。

　　2．导出影片

　　通过 Flash 菜单中的"文件→导出影片"命令，可以导出多种格式的动画文件，具体操作如下：

　　（1）单击"文件→导出影片"命令，弹出如图 6-10 所示的对话框。

　　（2）输入要保存的文件名，选择存放位置，如果需要，还可在"保存类型"下拉列表框中选择适当的文件类型。单击"保存"按钮即可导出为.swf 格式文件。如果需要更改导出文件配置，可以单击"文件→发布设置"弹出设置对话框，如图 6-11 所示。

　　导出的.gif 和.swf 等格式的动画都可以在浏览器中直接播放。.gif 格式的动画体积小，在浏览器中播放不需要 Flash 播放器插件。但.gif 格式无法显示 Flash 动画中的交互功能和影片剪辑元件的内容。.swf 是 Flash 导出的最常用的一种格式，可以实现 Flash 动画中的交互功能和显示影片剪辑元件的内容，但在浏览器中播放时必须安装 Flash 播放插件。

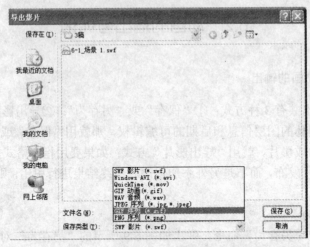

图 6-10　导出影片

3. 影片的发布

通过 Flash CS5 中的"文件→发布设置"命令，可以设置输出多种格式的动画文件，并且可以对动画的属性进行更详细的设置。具体操作如下：

选择"文件→发布设置"命令，弹出如图 6-11 所示的对话框。

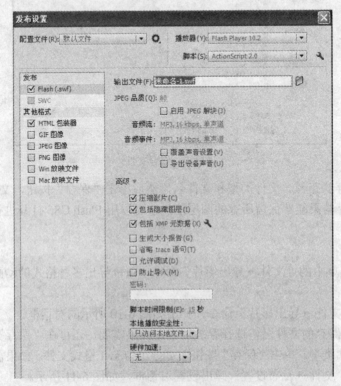

图 6-11　发布设置

在这个面板上，可以对发布格式进行设置，它们分别是 Flash 格式（.SWF）、HTML 网页文件格式（.html）、GIF 图像格式（.gif）、JPGE 图像格式（.jpg）、PNG 图像格式（.png）、Windows 项目格式——可执行文件（.exe）、Macintosh 放映文件、QuickTime 播放文件（.mov）。设置好后单击"Publish（发布）"按钮进行发布就可以了。

HTML 格式实质上是对 SWF 格式的调用链接。输出 HTML 格式时必须同时输出 SWF 格式文件。读者可以对照一下文件导出与发布的区别。

6.2.2　Flash 动画的优化

1. 帧的优化

谈到动画，我们就应该想到帧，正是由于一帧帧的内容按照一定的顺序进行排列并播放出来才有了动画。因此要让动画体积较小，能够流畅地进行播放，就有必要考虑每个帧里数据的合理安排。

如果某一帧里有大量的数据，可以考虑用"预装载技术"加以解决。所谓"预装载技术"，就是指在前面包含数据较少的帧中，先将后面要装载的部分内容（如部分元件）先行装入，这样，当影片播放到后面时，只需要再装入前面没装入的部分就行了。预装载技术通过数据分流，对提高影片播放的流畅性是很有用的。采用"预装载技术"，要注意不能在前面将预装载的内容显示出来，因此在原有基础上，需要多建一个图层，并将预先装载的内容放到底层，而且上面图层的内容要能遮盖住底层预装载的数据。

另外，帧分布的合理性还在于帧内容安排的合理性。Flash 能够处理矢量图和位图，使用矢量图的好处在于它不会随图形大小改变而改变自身体积，因此它在 Flash 中的使用比位图更为普遍。但矢量图在屏幕上进行显示前需要 CPU 对其进行计算，如果在某一帧里有多个矢量图，同时它们还有自己的变化，如色彩、透明度等的变化，CPU 会因为同时处理大量的数据信息而忙不过来，动画看起来就会有延迟，影响播放效果。因此，在同一帧内尽量不要让多个元件同时发生变化，它们的变化动作可以分开来安排。

2. 要养成使用元件的习惯

在前面我们已经讲了元件对减小文件体积的作用，在 Flash 中元件只会被装载一次，以后再使用该元件，或者该元件有什么属性变化，不需要再行下载，不会增加文件的体积。

3. 图形的优化

Flash 中有变形（修改）操作，可以重新定义图片的大小，但对于输入 Flash 的图片，最好先在其他图像处理软件（如 Photoshop）中调整好大小再进行导入，而不要直接导入后再用变形命令进行大小调整。这是因为，导入的图片，无论你将其变得多大还是多小，都不会改变元件中原图的体积大小，只有在导入之前就把它调整好才行。

在 Flash CS5 中有对 Photoshop 更好的支持，可以直接将分图层的.psd 文件导入进库中，在库中选择图层对象。

对于 Flash 中的位图，它的任何变化都涉及 CPU 的重新计算与屏幕重刷，因此位图在 Flash 中尽量以静止的背景形式出现。

4. 声音的优化

将作品输出时，会弹出如图 6-12 所示的面板，单击右边的"设置"按钮，弹出如图 6-13 所示的设置窗口。

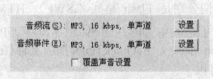
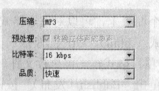

图 6-12　声音的优化　　　　　　　　　图 6-13　声音的优化

设置参数介绍如下：

- 压缩：对声音采用哪种压缩格式，建议选 MP3，因为在相同的声音质量下，MP3 压缩的文件最小。
- 比特率与品质：比特率与品质越高，最终的动画体积越大。

5．其他优化

在 Flash 中，要做到"惜力如金"，能用两个元件做成的动画，就不要费力地做 3 个元件；能够用 3 条直线构成的图案，就不要用 3 条虚线来表示；能够用系统默认字体表达清楚的，就不要使用其他字体。总之，你的动画除了在自己的机器看外，还得考虑其他人在他们自己的机器上看的情况。直线、默认字体，在大多数计算机上是通用的，不需 CPU 另外进行解析，这样，你的动画就可能更流畅一点。

6.3　动画制作综合实例

通过以上学习，我们对 Flash 动画制作技术有了较全面的了解，下面通过 8 个实例演示以上技术综合运用的效果，希望能给读者以启示，达到举一反三熟练应用的目的。

例 6-3　下落的弹性小球

制作思路：利用多个位移动画组合出小球下落的动画效果。

制作步骤：

（1）新建 Flash 文件，背景设置为黑色。

（2）新建图形元件 ball1 和 ball2，利用绘图工具分别绘制笑脸和哭脸，两球大小相同。

（3）新建图形元件 shadow，制作小球的影子，用放射渐变█████填充。

（4）在第 1 帧中，把元件 ball1 从元件库中拖入工作区顶部。在第 17 帧处插入关键帧，将 ball1 垂直拖到工作区下部，在 1～17 帧间创建小球下落的位移动画。

（5）在第 18 帧处插入关键帧，将元件 ball2 拖入该帧，取代元件 ball1。在第 20 帧处插入关键帧，将 ball2 缩扁，在 18～20 帧间创建位移动画，如图 6-14 所示。

图 6-14　弹性小球

（6）同样在第 24 帧处插入关键帧，恢复 ball2 的原形状，在 20～24 帧间创作位移动画，然后在第 25 帧处插入关键帧，用元件 ball1 取代元件 ball2。

（7）在第 40 帧插入关键帧，将 ball1 垂直拖到工作区顶部，回到原位置，在 25～40 帧间创作小球上升的动画。

（8）在图层 1 下方新建图层 2。在第 1 帧中将元件 shadow 拖入小球的落点位置，作为运动小球的影子（可利用工作区的网格线对齐）。在第 21 帧处插入关键帧，将元件 shadow 缩小，在 1～21 帧间创建影子缩小的位移动画；然后在 40 帧处插入关键帧，将元件 shadow 恢复原大小，在 21～40 帧间创作影子变大的位移动画。

（9）按 Ctrl+Enter 键测试动画，效果为：开始小球做下落运动，第 17 帧后由笑脸变为哭脸，在第 25 帧弹起，做上升动画。

例 6-4　放大镜

制作思路：利用遮罩层和位移动画组合出放大镜的动画效果（如图 6-15 所示）。小字在最底层，放大镜在其上可以遮住与其重叠的小字即在放大镜外才能看到小字。大字在放大镜上，其遮罩层上的圆只对大字起作用，对其他层不起任何作用（和没有遮罩层一样）。这样当放大镜和遮罩层上的圆重叠在一起且左右移动时，放大镜内显示大字（通过遮罩层上的圆），放大镜外显示小字，产生了将字放大的效果。

图 6-15　放大镜效果

制作步骤：

（1）建立 Flash 文件，将当前图层命名为"小字"。利用文本工具输入字符"山东交通学院"，字号为 19，字间距为 35。在 35 帧处插入普通帧。

（2）增加图层，命名为"放大镜"。制作一个放大镜元件"fdj"。将放大镜元件拖入场景中，在 1～35 帧间制作放大镜的位移动画。其起始位置在字符"山"上，终点位置在字符"院"上。

（3）增加图层，命名为"大字"。利用文本工具输入字符"山东交通学院"，字号应大于"小字"层中的字符，而又能被放大镜镜头罩住。在该图层的 35 帧处插入普通帧。调整大字符的位置和字符间距，使相应的大小字符中心对齐，且放大镜的起始和结束位置分别将大小字符的"山"字和"院"字同时罩在其中。

（4）增加图层名为"遮盖圆"。建立圆形元件 ball，使该元件的大小可以遮住"大字"层中的单个字符而又小于放大镜的镜头。将元件 ball 拖入场景并在 1～35 帧之间建立其位移动画。

在起始点和终止点处与放大镜重合（含在放大镜中）。将该层设为"大字"层的遮罩层。

（5）按 Ctrl+Enter 键，测试动画。

例 6-5 水中倒影

制作思路：通过使用遮罩层和改变图像 Alpha 值制作水中倒影浮动的效果。

制作步骤：

（1）新建一个 Flash 文件，设置背景色为黑色，选择"文件→导入"命令导入一张图片，将其转化为图形元件，命名为"图片"。回到场景，将当前层命名为"图片"。从库中将元件"图片"拖入第 1 帧工作区中。

（2）新建一个名为"倒影 100"的图层，将该层放在"图片"层下方。将库里的元件"图片"拖入该层第 1 帧工作区中，并利用"修改→变形→垂直翻转"命令将其倒放。然后调整两层中的图片的位置，如图 6-16 所示。

图 6-16 生成倒影图片

（3）在图层"倒影 100"上方新增一个图层，将图层"倒影 100"的第 1 帧复制到该层第 1 帧处，并将该层命名为"倒影 60"。然后选中该层图片，在"属性"面板中将 Alpha 的值设置为 60%。

（4）新建一层名为"遮蔽层"的图层，放在"倒影 60"层上方。新建一个图形元件"波浪"，用矩形工具画若干细长的矩形，做好后将其拖入场景区盖住倒影，如图 6-17 所示。

图 6-17 生成波浪元件

（5）在"遮蔽层"上方新增一个图层，名为"水面"。新建图形元件"水面"，内容为：用线形渐变填充的无边框矩形，从上向下由黑色过渡到蓝色。回到场景，从库中将其拖入并盖住倒影，将其 Alpha 值设为 30%，如图 6-18 所示。

（6）在"水面"层上方新增一个图层，名为"光线"，新建图形元件"光线"，绘制一个黑白渐变的扁椭圆，用来作图片和倒影的分界面，如图 6-19 所示。回到场景，将它拖放到"图形"与倒影之间，并将 Alpha 值设为 20%。

图 6-18 蓝色的水面

图 6-19 分界面

（7）在"遮蔽层"上右击，在弹出菜单中选择"遮罩层"命令。在该层的第 35 帧处插入关键帧，拖动"波浪"至倒影最下方，创建运动渐变动画。做完以上操作后，在各层的第 35 帧处插入帧。设置完成后如图 6-20 所示。

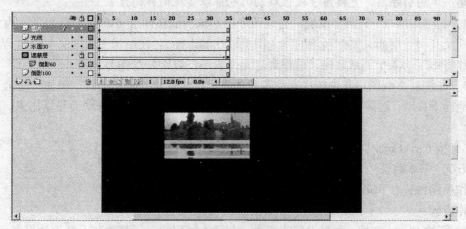

图 6-20 水中倒影

（8）按 Ctrl+Enter 键测试动画，会看到水中倒影随波激滟。

例 6-6 光笔写字

制作思路：先用与背景色相同的遮片遮住字的各笔画，当光笔沿笔画移动时遮片也同步同方向运动，使字的笔画逐渐显露出来，如图 6-21 所示。

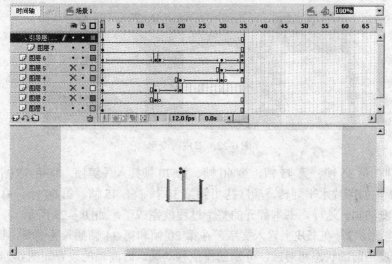

图 6-21 光笔写字

制作步骤：

（1）新建一个 Flash 文件，设置背景色为白色。制作光笔影片元件"pen"和遮片图像元件"图像"。

1）光笔是通过 3 个彩色小球位置不断变化的帧动画来实现的。

2）遮片做成一个填充色与背景色相同的矩形。大小与"山"字中最大笔画相当，后面将用它遮住字的笔画。

（2）在图层 1 第 1 帧的工作区中，利用字符工具输入"山"字并打散，调整其颜色与大小。

（3）新建图层 6。在该层中制作光笔的位移动画，并使其沿"引导层"中的引导线按山字的书写笔划运动。本例中引导线由 3 段组成。

说明：不用引导层，直接用 3 段位移动画也可以实现同样的效果。

（4）新增图层 2～5 四个图层，且这四个图层依次放在图层 6 的下面（思考：为什么先建图层 6 及其引导层而又要把新增的 4 个图层放在其下面）。在图层 2 到图层 5 中的第 1 帧分别用遮片将山字的 4 个笔划遮住（调整遮片元件大小，以刚好遮住为宜）。

（5）在图层 2 到图层 5 中依次制作遮片随光笔同步变化的位移动画。例如：写第一笔时随着光笔向下移动，遮蔽片同步向下移动，这样第一笔就随着光笔的移动而显露出来，其他笔划类推。

（6）按 Ctrl+Enter 键测试动画，随着光笔移动，"山"字被逐渐写出来。

例 6-7　书本翻页

制作思路：位移和形变两种动画形式相结合，制作书页翻动的效果。

制作步骤：

（1）新建 Flash 文件，背景设置为黑色。在第 1 帧用矩形工具绘制一个无边框灰色矩形，在上面输入文字作为书的内容。在第 70 帧插入帧并锁定该层。

（2）新建图层 2，绘制一个和图层 1 中大小相同的矩形，填充为黄色，作为书皮。调整两个层中的矩形重合。在第 10 帧、第 25 帧、第 35 帧处分别插入关键帧，分别用变形工具调整矩形的形状（在调整过程中，矩形的左边位置保持不动），在各关键帧之间分别创作形变动画，产生书皮翻开的效果，如图 6-22 所示。

图 6-22　书皮的变形

（3）分别在第 36 帧、第 45 帧、第 60 帧、第 70 帧插入关键帧，将第 35 帧、第 25 帧、第 10 帧、第 1 帧的图片水平翻转，顺序拷贝到第 36 帧、第 45 帧、第 60 帧、第 70 帧处，同样分别创作形变动画。这样，书本翻开的整个过程就完成了，如图 6-23 所示。

（4）新建图层 3，在书皮上输入文字，在第 20 帧和第 34 帧插入关键帧，调整文字大小和角度，与书皮当前的状态相对应，分别创作位移动画。时间轴的设置如图 6-24 所示。

（5）按 Ctrl+Enter 键测试动画，效果为：书皮慢慢打开，内容逐渐显示出来。

图 6-23 翻书

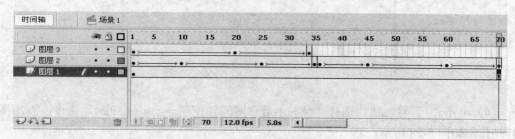

图 6-24 时间轴的设置

例 6-8 电子琴

制作思路：综合应用交互动画技术和声音效果，通过热区按钮事件调用影片元件产生电子琴弹奏的效果。本例中使用了告知目标语句 tellTarget 来控制动画中影片元件的播放动作。

制作步骤：

（1）建立 Flash 文件。参照例 6-2，制作 8 个琴键影片元件键 1～8 和一个热区按钮元件"键"，如图 6-25 所示。

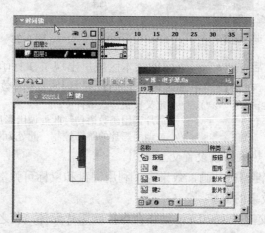

图 6-25 琴键元件的制作

（2）回到场景，在第 1 帧工作区中制作电子琴面板，将 8 个琴键拖入面板并按 1～8 的顺序排列，与琴键对应将热区按钮拖入 8 次，编号排列，如图 6-26 所示。启动"属性"面板为场景中的每一个琴键命名"实例名称"，如：第一个琴键的实例名为"a"，第二个为"b"。

说明：当通过函数语句调用场景中的元件实例时，要给实例元件命名为"实例名称"（也叫 Action 名或调用名），作为调用函数的参数。

（3）在第一个热区按钮上右击，启动"动作"面板，单击"+"号，依次选择"否决的→动作→tellTarget"命令，添加调用琴键元件的动作，如图 6-27 所示。

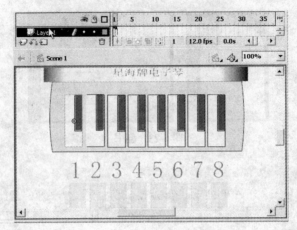

图 6-26　面板制作

（4）单击"+"号，依次选择"全局函数→时间轴控制→gotoAndPlay"命令，添加播放跳转动作，如图 6-28 所示。

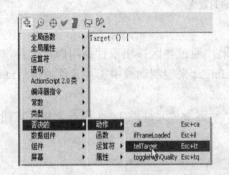

图 6-27　调用动作

图 6-28　跳转动作

（5）动作添加完成后在"+"号下面的文本区域里出现了 3 行函数，如图 6-29 所示。用鼠标依次单击 3 行函数，在窗口的上部区域为它们设置参数。各函数的意义如下：

```
on (release, keyPress "2")    // 定义按钮键盘事件
tellTarget ("a") {            // 影片调用函数语句，此处调用影片元件"a"
 gotoAndPlay (2) ;            // 被调用影片的跳转控制，此处为跳转到第 2 帧开始播放
```

（6）依次为每一个热区按钮设置交互动作。

（7）按 Ctrl+Enter 键测试动画，效果为：利用键盘和鼠标可弹奏电子琴。

例 6-9　鼠标跟随效果的制作

制作思路：利用帧交互的 startDrag 动作命令控制影片元件，使之追随鼠标移动。

制作步骤：

（1）参照前例制作一个蝴蝶飞舞的影片元件和花朵的图像元件，并利用它们制作一个蝴蝶追逐花朵的影片元件 symbol6，如图 6-29 所示。

（2）回到场景，将 symbol6 拖入第一帧工作区。启动"属性"面板，为元件 symbol6 的 Action 名设为 cc，在第 1 个关键帧中右击，启动"动作"面板，在"动作"面板中按照如图 6-30 所示的操作为其添加 startDrag()函数语句。

（3）为函数指定参数，编写语句。

（4）按 Ctrl+Enter 键测试动画，效果为：动画元件随着鼠标移动。

图 6-29 鼠标跟随　　　　　　　　　　　　　　　图 6-30 添加交互动作

例 6-10 秋雨连绵

制作思路：先制作一个雨点落下的影片元件，通过函数复制该元件即可获得一片雨点的效果。

本例告诉大家，通过一个简单的函数控制可以实现非常奇特的效果。使大家进一步了解 Flash 功能的强大。

制作步骤：

（1）制作雨点和水晕的图像元件"雨点"和"水晕"。

（2）选择"插入→新建元件"命令，进入元件编辑窗口。利用"雨点"和"水晕"元件制作雨点下落的影片元件"雨滴"，如图 6-31 所示。制作步骤如下：

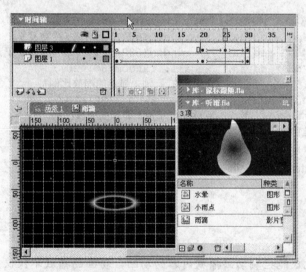

图 6-31 制作雨滴元件

1）将"雨点"元件拖入图层 1 中第 1 帧的工作区，制作雨点下落的位移动画。1～20 帧雨点沿直线下落，20～30 帧雨滴位置不变，Alpha 值和体积迅速变小，产生一种融入水中的效果。

2）增加新图层，在新图层的 20 帧处插入关键帧，开始制作水晕的位移动画。将水晕元件拖入第一帧的工作区，调整其位置与雨点的终点位置吻合。20～25 帧水晕和 Alpha 值由小变大，产生水晕出现的效果。25～30 帧水晕继续变大，Alpha 值变小，产生水晕消失的效果。

3）进一步调整雨点和水晕的位置，使效果更趋于平滑。

（3）"雨滴"元件制作完成后，回到场景中。启动"属性"面板，将"雨滴"元件的 Action 名设为 dd（函数引用名）。在第 1 帧上右击，启动"动作"面板，在代码窗口中输入函数代码，如图 6-32 所示。

图 6-32　添加函数代码

说明： 这些动作函数也可以通过菜单选择实现添加，不过过程比较复杂。

函数代码含义解释如下：

```
if (Number(aa)>150) {          // 确定播放的层次数
aa = 0;}
duplicateMovieClip ("/dd", "dd" add aa, aa);      // 复制对象 dd，并赋给新名字
setProperty ("dd" add aa, _x, random(600));       // 新对象在 x 轴上出现的范围
setProperty ("dd" add aa, _y, random(600));       // 新对象在 y 轴上出现的范围
setProperty ("dd" add aa, _xscale, random(80)+20);
                         // 新对象在 x 轴上显示的缩放比例
setProperty ("dd" add aa, _yscale, random(80)+20);
                         // 新对象在 y 轴上显示的缩放比例
aa = Number(aa)+1;          // aa 循环变量赋值
gotoAndPlay (1);          // 循环回第一帧
```

（4）按 Ctrl+Enter 键测试动画，效果为：秋雨连绵。

交互动画就是观众能控制动画播放内容的动画，动画的播放不仅仅是由设计者决定的，还决定于播放者的操作，这样观众就由被动地接受变为主动地控制，将大大增强动画的感染力和吸引力。动画之所以具有交互性，是通过对帧或按钮设定一定的动作（Action）来实现的。动画的交互功能是 Flash 区别于其他动画制作工具的特色。

动画制作是制作技术和创作艺术的结合。把简单的动画形式有机结合起来就可以创造出奇特的动画效果。动画的创意是动画成败的关键。

 思考练习

1．利用位移动画原理制作汽车紧急刹车的效果。

2．在例 6-5 中，"水面"层的作用是什么？请练习改变其填充色并观察动画效果。

3．如何制作浮雕字效果？

4．用帧动画形式如何制作写字的效果？请同学们练习利用帧动画形式制作"山"字的书写动画。

提示：

（1）在第 1 帧利用文本工具制作出"山"字，并将其打散为矢量图形。

（2）从第 2 帧开始将"山"字的笔划按倒序逐帧擦除。选中所有关键帧，利用"修改→帧→翻转"命令将图层中的关键帧的位置前后对调。这样，"山"就由被按倒序逐渐擦除的效果变为逐渐写出的效果。

第 7 章　Fireworks 基础知识

网页图像是网页上的重要元素，是网页的灵魂，在设计和制作网页之前，首先要制作网页图像。本章主要讲述 Fireworks 的基本概念和操作，通过本章学习，读者应该掌握以下内容：

- 网页图像格式的种类及其特点
- Fireworks 工作界面的构成
- 矢量图形绘制与编辑工具的使用

7.1　网页图像概述

7.1.1　图像的格式

在讲解网页图像的处理之前，首先应该了解一下网页图像的格式及特点。目前网络支持的图形格式主要有 JPEG/JPG、GIF 和 PNG 三种。由于这 3 种格式各有利弊，在设计网页时，要根据实际情况来考虑选择使用哪种图像格式。这 3 种图像格式的特点如下：

- JPEG/JPG（Joint Photo Graphic Experts Group 的缩写）格式：是一种失真压缩的文件格式，其压缩效果非常明显，并支持真彩色 24 位和渐进格式（Progressive）。但压缩后的文件相对网络图像而言仍然显得很大，仅适用于质量要求较高的图像，如颜色丰富的风景画和照片作品等。
- GIF（Graphics Interchange Format 的缩写）格式：支持透明背景和动画功能，同时它还支持"渐进交错"功能，此格式在网页中应用非常广泛。GIF 格式的图像与 JPEG 格式不同，它为非失真压缩，存储格式由 1 位～8 位，只支持 256 色，而不支持真彩色 24 位，这是 GIF 格式的主要特点。
- PNG（Portable Network Graphics 的缩写）格式：此格式是 Macromedia Fireworks 的默认格式，它是一种非失真压缩格式。它具有 JPEG 和 GIF 格式的全部优点。

7.1.2　矢量图像和位图图像

矢量图像和位图图像是计算机显示图形的两种主要方法。下面介绍有关矢量图像和位图图像的基本概念和它们之间的区别。

1. 矢量图像

矢量图像是用包含颜色和位置属性的直线或曲线（即称为矢量）来描述图像属性的一种方法。比如，一个圆包括两部分：由通过圆的边缘的一些点组成的轮廓和轮廓内的点。

矢量图形是具有独立分辨率的，即它可以在不损失任何质量的前提下，以各种各样的分辨率显示在输出设备中。

2．位图图像

位图图像是对每一个栅格内不同颜色的点进行描述，这些点称为像素。例如，上面所说的圆，可以由所有组成该圆的像素点的位置和颜色来描述。因为编辑位图图像时，修改的是像素点，而不是直线和曲线，因而，不可能通过修改描述椭圆轮廓的直线或曲线来更改椭圆的性质。

对于矢量和位图图像的转化，可以举一个简单的例子来说明，在 Fireworks 中，把文字变为路径（转换为路径）时，可以看成是把文字变为矢量图像，若选择"修改"菜单中的"平面化所选"命令，则可以转变为位图图像。

7.2　认识 Fireworks CS5

Fireworks CS5 是一个强大的网页图形设计工具，可以使用它创建和编辑位图和矢量图形，还可以非常轻松地做出各种网页设计中常见的效果，如翻转图像、下拉菜单等。设计完成以后，如果要在网页设计中使用，可以将它输出为 HTML 文件，还能输出为可在 Photoshop、Illustrator 和 Flash 等软件中编辑的格式。

7.2.1　Fireworks CS5 的新增功能

Fireworks CS5 除继承了以往 Fireworks 其他版本的功能外，还具有以下的功能：

1．性能和稳定性提高
* 对 Fireworks 中常用工具的大量改进将帮助用户提升工作效率。
* 更快的综合性能。
* 对设计元素像素级的更强控制。
* 更新了综合路径工具。

2．像素精度

增强型像素精度可确保用户的设计在任何设备上都能清晰显示。快速简便地更正不在整个像素上出现的设计元素。

3．Adobe Device Central 集成

使用 Adobe Device Central，用户可以为移动设备或其他设备选择配置文件，然后启动自动工作流程以创建 Fireworks 项目。该项目具有目标设备的屏幕大小和分辨率。设计完成后，用户可以使用设备中心的仿真功能在各种条件下预览此设计，还可以创建自定义设备配置文件。改进的移动设计工作流程包括使用 Adobe Device Central 整合的交互设计的仿真。

4．支持使用 Flash Catalyst 和 Flash Builder 的工作流程

创建高级用户界面及使用 Fireworks 和 Flash Catalyst 之间的新工作流程的交互内容。在 Fireworks 中设计并选择对象、页面或整个文档以通过 FXG（适用于 Adobe Flash 平台工具的基于 XML 的图形格式）导出。通过可自定义的扩展脚本将设计高效地导出至 Flash Professional、Flash Catalyst 和 Flash Builder。

5．扩展性改进

使用其他应用程序时将体验更强的控制：增强型 API 支持用户扩展导出脚本、批处理以及对 FXG 文件格式的高级控制。

6. 套件之间共享色板

使用 Fireworks 中的功能可更好地控制颜色准确性以便在 Creative Suite 应用程序之间共享色板。共享 ASE 文件格式功能可鼓励在设计者（包括那些使用 Adobe Kuler 的设计者）之间统一颜色。

7.2.2　Fireworks CS5 的工作界面

进入 Fireworks CS5 工作状态之前，我们先要来熟悉 Fireworks 的工作界面。Fireworks 的展开模式（通过右上角模式按钮可以进行选择）界面大致可以分为文档窗口、工具栏、工具箱、面板和菜单等几项，如图 7-1 所示。

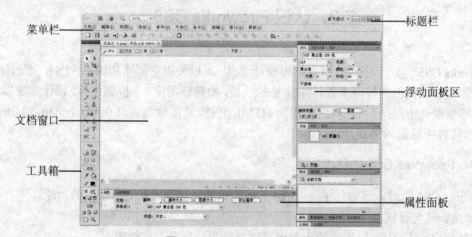

图 7-1　Fireworks CS5 的工作界面

1. 菜单栏

Fireworks 的主菜单共有文件、编辑、视图、选择、修改、文本、命令、滤镜、窗口和帮助 10 个主菜单项，每个主菜单项又有多个子菜单。在后面的应用中我们将具体讲解它们的功能和用法。

2. 文档窗口

Fireworks 的文件窗口上有 4 个标签，可以同时编辑和预览 4 种不同优化设定所产生的效果，选择最理想的一种设定。

3. 工具箱

选择"窗口→工具"命令，启动"工具箱"面板。"工具箱"面板由选择、位图、矢量、网页、颜色和视图 6 个工具区域构成，包括各种选择、创建、编辑图像的工具。有的工具按钮右下角有一个小箭头，说明这个工具包含有几种不同的模式，用鼠标左键点按这个工具按钮不放，就能显示出其他的可选模式，以供选择。工具箱的具体使用将在后面的图形绘制和编辑内容中讲解。

4. 浮动面板

Fireworks 的浮动面板包括层、帧和历史记录、颜色混合器、行为、优化和属性等面板。浮动面板在"窗口"菜单中选择启动。

（1）"属性"面板：包括对象的大小、颜色等属性的优化设置，如图 7-2 所示。选中不同的对象显示出相应的设置参数，它大大提高了工作效率。

（2）"信息"面板：通过"窗口"→"信息"可以打开信息面板，提供了所选中的对象的长、宽和 X、Y 坐标等信息。同时，当鼠标在画布上移动时，也能观测所经过点的色彩和坐标信息，如图 7-3 所示。

图 7-2 "属性"面板

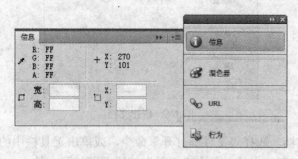

图 7-3 "信息"面板

（3）"优化"面板：优化面板用于优化文件输出大小和文件输出格式。

（4）"层"面板、"帧"面板和"历史"面板："层"面板用来组织文档的结构，包括创建、删除、操纵图层和帧等各种功能。"帧"面板中有创建动画的选项。"历史"面板列出了最近使用过的命令，设计者可以方便快捷地撤销、重复做过的各种操作，也可以保存命令序列，生成一个可以重复使用的命令按钮，如图 7-4 所示。

（5）"颜色"面板用于管理当前图像的调色板，如图 7-5 所示。

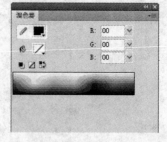

图 7-4 "层"面板   图 7-5 "颜色"面板

7.2.3 文档的基本操作

介绍了 Fireworks CS5 的工作环境之后，开始介绍文档的基本操作方法。文档操作是 Fireworks 中最基本的操作，包括新建文档、打开文档和导入文档等。

在 Fireworks 中，文档图像采用 PNG 格式。PNG（Portable Network Graphics）是便携网络图像的首字母缩写，是一种新型的图像格式。

1．创建文档

创建文档，就是创建一幅新的 PNG 格式的图像。可以直接创建一幅空白的图像文档，然后进行绘制和编辑，也可以利用剪贴板，从其他图像源中复制图像数据，然后在 Fireworks 中生成新的文档。

（1）创建新文档。选择"文件→新建"命令，或单击工具栏中的"新建"按钮，打开如图 7-6 所示的"新建文档"对话框。在对话框中设置画布的"宽度"、"高度"、"分辨率"和"画布颜色"。设置完毕，单击"确定"按钮，便打开了新文档的编辑工作区。

图 7-6   新建文档

（2）打开现有文档。选择"文件→打开"命令，或单击工具栏中的"打开"按钮。在弹出的对话框中选择要打开的文件，单击"打开"按钮即可打开文件。

（3）导入图像文件。选择"文件→导入"命令，在打开的对话框中选择要导入的图像文件，单击"打开"按钮，这时对话框会关闭。将鼠标移动到文档窗口中，鼠标指针会变为一个折线形状，用于设置导入图像上角起始位置。如果希望以原始大小导入图像，可以在文档窗口中图像起始位置处单击，即可将图像导入；如果希望以新的大小导入图像，可以拖动鼠标绘制需要的大小尺寸，释放鼠标，图像被导入，同时大小被改变，如图 7-7 所示。通过单击工具栏上的"导入"按钮，也可以进行图像的导入。

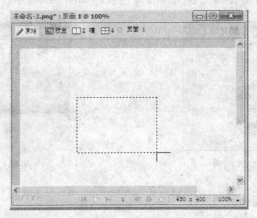

图 7-7   导入图像

2．浏览和查看文档

（1）平铺和重叠文档窗口。在程序窗口中，如果有多个文档窗口，则可以改变各个文档窗口之间的相互位置，便于对文档的管理。打开"窗口"菜单，选择"重叠"命令，可以将多个文档窗口在程序窗口范围中重叠显示，可以通过单击各个窗口的标题栏将该文档切换到顶层以便进行编辑。

选择"窗口→水平平铺"命令，可以将多个文档窗口在程序窗口范围中沿水平方向平铺显示；选择"窗口→垂直平铺"命令，可以将多个文档窗口在程序窗口范围中沿垂直方向平铺显示。平铺显示的优点在于文档窗口相互不会遮挡。

（2）改变显示比例。从工具箱中单击"放大镜"按钮，然后在文档窗口中单击。连续单击，可以在当前的显示比例基础上多次放大图像，直至最大（6400%）。缩小显示文档的操作过程与放大显示相同。

3．关闭文档

要关闭文档，可以按照如下方法进行操作：

（1）如果有多个文档窗口，将要关闭的文档窗口放置到最上端。

（2）打开"文件"菜单，选择"关闭"命令，或是直接单击文档窗口右上角的"关闭"按钮，即可关闭文档。如果文档经过修改尚未存储，会提示保存文档。

4．保存文档

经过对图像的编辑，保存所做的工作是至关重要的。在 Fireworks 中，允许以 PNG 的形式保存文档，也可以通过导出的方式，以常用的 JPEG 或 GIF 等方式保存图像。

（1）保存 PNG 文档。选择"文件→保存"命令，如果文档是新建的，并且尚未被保存过，则会出现标准的 Windows 文件存储对话框，选择要保存的文件路径，并输入文件名称，即可保存。

如果希望以另外的名称保存文档，可以选择"文件→另存为"命令，重新输入新的文档路径和名称，保存文档。

（2）导出其他格式的文档。假设我们希望将文档存储为 JPEG 格式的图像，这时可以按照如下方法进行操作：

1）打开文档，使文档窗口显示在程序窗口中。

2）选择"窗口→优化"命令，启动"优化"面板。在"优化"面板上打开如图 7-8 所示的下拉列表，然后选择 JPEG。可以在面板上选择其他选项，最常用的是"质量"选项，它用于设置 JPEG 图像的质量。

图 7-8　优化面板

3）选择"文件→导出"命令。对话框上会根据在"优化"面板上选择的文件格式自动添加需要的扩展名。

4）单击"保存"按钮，即可以相应的格式保存文件。

通过单击工具栏上的"导出"按钮，也可以实现文档的导出操作。

7.3　矢量图像的绘制与编辑

在利用 Fireworks 绘制图像时，绘制矢量图像是所有操作中需要最先掌握的技术。

7.3.1　图像的绘制模式

1．图像绘制模式的种类

在 Fireworks 中，有两种图像的绘制模式：对象模式和图像编辑模式。对象模式是编辑矢量图像时的模式，而图像编辑模式则是进行位图编辑时的模式。在利用 Fireworks 创建新的文档时，进入的是对象模式，这种模式是默认的模式。如果在 Fireworks 中打开一幅位图编辑的话，则进入的模式是图像编辑模式。

一般来说，处于对象模式时的图像画布四周没有边框，而如果看到一个有斑纹的边框出现在画布四周时，这时的模式就是图像编辑模式。

2. 图像绘制模式的切换

对象模式和图像编辑模式之间可以进行切换，通常这种切换是自动进行的。例如，选择了某种工具，可能就自动进入了图像编辑模式，这时编辑的内容都是基于位图的；而选择了另外一种工具，可能就自动进入了对象模式，这时编辑的内容都是基于矢量的。

在图像编辑模式中，可以通过以下几种方法来直接切换到对象模式：

（1）从工具箱上选中任何一种选择工具，然后双击文档窗口画布中的任意位置，即可切换到对象模式。

（2）使用一种只能在对象模式中才能使用的工具，例如文本工具，这时会自动切换到对象模式。

（3）当文档处于图像编辑时，在程序窗口的状态行上会出现一个圆形红色的"×"形按钮（通常这种按钮称作停止按钮）。单击该按钮，即可返回到对象模式中。

（4）在图像编辑模式中，按下 Esc 键，即可返回对象模式。

7.3.2　矢量图像的绘制

绘制矢量图像就是绘制路径的过程，主要通过如图 7-9 所示的绘图工具箱中的工具完成。在进行路径绘制时，可以在工具箱下方的笔画颜色区域选择需要的笔画颜色，而在工具箱下方的填充区域选择需要的填充颜色。在使用填充颜色时，只有在绘制矩形、椭圆和多边形时，才会自动填充设置的颜色，如果使用铅笔、画刷或钢笔绘制路径，路径内部不会填充颜色，必须在绘制完毕后选中对象，然后再从工具箱中的填充颜色区域选择需要的颜色。

路径绘制工具按钮右下角的小黑色箭头，表示该工具包含有具体的选择模式。用鼠标左键按住工具按钮会弹出菜单以供选择。如图 7-10 所示是图形工具的弹出菜单，在弹出菜单中可选择图形的具体模式：矩形、椭圆和多边形等。

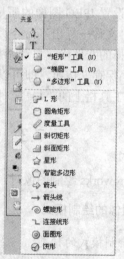

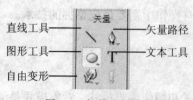

图 7-9　矢量路径工具图　　　　　图 7-10　路径模式的选择

利用"属性"面板，可以设置更多的笔画效果和填充效果。

1．绘制直线

（1）从工具箱中选中直线工具。

（2）在文档窗口中所需绘制直线的起点位置按下鼠标，拖动鼠标直到直线的终点位置。

（3）释放鼠标，直线就被绘制到文档中。

如果希望绘制同水平或垂直方向呈 45°角的直线，可以在拖动鼠标的同时按住 Shift 键。

2．绘制矩形

（1）用鼠标左键按住图形工具，从弹出菜单中选择矩形工具。

（2）在文档窗口中所需矩形的左上角位置按下鼠标，拖动鼠标直至矩形的右下角位置。

（3）释放鼠标，矩形就被绘制到文档中。

选中矩形工具后，启动"属性"面板，可设置矩形边角的弯曲度对矩形的边角进行圆滑，获得特殊的矩形效果。

3．绘制椭圆形

（1）用鼠标左键按住图形工具，从弹出菜单中选择椭圆形工具。

（2）在文档窗口中所需椭圆形外切矩形区域左上角位置按下鼠标，拖动鼠标直到外切矩形右下角位置。

（3）释放鼠标，椭圆形就被绘制到文档中。

如果希望绘制圆形，可以在拖动鼠标的同时按住 Shift 键。

4．绘制三角形和其他多边形

多边形包括三角形、矩形以及超过 5 条边的其他类型的多边形，其中矩形的绘制最为简单，我们在前面已经介绍过了。

除矩形之外的其他类型的多边形，包括三角形和超过 5 条边的多边形，其绘制方法同矩形有所不同。

（1）用鼠标左键按住图形工具，从弹出菜单中选择多边形工具。启动属性面板，如图 7-11 所示。

图 7-11　多边形属性面板

（2）确保"形状"下拉列表中显示的是"多边形"。

（3）在"边"文本框中输入要绘制多边形的边数。

（4）在文档窗口中按下并拖动鼠标，即可绘制需要的多边形。

要在绘制多边形时使多边形的方向以 45°角的增量改变，可以在拖动鼠标时按住 Shift 键。

说明：利用多边形工具绘制的多边形，总是以按下鼠标按钮的起始点作为多边形的中点。

5．绘制星形

绘制星形同样需要使用多边形工具。只是在"属性"面板的"形状"下拉列表中选择"星形"，然后在"边"文本框中输入星形的边数，即可像画其他多边形一样画出星形。

要在绘制星形时使边线的方向以 45°角的增量改变，可以在拖动鼠标时按住 Shift 键。

6. 绘制自由路径

如果希望在文档中绘制任意形状的路径，可以使用 Fireworks 的"矢量路径"工具，利用它可以像在位图编辑程序中绘制位图一样绘制任意形状的路径，当然，生成的结果仍然是矢量的，Fireworks 会自动用点和路径来"拼"出复杂的路径形状。通常我们将任意形状的路径称作自由路径。

自由路径的绘制与 Flash 中的矢量路径的绘制方法相同，此处不再详述。

7.3.3　布局工具的使用

绘制对象时经常需要了解当前的坐标位置，Fireworks 提供了"标尺"和"网格"等布局工具，帮助在文档中精确定位。

1. 显示标尺

默认状态下，标尺是未被显示的，要显示标尺，选择"视图→标尺"命令，或是按下 Ctrl+Alt+R 组合键。如果希望隐藏标尺，将"标尺"命令的选中状态消除，或是再次按下 Ctrl+Alt+R 组合键。

2. 显示网格

默认状态下，网格也是隐藏的，要显示网络，选择"视图→网格"命令。如果希望隐藏网格，可以将"网格"命令的选中状态消除。

3. 对齐网格

为了保证文档中的对象排放整齐，可以利用对齐网格命令。选择"视图→网格→对齐网格"命令，即可激活这种特性。这时在文档中绘制的对象会自动和距离最近的网格对齐；如果希望关闭该特性，可以清除"对齐网格"的选中状态。

4. 设置网格选项

选择"视图→网格→编辑网格"命令，即可打开对话框定制网格。

7.3.4　标题文字的制作

1. 编辑文本

文本的编辑可以通过文本编辑器来实现，也可以通过"文本"菜单中的菜单命令来实现，这里介绍如何用文本编辑器来编辑文本。

在工具箱中选择"文本工具"按钮，或者在"文本"菜单中选择"编辑器"命令，然后在所需要插入文本的地方直接按住鼠标左键，拖动鼠标出现一个方框，直到合适时为止，接着就出现了如图 7-12 所示的文本属性面板。

图 7-12　文本属性

在文本属性面板中设置文本属性，设置完毕，单击"确定"按钮结束操作。如果对编辑效果不满意，可以双击文本对象进入编辑窗口继续编辑。

2．制作特效文本

在 Fireworks 中可以对文本进行诸如图片一样的特效操作，如填充、效果、样式等。这样一来，属性面板、资源面板等就可以对文本进行设置了。

选择"窗口→样式"命令，启动"样式"面板对选中的文本样式进行设计，如图 7-13 所示。也可以通过滤镜菜单的菜单项进行设置。

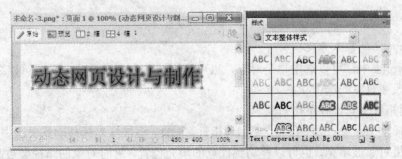

图 7-13　文字样式

3．路径文字的编辑

在一般的文本编辑器中，文本的布置总是横向或者纵向的，最多也就有几种简单的变形。但是在 Fireworks 中可以随心所欲地对文本变形，只需要设置路径文字就可以了。

如图 7-14 所示，输入文本和绘制出所需要的路径，同时选择好文本和路径；然后在"文本"菜单中选择"附加到路径"命令就可以将文本附加到路径上了。

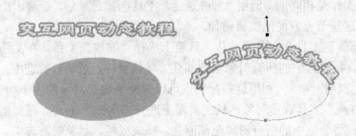

图 7-14　路径文字实例

通常我们在创建了路径文字之后，还要对它进行调整。可以使用"文本"菜单中的"方向"命令进行设置。

如果想将文本与路径分开，执行"文本"菜单中"从路径脱离"命令就可以将文本和路径恢复到附加以前。

7.4　修改对象

在绘制了矢量对象之后，可能需要对对象进行修改，使之符合自己的需要。例如，可能需要移动对象的位置、改变对象的重叠顺序，或是修改对象中的路径等。Fireworks 提供了强大的工具，允许对对象进行随心所欲的修改。

7.4.1　选择对象

要修改对象，首先要了解选中对象的基本方法，在 Fireworks 中，有 4 种选中对象的工具：

"指针"工具、"部分选定"工具、"缩放"工具和"剪裁"工具，它们在工具箱上的位置如图7-15所示。

指针工具————　　　————部分选定工具

缩放工具————　　　————剪裁工具

图 7-15　选择工具

1. 选择对象的基本方法

在 Fireworks 中，可以选中单个对象，也可以同时选中多个对象，甚至可以在选中多个对象时，任意改变对象的选中状态。

（1）用指针工具选择单个对象。

- 选择单个对象：从工具箱上选择"指针"工具。将鼠标光标移动到要选中的对象上方，如果对象被填充，也可以移动到任意的填充位置，这时对象的路径会被高亮显示，默认状态下显示为红色。单击鼠标即可选中对象。默认状态下，被选中的对象，其路径被显示为蓝色。
- 选择后方对象工具：从工具箱上选择"选择后方对象"工具，当出现重叠覆盖的图像时，鼠标指针经过图像时，后面被遮盖的图像处于高亮显示，默认状态下显示红色，单击鼠标即可选中对象。

（2）用"部分选定"工具选择对象。用"部分选定"工具选择对象的操作与用"指针"工具选择对象的操作是相同的。但用"部分选定"工具选择对象后，会显示出对象的路径编辑节点，可以通过这些节点方便地编辑路径。

（3）用"缩放"工具选定对象。从工具箱上选择"缩放"工具。在文档窗口中按住鼠标左键，拖动鼠标，将要选中的所有对象全部圈住。释放鼠标，对象就被选中，在选定对象的周围会出现缩放和旋转控制点，利用这些控制点可以方便地调整对象的大小和方向。

（4）用"剪裁"工具选定对象。从工具箱上选择"剪裁"工具。在文档窗口中按住鼠标左键，拖动鼠标，将要选中的所有对象全部圈住。释放鼠标，对象就被选中，在选定对象的周围会出现剪裁边框，调整好边框大小后在边框内双击左键，则把边框外的内容剪裁掉。

7.4.2　组织和管理对象

为了方便对对象的控制，合理组织对象是非常重要的。在 Fireworks 中，可以移动对象、设置对象的重叠顺序、显示或隐藏对象、复制、剪切或删除对象，也可以将多个对象组合起来，作为一个对象看待。

1. 移动对象

在文档中，移动对象非常简单，只需选中对象，然后按住鼠标拖动对象，即可将它在文档中任意移动，在目标位置释放鼠标，对象就被移动到相应位置。

2. 对齐对象

选中要对齐的多个对象。选择"修改→对齐"命令，然后再选择需要的选项。

3. 设置对象的重叠顺序

各个对象之间是相互独立的，因此在文档中它们可能发生重叠，Fireworks 允许改变多个对象的重叠顺序，可以按照如下方法进行操作：选中要改变重叠顺序的对象，选择"修改→排列"命令，然后从子菜单中选择需要的选项。

4．隐藏和显示对象

如果文档中的对象不再需要，可以将它从文档中删除。然而，有时候某个对象只是临时不再需要，将来还可能继续使用，这时可以将对象隐藏起来，在需要的时候再将它重新显示。操作如下：选中要隐藏的对象。选择"视图→隐藏选区"命令，这时被选中的对象就被隐藏起来了。

5．组合对象

如果多个对象之间的相对位置始终保持不变，则可以将这些对象组合起来作为一个对象使用，在需要时，又可以重新将组合的对象拆分成为多个相互独立的对象。

（1）组合对象。选中要进行组合的多个对象。选择"修改→组合"命令，这时对象就被组合到一起。从工具箱中选择"指针"工具，在组合后的对象上单击，可以看到，这些被组合的对象被作为一个对象选中。

（2）取消对象的组合。选中被组合的对象，选择"修改→取消组合"命令，这时可以看到，原先被组合的对象全部脱离组合，又成为各个单独的对象。

7.4.3　整形路径

前面介绍的主要是针对对象整体的操作方法，如果希望修改对象本身的形状，即修改路径，则需要进行更多更细致的操作。

1．通过编辑点整形路径

用"部分选择"工具选中对象后就会显示出对象的路径编辑点，可以拖动选择的点进行改变路径位置，如图 7-16 所示。

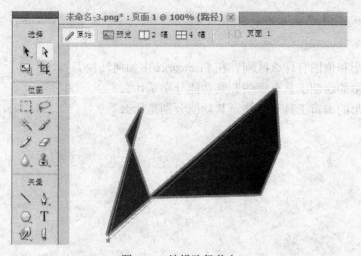

图 7-16　编辑路径节点

2．直接整形路径

通过整形路径工具可以进一步控制路径的形状。

选择自由形状工具中的编辑模式，如图 7-17 所示，鼠标会变成相应的工具形状，通过拖拉或推动等方式来实现对路径的编辑，具体操作请读者通过实验掌握。

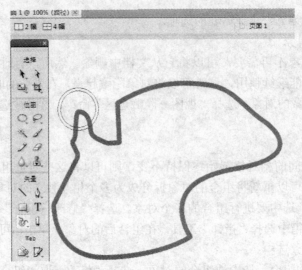

图 7-17　利用自由形状工具编辑路径

目前比较流行的网页图像格式有 3 种：JPEG/JPG 格式、GIF 格式和 PNG 格式。这 3 种格式的图像各有特点，在制作网页时根据需要选择使用。

Fireworks 的工作界面由菜单栏、文档窗口、浮动面板区等几部分构成，熟悉工作界面有利于提高工作效率。Fireworks 提供了强大的矢量路径绘制、编辑工具，通过这些工具可以方便地创建矢量图形。

思考练习

1. 矢量图形和位图有什么区别？在 Fireworks 中如何转换？
2. 矢量图形的绘制工具有哪些？其功能分别是什么？
3. 矢量图形的编辑工具有哪些？其功能分别是什么？

第 8 章　位图编辑与动画制作

本章导读

位图编辑是网页图像编辑的重要内容，本章主要讲述 Fireworks 位图编辑工具的使用和简单动画的制作过程，通过本章的学习，读者应掌握以下内容：

- 位图编辑工具的使用
- 帧动画的制作

8.1　位图的编辑

8.1.1　位图编辑工具

Macromedia Fireworks 是一款用于图像设计和网页设计的优秀应用软件，是编辑矢量和位图的综合工具。Fireworks CS5 有了更强的位图的编辑处理功能，提供了更多的位图编辑工具，如图 8-1 所示。

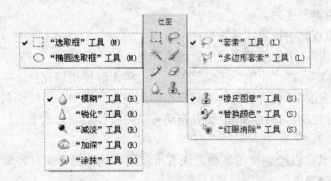

图 8-1　位图工具

1. 选择工具

"选取框"工具用来绘制所选像素区域的选取框，选取框的大小等属性可通过属性面板进行设置。绘制了选取框后，可以进行移动选区、向选区添加内容、在其上绘制另一个选区或编辑选区内的像素、将滤镜应用于像素等操作。

（1）"选取框"工具 ：该工具在图像中选择一个矩形区域。

（2）"椭圆选取框"工具 ：该工具在图像中选择一个椭圆形区域。

（3）"套索"工具 ：该工具在图像中选择一个自由变形区域。

（4）"多边形套索"工具 ：该工具在图像中选择一个直边的自由变形区域。

（5）"魔术棒"工具 ：该工具在图像中选择一个颜色相似的区域。

说明：

（1）当选择"选取框"、"椭圆选取框"、"套索"、"多边形套索"或"魔术棒"工具时，属性检查器会显示工具的3种边缘选项，如图8-2所示。

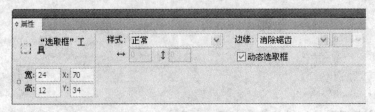

图8-2　属性检查器

- 实边：创建具有已定义边缘的选取框。
- 消除锯齿：防止选取框中出现锯齿边缘。
- 羽化：可以柔化像素选区的边缘。

（2）当选择"选取框"、"椭圆选取框"或"魔术棒"工具时，属性检查器还显示3种样式选项：

- 正常：可以创建一个高度和宽度互不相关的选取框。
- 固定比例：将高度和宽度约束为定义的比例。
- 固定大小：将高度和宽度设置为定义的尺寸。

2．"铅笔"工具

可以使用"铅笔"工具绘制单像素自由直线或受约束的直线，所用的方法与使用真正的铅笔绘制硬边直线基本相同。也可以在位图上放大并单击"铅笔"工具来编辑个别的像素。

（1）选择"铅笔"工具。

（2）在属性检查器中设置工具选项：

- "消除锯齿"：平滑绘制直线的边缘。
- "自动擦除"：在"铅笔"工具笔触颜色上单击时使用填充色。
- "保持透明度"：使"铅笔"工具只绘制到现有像素中，不绘制到透明区域中。

（3）拖动进行绘制。按住 Shift 键并拖动可以将路径限制为水平、竖直或倾斜线。

3．"刷子"工具

用"刷子"工具可以绘制位图笔画，或者可以用"油漆桶"工具将所选像素的颜色改成"填充颜色"框中的颜色。

（1）选择"刷子"工具。

（2）在属性检查器中设置笔触属性。

（3）通过拖动进行绘画。

4．"橡皮擦"工具

可以用"橡皮擦"工具擦除所选位图对象或像素选区中的像素。默认情况下，"橡皮擦"工具指针代表当前橡皮擦的大小，但是可以在"参数选择"对话框中改变该指针的大小和外观。

（1）选择"橡皮擦"工具。

（2）在属性检查器中设置橡皮擦的属性：

- 选择圆形或方形的橡皮擦形状。
- 拖动"边缘"滑块设置橡皮擦边缘的柔度。

- 拖动"大小"滑块设置橡皮擦的大小。
- 拖动"橡皮擦不透明度"滑块设置不透明度。

（3）在要擦除的像素上拖动"橡皮擦"工具。

5. 位图边缘的羽化工具

羽化使像素选区的边缘模糊，并有助于所选区域与周围像素的混合。当复制选区并将其粘贴到另一个背景中时，羽化很有用。

（1）从"工具"面板中选择"位图选择"工具。

（2）从属性面板的"边缘"弹出菜单中选择"羽化"，拖动右侧滑块设置羽化深度。

（3）拖动鼠标选择羽化区域。

（4）选择"选择→反选"命令，产生羽化选区（位图边界和虚线框之间的区域）。单击 Delete 按钮，产生羽化效果，如图 8-3 所示。

图 8-3　羽化图像

选择"选择→羽化"命令也可以实现位图边界的羽化效果。

6. 位图局部修饰工具

位图局部修饰工具包括：

- "模糊"工具 ：用来强化或弱化图像的局部区域。
- "锐化"工具 ：对于修复扫描问题或聚焦不准的照片很有用。
- "减淡"工具 ：用于减淡局部色度。
- "加深"工具 ：用于加深局部色度。
- "涂抹"工具 ：用于拾取颜色并在图像中沿拖动的方向推移该颜色，以像创建图像倒影那样逐渐将颜色混合起来。

模糊和锐化的操作过程如下：

（1）选择"模糊"工具或"锐化"工具。

（2）在属性检查器中设置刷子选项，如图 8-4 所示。

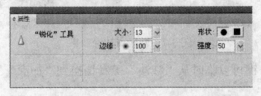

图 8-4　锐化的属性设置

1）大小：设置刷子笔尖的大小。

2）边缘：指定刷子笔尖的柔度。

3）形状：设置笔尖形状。

4）强度：设置模糊或锐化量。

（3）在要锐化或模糊的像素上按住左键拖动工具，效果如图 8-5 所示。

（a）模糊效果　　　　　　　　（b）锐化效果

图 8-5　模糊与锐化效果

减淡或加深的操作过程如下：

（1）选择"减淡"工具或"加深"工具。

（2）在属性检查器中设置刷子选项，如图 8-6 所示。

图 8-6　减淡属性

1）大小：设置刷子笔尖的大小。

2）形状：设置刷子笔尖的形状。

3）边缘：设置刷子笔尖的柔度。

4）曝光：范围为 0~100%，百分比越高曝光越高。

5）范围："阴影"主要改变图像的深色部分；"高亮"主要改变图像的加亮部分；"中间色调"主要改变图像中每个通道的中间范围。

（3）在图像中要减淡或加深的部分上按住左键拖动，效果如图 8-7 所示。

（a）减淡效果　　　　　　　　（b）加深效果

图 8-7　减淡与加深效果

拖动工具时按住 Alt 键可以临时从"减淡"工具切换到"加深"工具或从"加深"工具切换到"减淡"工具。

涂抹的操作过程如下：

（1）选择"涂抹"工具。

（2）在属性检查器中设置工具选项（与"锐化"工具相似）：

1）大小：指定刷子笔尖的大小。

2）形状：设置刷子笔尖形状。

3）边缘：指定刷子笔尖的柔度。

4）压力：设置笔触的强度。

5）涂抹色：允许在每个笔触的开始处用指定的颜色涂抹。

（3）在要涂抹的像素上按住左键拖动涂抹刷，涂抹效果如图 8-8 所示。

7．"橡皮图章"工具

"橡皮图章"工具用来克隆位图图像的部分区域，以便可以将其压印到图像中的其他区域。当要修复有划痕的照片或去除图像上的灰尘时，克隆像素很有用。你可以复制照片的某一像素区域，然后用克隆的区域替代有划痕或灰尘的点。

克隆位图图像的操作如下：

（1）选择"橡皮图章"工具。

（2）从属性面板中设置图章属性。

（3）单击位图中某一区域将其指定为源（即要克隆的区域），如图 8-9 所示。取样指针变成十字型指针。

图 8-8　涂抹效果

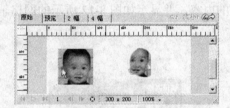

图 8-9　橡皮图章效果

说明：要指定另一个要克隆的像素区域，可以按住 Alt 键并单击另一个像素区域，将其指定为源。

（4）在右侧的空白区域按住左键拖动指针涂抹（蓝色圆圈形状），复制出左侧图像。

8．"位图裁剪"工具

可以把 Fireworks 文档中的单个位图对象隔离开，只裁剪指定位图对象而使画布上的其他对象保持不变。

在不影响文档中其他对象的情况下裁剪位图图像的步骤如下：

（1）选择位图对象。

（2）选择"编辑→修剪所选位图"命令。裁剪手柄出现在整个所选位图的周围，如果在第一步中绘制了选取框，则裁剪手柄出现在选取框的周围。

（3）调整裁剪手柄，直到定界框围在位图图像中要保留的区域周围。双击定界框内部或按 Enter 键，所选位图中位于定界框以外的每个像素都被删除，而文档中的其他对象保持不变。

说明：若要取消裁剪选择，请按 Esc 键。另外通过工具箱中"选择"区域的剪裁工具，也可以实现位图剪裁操作。

8.1.2　位图编辑实例

1．图像变形

可以利用工具箱中的"缩放"工具、"倾斜"工具和"扭曲"工具来完成图像的变形操作。操作过程比较简单，具体操作请大家尝试。

2. 位图背景的编辑

利用工具箱中的魔术棒工具，选中背景色，通过颜料桶工具或删除键可以改变或删除背景色，如图 8-10 所示。

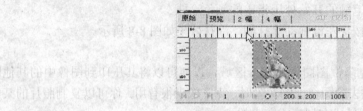

图 8-10　背景的编辑

3. 切割图形

将一个 283×212 的图片平均分割成 12 块（3×4）：

（1）打开图片，可以从"属性"对话框中看到图片宽和高的像素值。

（2）将图片宽 283 除以 3 得 94，高 212 除以 4 得 53（得到每一块的像素值）。

（3）选择"视图→网格→编辑网格"命令，在弹出的"编辑网格"对话框中输入如图 8-11 所示的内容，并显示如图 8-12 所示的网格辅助线。

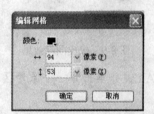

图 8-11　"编辑网格"对话框

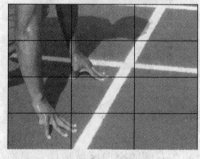

图 8-12　网格辅助线

（4）选择"选取框"工具。

（5）沿辅助线拖动鼠标使选取框恰好重合在辅助单元格上。

（6）选择"编辑→剪切"命令。

（7）选择"文件→新建"命令，从弹出的对话框上单击"确定"按钮。

（8）选择"编辑→粘贴"命令，粘贴图片块。将图片块以"仅图像"模式导出。

（9）重复步骤（5）、（6）、（7）、（8）将图片分成 12 块，存成 12 个图形文件。

4. 虚幻效果

制作位图的虚幻效果要通过层进行操作，下面对"层"面板进行简单的介绍。

选择"窗口→层"命令，启动"层"面板，如图 8-13 所示。通过"层"面板可以新建层或层对象，合并、编辑层或层对象，删除层或层对象，建立蒙版层等。通过层或层对象之间的叠加可以制作出各种特殊的图形效果。

"层"面板的具体应用在下面的制作过程中得以体现：

（1）打开位图文件 flower.jpg，如图 8-14 所示。选择"窗口→层"命令，启动"层"面板，在层 1 中双击位图对象，将其命名为"花朵"。

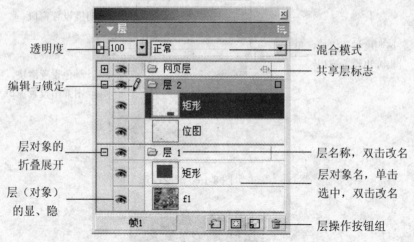

图 8-13　"层"面板

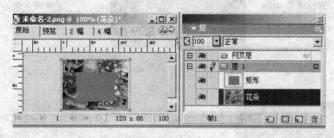

图 8-14　建立位图层

（2）在工作区中画出一个与位图花朵大小相同、位置重合的矢量矩形（默认填充色）。此时在"层"面板中增加了一个矩形对象。

（3）在"层"面板中选中矩形对象，单击绘图工具箱中"颜料桶"按钮，从弹出菜单中选择"渐变"工具。启动"属性"面板，在颜料桶右侧的下拉列表中选择"放射状"，如图 8-15 所示。

图 8-15　放射填充的设置

（4）单击"属性"面板中颜料桶右侧的"填充设置"按钮，弹出如图 8-16 所示的设置窗口。将左侧颜色的不透明度设为 0%，右侧设为 100%。填充效果如图 8-17 所示，通过控制柄调整填充范围和中心。

（5）在"层"面板中选中花朵对象，按住 Ctrl 键选择矩形对象。这时位图上会出现一个如图 8-18 所示的选区，按 Delete 键进行删除操作。

（6）在"层"面板中将矩形对象删除或隐藏，重新绘制矩形，并添加文字对象，就得到了如图 8-19 所示的虚幻效果。

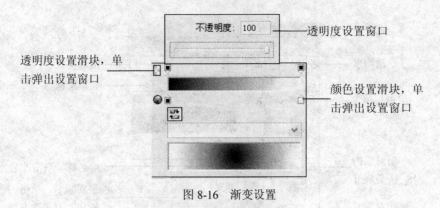

图 8-16　渐变设置

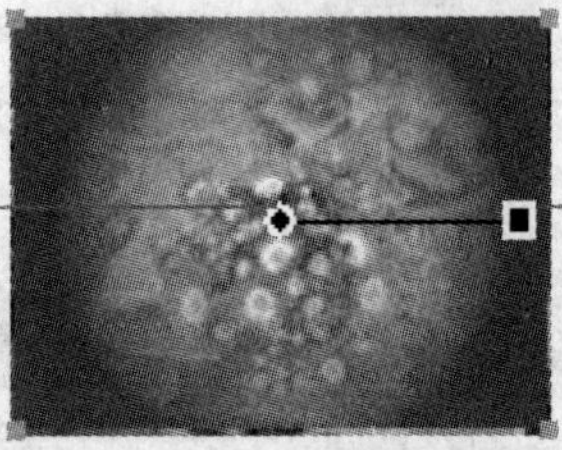

透明度设置滑块，单击弹出设置窗口

透明度设置窗口

颜色设置滑块，单击弹出设置窗口

移动该控制柄调整填充中心

移动该控制柄调整填充范围

图 8-17　调整选区

图 8-18　设定删除选区

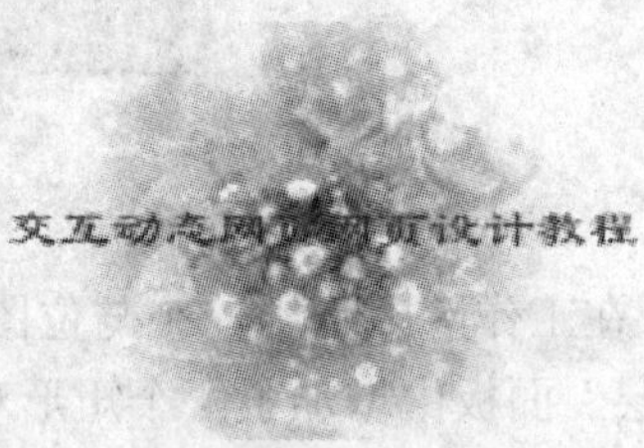

图 8-19　虚幻效果

说明：此例实际上是通过矢量矩形渐变填充路径，产生一个羽化位图的选区，进而对位图进行羽化处理的操作过程。将路径转化为选区是 Fireworks 新增加的功能。后面的"气泡效果"实例也是应用了这个原理。

5. 气泡效果

（1）建立一个新文件，导入一个背景图片。启动"层"面板，将背景图片对象命名为"背景"。在工作区中使用圆形工具画出一个白色的圆。选择"修改→平面化所选"命令或利用快捷键 Ctrl+Shift+Alt+Z 将其转化成位图，"层"面板中出现一个"位图"对象。

（2）再使用圆形工具画出一个白色的圆，大小比前一个制作的圆略小些，"层"面板中出现一个"路径"对象。选中两个圆，通过选择"修改→对齐→垂直对齐"命令和"修改→对齐→水平对齐"命令，将小圆放到大圆的居中位置。

（3）在"层"面板中选择位图对象，然后按住 Ctrl 键的同时选择路径对象，得到小圆选区。

（4）选择"选择→羽化"命令为小圆选区调节适当的羽化值，并单击"删除"按钮。完成如图 8-20 所示的气泡效果制作。

图 8-20　气泡球效果

8.2 在 Fireworks 中建立动画实例

在 Fireworks 中也可以建立帧动画效果，下面我们通过一个简单的实例介绍动画建立的一般过程。

8.2.1 建立动画对象

（1）新建一个文件，画布长为 300 像素，宽为 150 像素。
（2）用矩形工具画一个矩形，可以用任何颜色填充。

8.2.2 动画的设定

（1）选中矩形，选择"修改→动画→选择动画"命令，弹出如图 8-21 所示的设置窗口。
（2）在"帧"框中输入动画的帧数 5，在位移一定的情况下帧数越多动画越平滑。
（3）在"移动"框中输入 72，设定移动的距离（以像素为单位）。
（4）在"方向"框中输入 45，设定移动的角度。
（5）单击"确定"按钮，将会出现系统提示框，询问是否添加新的帧。单击"确定"按钮，将会自动添加新的帧。

现在图中矩形左下角就会加上一个小箭头，表示这是一个动画对象，一条线表示这个符号的移动路径，线上的每一个点表示一帧，如图 8-22 所示。

图 8-21 动画设置

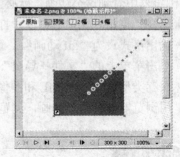

图 8-22 动画对象

8.2.3 动画预览

（1）如果"帧"面板不可见，选择"窗口→帧"命令，启动帧面板。
（2）单击画布下方的"播放/停止"按钮，就可以播放动画，如图 8-23 所示。

插放/停止

图 8-23 动画播放

（3）再次单击这个按钮可以停止。
（4）在帧面板上可以看到每一帧的动画。

8.2.4　动画的编辑

（1）选择"窗口→属性"命令，打开"属性"面板（或选择"修改→动画→设置"命令）。

（2）单击"帧"面板上的第一帧。

（3）选中工作区中的动画对象，在"属性"面板上就会显示这个动画的设置。

（4）对这个设定进行修改，比如在"缩放"框内输入 110，使从第一帧到最后一帧图像放大 10%。

（5）在"不透明度"左边的框内输入 10，右边的框内输入 100，这将使动画产生透明度的渐变。

（6）在"旋转"中输入 180，将使动画产生 180°的旋转。

（7）再次单击"播放"按钮就可以看到设置效果了。

8.2.5　编辑运动路径

（1）单击工作区上的动画对象，运动路径就可以显示出来。

（2）用鼠标拖动路径上的第一帧（绿色的点）和最后一帧（红色的点）来改变它们的位置。

（3）也可以拖动中间的帧（蓝色的点）来改变整条路径。

（4）预览编辑效果。

8.2.6　输出 gif 动画

要在浏览器中看到这个动画，就必须输出成.gif 动画格式或.swf 格式。

（1）选择"窗口→优化"命令，打开"优化"面板（如图 7-8 所示）。

（2）输出格式设为"gif 动画"。

（3）单击菜单上的"文件→导出"命令。

（4）保存类型选择"HTML 和图像"就可以输出一个 HTML 文件。

（5）用浏览器打开这个动画，浏览动画效果。

本章小结

Fireworks 增强了位图的编辑处理功能，提供了更多的位图编辑工具，如位图选择、位图羽化和位图局部修饰等。通过这些工具，结合"层"面板的使用可以创作出丰富多彩的图形效果。

虽然 Fireworks 不是专门制作动画的软件，但通过简单的操作也可以制作出令人满意的动画效果。

思考练习

1．位图局部修饰工具有几个，它们的功能分别是什么？

2．制作羽化效果时，通过几种方式可以设置羽化选区？

3．比较在 Flash 和 Fireworks 中制作动画过程的异同点。

第9章 图像的优化与导出

网页图像设计的最终目标是创建能够尽可能快地下载的优美的图像。为此，必须在最大限度地保持图像品质的同时，选择压缩质量最高的文件格式来对图像进行优化、导出。本章主要讲述 Fireworks 优化和导出图像的基本操作，通过本章的学习，读者应掌握以下内容：

● 图像优化的基本方法
● 图像导出的基本方法

9.1 图像的优化

9.1.1 优化图像应考虑的因素

1. 文件格式

每种文件格式都有不同的压缩颜色信息的方法，为某些类型的图像选择适当的格式可以大大减小文件大小。

2. 特定选项

每种图像文件格式都有一组唯一的选项，可以用诸如色阶这样的选项来减小文件大小，某些图像格式（如 GIF 和 JPEG）还具有控制图像压缩的选项。

3. 图像颜色（仅限于 8 位文件格式）

可以通过将图像局限于一个称为调色板的特定颜色集来限制颜色。然后修剪掉调色板中未使用的颜色。调色板中的颜色越少意味着图像中的颜色也越少，使调色板图像文件类型的文件大小也越小。

应该尝试所有的优化控制来寻找图像品质和大小的最佳平衡点。

9.1.2 图像优化的途径

1. 使用"优化"面板

选择"窗口→优化"命令，启动"优化"面板，如图 9-1 所示。

通过"优化"面板可以很方便地在工作区内进行图像优化，并且同时看到优化后的效果。在"优化"面板上预先设置了几种优化设定可供选择，也可以按照自己的需要进行设定。

优化设置的操作过程如下：

（1）在"设置"下拉列表中选择文件格式。

图 9-1 优化面板

（2）设置格式特定的选项，如色板、颜色和抖动。

（3）根据需要选择其他优化设置，可以命名并保存自定义优化设置。

说明： 导出文件格式的含义解释如下：

● GIF 网页 216：强制所有颜色为网页安全色。该调色板最多包含 216 种颜色。

● GIF 接近网页 256：将非网页安全色转换为与其最接近的网页安全色。该调色板最多包含 256 种颜色。

● GIF 接近网页 128：将非网页安全色转换为与其最接近的网页安全色。该调色板最多包含 128 种颜色。

● GIF 最合适 256：是一个只包含图像中实际使用的颜色的调色板。该调色板最多包含 256 种颜色。

● JPEG－较高品质：将品质设为 80、平滑度设为 0，生成的图像品质较高但占用空间较大。

● JPEG－较小文件：将品质设为 60、平滑度设为 2，生成的图像大小不到"较高品质 JPEG"的一半，但品质有所下降。

● 动画 GIF 接近网页 128：将文件格式设为"GIF 动画"并将非网页安全色转换为与其最接近的网页安全色。该调色板最多包含 128 种颜色。

2. 切片优化

可以对分割的图像的每一个切片进行不同的优化设定，比如可以将图像上色彩丰富的部分设置为 JPEG 格式，色彩单一的部分设置为 GIF 格式。

3. 优化效果预览

点击文档窗口上的"预览"标签，可以预览优化后的效果。单击"2 幅"标签和"4 幅"标签可以比较几种不同的优化设定所产生的效果，如图 9-2 所示。

图 9-2　优化效果预览

4. JPEG 选择压缩

JPEG 选择压缩可以对图像的不同区域选择不同的压缩比率，在图像比较重要的部分可以选择较高的质量，不太重要的部分可以压缩得大一些。操作过程如下：

（1）在图像上画一个选区。

（2）选择菜单"修改→选择性 JPEG→将所选保存为 JPEG 蒙版"命令。

（3）选择菜单"修改→选择性 JPEG→设置"命令。

（4）在弹出的窗口内勾选"启动选择性品质"，并且输入选择区域所要设定的压缩比率（数值越高，质量越好）。

（5）单击"确定"按钮后，就可以在预览窗口内看到效果。

9.2　图像的导出

9.2.1　常规输出

（1）选择"文件→保存"命令可以直接进行输出。

（2）选择"文件→另存为"命令也可以直接进行输出。

（3）选择"导出"命令输出图像，如图 9-3 所示。

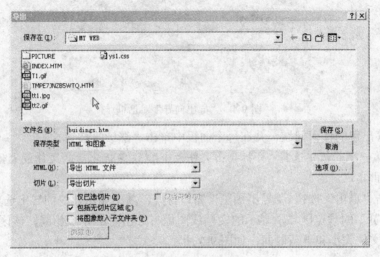

图 9-3　输出切片

9.2.2　输出一个图像的区域

（1）选择工具箱中"选择"工具区里的"导出区域"工具，画出需要输出的区域范围。

（2）双击输出区域，弹出"输出预览"窗口，在"输出预览"窗口内可以调整图像输出的设置。

（3）单击"输出"按钮就可以输出图像了。

9.2.3　输出切片

将一幅大的图像使用切割工具分成一个个小的切片以后，就可以把这些切片输出：

（1）选择"文件→导出"命令，弹出如图 9-3 所示的对话框。

（2）在"切片"选项栏下有几个选项：

● 无：忽略所有的切片对象，输出成当前格式的整幅图像。

● 导出切片：该默认的设置输出切片包括所有的行为设置。

● 沿引导线切片：输出切片，但忽略所有该对象的行为设置。

如果只输出选中的一个或几个切片，可以勾选下面的"仅已选切片"。

9.2.4　使用"导出向导"

如果对优化和导出网页图像不太熟悉，可以使用"导出向导"帮助完成这些工作。"导出向导"通过问题和建议逐步引导完成优化和导出过程，即使用户不了解优化和导出的细节，也可以轻松导出图像。

使用"导出向导"导出文档的过程如下：

（1）选择"文件→导出向导"命令，弹出如图 9-4 所示的设置对话框。

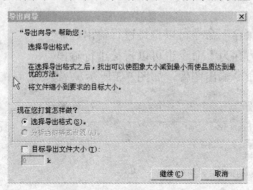

图 9-4　"导出向导"对话框

（2）回答出现的任何问题，并在每个面板中单击"继续"按钮。

说明： 在第一个面板中选择"目标导出文件大小"，设定优化后的文件最大体积，Fireworks 就文件格式提出建议。

（3）单击"退出"按钮。"导出预览"窗口打开，其中显示建议的导出选项。

"导出预览"的预览区域所显示的文档或图像与导出时的完全相同，该区域还估计当前导出设置下的文件大小和下载时间，如图 9-5 所示。

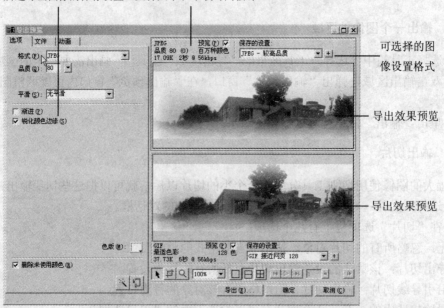

图 9-5　"导出预览"对话框

　　可以用拆分视图比较各种设置，以便在保持可接受的品质级别的同时找到最小的文件大小。还可以用"优化到指定大小"向导限制文件大小。当导出 GIF 动画或 JavaScript 变换图像时，预估的文件大小表示所有帧的总大小。

　　说明：若要增加"导出预览"的重绘速度，请取消选择"预览"。若要在更改设置时停止预览区域的重绘，请按 Esc 键。

　　（4）设置完成后，单击"导出"按钮，导出优化后的图像。

　　网页图像以其直观、形象的表现特点在网页元素中占有重要地位。但图像文件的大数据量又常常成为网页的负担，影响了网页的下载速度。因此，对网页中的图像进行优化即在不影响其质量的前提下尽量减少其体积是解决上述矛盾的有效途径。图像的优化一般从颜色、存储格式等方面进行考虑，具体采用的方式要根据具体要求确定。

　　1．图像优化的方式有哪几种？优化的目的是什么？

　　2．图像的输出方式有哪些？具体如何操作。

第 10 章　Dreamweaver CS5 基础知识

Adobe Dreamweaver CS5 是一款集网页制作和管理网站于一身的"所见即所得"网页编辑器，Dreamweaver CS5 是第一套针对专业网页设计师特别开发的视觉化网页开发工具，利用它可以轻而易举地制作出跨越平台限制和跨越浏览器限制的充满动感的网页。本章主要讲解 Dreamweaver CS5 的基本知识和技巧。通过本章的学习，读者应掌握以下内容：

- Dreamweaver CS5 的新增功能与改进
- Dreamweaver CS5 的工作界面
- Dreamweaver CS5 本地站点的建设
- Dreamweaver CS5 的文件操作

10.1　认识 Dreamweaver CS5

10.1.1　Dreamweaver CS5 的新增功能与改进

Adobe Dreamweaver CS5 软件使设计人员和开发人员能充满自信地构建基于标准的网站。由于同新的 Adobe CS Live 在线服务 Adobe BrowserLab 集成，用户可以使用 CSS 检查工具进行设计，使用内容管理系统进行开发并实现快速、精确的浏览器兼容性测试。

下面一起看看 Adobe Dreamweaver CS5 软件带来了哪些新特性和功能。

1. 新增功能如下

（1）集成 CMS 支持新增功能。尽享对 WordPress、Joomla! 和 Drupal 等内容管理系统框架的创作和测试支持。

（2）CSS 检查新增功能。以可视方式显示详细的 CSS 框模型，轻松切换 CSS 属性并且无需读取代码或使用其他实用程序。

（3）与 Adobe BrowserLab** 集成新增功能。使用多个查看、诊断和比较工具预览动态网页和本地内容。

（4）PHP自定义类代码提示新增功能。为自定义 PHP 函数显示适当的语法，帮助用户更准确地编写代码。

（5）站点特定的代码提示新增功能。从 Dreamweaver 中的非标准文件和目录代码提示中受益。

（6）与 Business Catalyst 集成新增功能。利用 Dreamweaver 与 Adobe Business Catalyst 服务（单独提供）之间的集成，无需编程即可实现卓越的在线业务。

2. 增强功能如下

（1）CSS Starter 页增强功能。借助更新和简化的 CSS Starter 布局，快速启动基于标准的网站设计。

（2）Subversion 支持增强功能。借助增强的 Subversion 软件支持，提高协作、版本控制的环境中的站点文件管理效率。

（3）简单的站点建立增强功能。以前所未有的速度快速建立网站，分阶段或联网站点甚至还可以使用多台服务器。

（4）保持跨媒体一致性。将任何本机 Adobe Photoshop 或 Illustrator 文件插入 Dreamweaver 即可创建图像智能对象。更改源图像，然后快速、轻松地更新图像。

10.1.2　Dreamweaver CS5 的工作区

要方便地使用 Macromedia Dreamweaver CS5 就应该对它的工作环境有一个全面认识。应了解 Dreamweaver 工作区的基本概念，了解如何选择选项、如何使用检查器和面板以及如何设置最适合用户工作风格的参数等。

1. 工作区布局

Dreamweaver 工作区使用户可以查看文档和对象属性。工作区还将许多常用操作放置于工具栏中，使用户可以快速更改文档。

在 Windows 系统中的集成 Dreamweaver CS5 工作区预设布局与 Dreamweaver CS4 的布局种类相同，如图 10-1 所示，有经典、编码器、编码人员（高级）、设计器、设计人员（紧凑）和双重屏幕几种布局模式。其中默认的是设计器界面。如果需要，以后可以使用"窗口→工作区布局"对话框来切换不同的工作区。

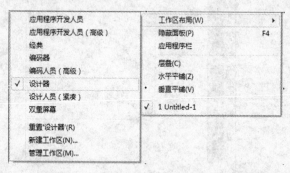

图 10-1　Dreamweaver CS5 工作区布局种类

（1）设计器界面可以弥补编程能力较差带来的缺陷，并且直观可视，网页的设计效果即在眼前，设计和修改非常方便，如图 10-2 所示。

（2）编码器界面与设计器界面具有相同的元素，但是其面板组成与设计器界面却相反，停靠在主窗口的左侧。在这种工作区布局中，属性检查器在默认情况下处于折叠状态，"文档"窗口在默认情况下以"代码"视图显示，如图 10-3 所示。这种界面对于擅长网站后台编程语言的用户来说非常方便。

（3）"双重屏幕"选项适用于在计算机上有两个显示器的用户。在这种布局方式下，Dreamweaver 的界面被分成两部分，一部分显示正在设计的网页内容，而另一部分显示 Dreamweaver 的界面。

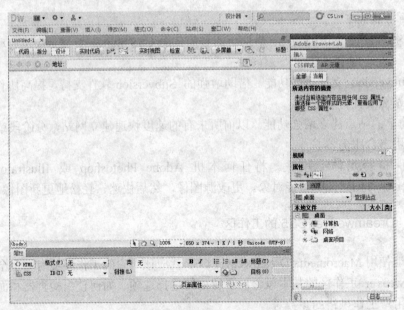

图 10-2 "设计器"布局

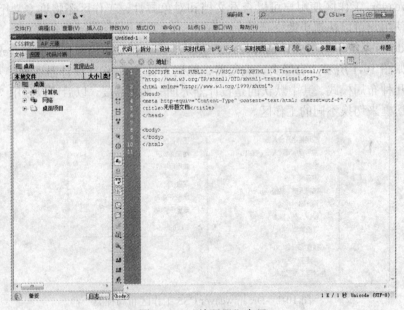

图 10-3 "编码器"布局

（4）"经典"布局模式等同于 Dreamweaver 之前版本中的"设计器"布局模式，"常用"工具栏处理菜单栏的下方，便于习惯之前布局模式的设计者更加顺畅地进行设计工作。

其他的几种布局模式，都有其特别明显的强调重点，设计者可以根据需要做不同的选择。

2．工作区布局的切换

选择"窗口→工作区布局"命令，可以在设计器、编码器和双重屏幕等布局模式之间切换。

3．Dreamweaver CS5 的集成开发环境

Dreamweaver CS5 设计器工作区布局是一种比较常用的开发环境，全部窗口和面板都被集成到一个更大的应用程序窗口中，如图 10-2 所示。下面对这种普遍使用的工作区布局模式进

行详细讲解。

在启动 Dreamweave CS5 时，首先将显示一个起始页的欢迎屏幕，欢迎屏幕是综合性工作区的一部分，提供了一种快速的方式来展示常见的任务，如图 10-4 所示，该窗口包括"打开最近的项目"、"新建"和"主要功能" 3 栏。可以勾选这个窗口下面的"不再显示"复选框来隐藏它，但建议大家保留。

图 10-4　欢迎屏幕

新建或打开一个文档，进入 Dreamweaver CS5 的设计器布局工作界面，可看到 Dreamweaver CS5 的标准工作界面包括：A. 应用程序栏，B. 文档工具栏，C. 文档窗口，D. 工作区切换器，E. 面板组，F. CS Live，G. 标签选择器，H. 属性检查器和 I. 文件面板，如图 10-5 所示。

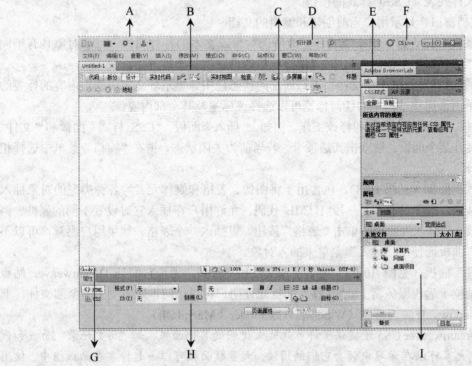

图 10-5　工作区布局

工作区中包括以下元素：

（1）应用程序栏。即窗口标题栏，在应用程序窗口的顶部。Adobe Dreamweaver CS5 的窗口标题栏上整合了工作区切换器等 5 个网页制作中最常用的命令，并新增 Adobe CS5 系统中统一添加的 CS Live 服务，如图 10-6 所示。这 5 个常用命令可以从菜单栏或者工具栏中找到以与之相应的选项。

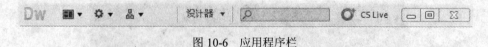

图 10-6　应用程序栏

（2）文档工具栏。包含一些按钮，它们提供各种"文档"窗口视图（如"设计"视图和"代码"视图）的选项、各种查看选项和一些常用操作（如在浏览器中预览）。

（3）标准工具栏。标准工具栏在默认工作区布局中不显示，如图 10-7 所示，包含一些按钮，可执行"文件"和"编辑"菜单中的常见操作："新建"、"打开"、"在 Bridge 中浏览"、"保存"、"全部保存"、"打印代码"、"剪切"、"复制"、"粘贴"、"撤消"和"重做"。若要显示"标准"工具栏，请选择"查看"→"工具栏"→"标准"命令。

图 10-7　标准工具栏

（4）编码工具栏。仅在"代码"视图中显示。包含可用于执行多项标准编码操作的按钮。

（5）样式呈现工具栏。默认为隐藏状态。包含一些按钮，如果使用依赖于媒体的样式表，则可使用这些按钮查看用户的设计在不同媒体类型中的呈现效果。它还包含一个允许用户启用或禁用层叠式样式表（CSS）样式的按钮。

（6）文档窗口。显示用户当前创建和编辑的文档。

（7）"属性"检查器。用于查看和更改所选对象或文本的各种属性。每个对象具有不同的属性。在"编码器"工作区布局中，"属性"检查器默认是不展开的。

（8）标签选择器。位于"文档"窗口底部的状态栏中。显示环绕当前选定内容的标签的层次结构。单击该层次结构中的任何标签可以选择该标签及其全部内容。

（9）面板。帮助用户监控和修改工作。例如，"插入"面板、"CSS 样式"面板和"文件"面板。若要展开某个面板，请双击其选项卡。若当前为关闭状态，请在"窗口"菜单中选择相应的命令打开。

1）"插入"面板（见图 10-8）。包含用于将图像、表格和媒体元素等各种类型的对象插入到文档中的按钮。每个对象都是一段 HTML 代码，允许用户在插入它时设置不同的属性。例如，用户可以在"插入"面板中单击"表格"按钮，以插入一个表格。如果用户愿意，可以不使用"插入"面板而使用"插入"菜单来插入对象。

2）"文件"面板（见图 10-9）。用于管理文件和文件夹，无论它们是 Dreamweaver 站点的一部分还是位于远程服务器上。"文件"面板还使用户可以访问本地磁盘上的全部文件，非常类似于 Windows 资源管理器（Windows）或 Finder（Macintosh）。

说明：Dreamweaver CS5 还提供了许多此处未说明的其他面板，如"历史记录"面板和代码检查器等，大家可以在学习中领会它们的用法。大多数面板可以一起停靠在面板组中。使用"窗口"菜单可以打开 Dreamweaver CS5 面板、检查器和窗口。如果用户找不到一个标记为打开的面板、检查器或窗口，请选择"窗口→层叠（或水平平铺，垂直平铺）"命令可以整齐地列出全部打开的面板。

图 10-8　"插入"面板

图 10-9　"文件"面板

10.1.3　"常规"参数的设置

常规参数用来选择控制 Dreamweaver CS5 的常规外观。更改常规参数的步骤如下：

（1）选择"编辑→首选参数"命令，弹出如图 10-10 所示的对话框。

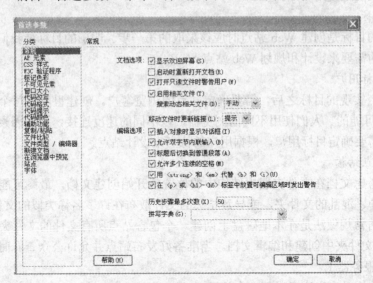

图 10-10　"首选参数"对话框

（2）单击左侧窗口的"常规"选项。

（3）"常规"参数选择分为两个子类："文档选项"和"编辑选项"。具体设置请读者自己尝试。

10.1.4　在多用户系统中自定义 Dreamweaver CS5

在多用户操作系统（如 Windows NT、Windows 2000 和 Windows XP）中，可以自定义 Dreamweaver CS5 以适合自己的需要。Dreamweaver CS5 能够防止任何用户的自定义配置影响到任何其他用户的自定义配置。为了达到这个目的，当首次在 Dreamweaver CS5 可以识别的某个多用户操作系统中运行它时，该应用程序将创建各种配置文件的拷贝。这些用户配置文件存储在一个文件夹中。例如，在 Windows XP 中，它们存储在 C:\Documents and Settings\ username\Application Data\Adobe\Dreamweaver\zh_CN\Configuration 中（可能在一个隐藏文件夹中）。

10.2　本地站点的建立

Web 站点是一组具有共享属性（如相关主题、类似的设计或共同目的）的链接文档。Macromedia Dreamweaver CS5 是一个站点创建和管理工具，因此使用它不仅可以创建单独的文档，还可以创建完整的 Web 站点。为了达到最佳效果，在创建任何 Web 站点页面之前，应对站点进行设计和规划。关于远程站点的知识我们将在后面详细讲解，此处介绍站点的规划设计和本地站点的建立过程。

10.2.1　关于站点的规划和设计

在 Dreamweaver CS5 中，站点这个术语可以指 Web 站点，也可以指用来存储属于 Web 站点文档的本地硬盘上的文件夹。当开始考虑创建 Web 站点时，应该按照一系列的规划步骤进行，才能确保成功地使用站点。

1. 确定目标

确定站点的目标是创建 Web 站点时应该采取的第一步。明确的目标使我们可以集中注意力，针对特定的需要来设计和规划 Web 站点。

2. 选择目标用户

确定了站点实现的目标之后，需要确定站点的浏览客户。创建世界上每个人都能使用的 Web 站点是不可能的。人们使用不同的浏览器，以不同的速度连接，这些因素都会影响站点的使用。因此需要确定目标用户，根据用户的特点来设计站点。

3. 组织站点结构

如果没有考虑文档在文件夹层次结构中的位置就开始创建文档，最终可能会导致一个充满了文件的臃肿、混乱的文件夹，或导致相关的文件散布在许多名称类似的文件夹中。

设置站点的常规做法是在本地磁盘上创建一个包含站点所有文件的文件夹（称作本地站点），然后在该文件夹中创建和编辑文档。当准备好发布站点并允许公众查看时，再将这些文件拷贝到 Web 服务器上。

组织站点结构时，应注意以下 3 个问题：

（1）将站点分成类别，把相关的页面放在同一文件夹中。

（2）将图像和声音文件等项目放在指定的文件夹中，以便于文件的查找定位。例如，将所有图像放在 Images 文件夹中，当在页面中插入图像时，就可以方便地找到它。

（3）本地站点和远程 Web 站点应该具有完全相同的结构。如果使用 Dreamweaver CS5 创建本地站点，然后将全部内容上传到远程站点，则 Dreamweaver CS5 确保在远程站点中精确拷贝本地结构。

4. 设计外观

页面布局和设计保持一致非常重要。如果在实际使用 Dreamweaver 开始工作之前规划了设计和布局，在以后的设计中就可以节省许多时间。根据所需的站点布局外观，在纸上画一个草图或使用诸如 Fireworks 等软件创建站点的合成图。重要的是要有一个布局和设计的实物模型，以便以后建立站点时可以按照它来操作。如图 10-11 所示是一个学校站点首页的设计布局图。

学校徽标	欢迎词（动画）
导航栏	
局部导航栏	新闻通告栏
版权声明	

图 10-11　页面布局举例

5．设计导航方案

设计站点时，应考虑如何使访问者能够方便地从一个区域移动到另一个区域。具体考虑以下几点：明确"当前位置"；建立搜索和索引栏；提供与网站管理员的联系方法。

6．规划和收集资料

完成了设计和布局后，就可以创建和收集需要的资源了。资源可以是图像、文本或媒体等项目。在开始开发站点前，请确保收集了所有这些项目并做好了准备；否则，可能为找不到一幅图像而中断开发过程。

10.2.2　本地站点的建立与编辑

1．创建本地文件夹

本地文件夹是 Dreamweaver CS5 站点的工作目录。此文件夹可以位于本地计算机上，也可以位于网络服务器上，它是为 Dreamweaver CS5 站点存储"过程"文件的位置。本地文件夹的结构要满足站点的设计和规划要求。

如图 10-12 所示，在本地计算机的 D 盘上建立如下结构的站点文件夹，用于存放站点文件。

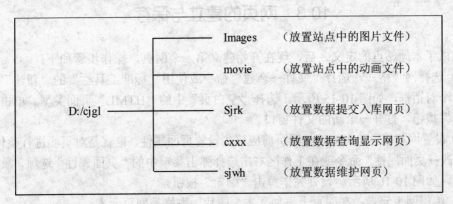

图 10-12　定义站点文件夹举例

2．定义本地站点

本地文件夹创建完成后，要通过 Dreamweaver CS5 的站点管理工具对它进行设置才能成为一个合法的 Dreamweaver CS5 本地站点。设置步骤如下：

（1）选择"站点→新建站点"命令，出现"站点设置对象"对话框。

（2）在当前对话框中设置如图 10-13 所示的"站点名称"以及"本地站点文件夹"。 注：所设置的"站点名称"即在"文件"面板和"管理站点"对话框中显示的名称。

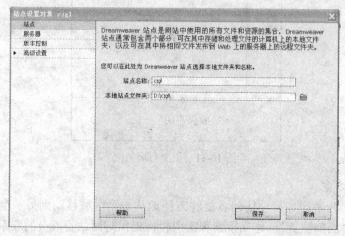

图 10-13　定义本地站点

（3）根据需要，可以选择"高级设置"下面的各项选项对初步设置的站点进行进一步的细化设置。如果未显示"高级设置"下面的各选项，请单击"高级设置"左面的黑色小三角，使其展开各选项。

（4）完成各项信息的设置后，单击"确定"按钮。

3．编辑 Dreamweaver CS5 站点

选择"站点→管理站点"命令，在弹出的如图 10-14 所示的对话框中选择一个站点，然后单击右侧的"编辑"按钮，可完成对该站点的编辑工作，过程和定义一个站点类似。

图 10-14　编辑站点

10.3　网页的建立与保存

在完成了本地站点的定义之后，现在开始建立第一个网页，操作步骤如下：

（1）选择网页格式。选择"文件→新建"命令或使用"标准工具栏"的"新建"按钮，则打开一个对话框，如图 10-15 所示。选择"空白页"中的"HTML"页面类型。单击右下角的"创建"按钮，打开一个新的文件窗口。

（2）设置网页属性。在编辑新网页前应该先设置页面属性，也就是对页面进行整体规划。选择"修改→页面属性"命令或在工作区右击选择弹出菜单中的"页面属性"选项，激活属性设置面板，如图 10-16 所示。设置完毕单击"确定"按钮。

（3）编辑网页元素。在网页上添加文本、图片、表格等网页元素。

（4）在网页中加注释。

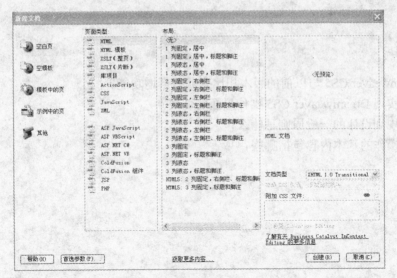

图 10-15　创建网页

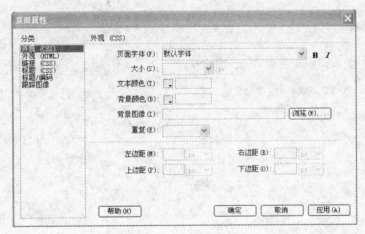

图 10-16　设置页面属性

1）选中插入注释的位置。

2）选择"插入→注释"命令，在窗口中输入注释内容。

3）编辑注释：双击页面中的注释图标即可进入编辑界面。

（5）保存网页，选择"文件→保存"命令，给网页命名并存入相应文件夹。

本章主要讲述了 Dreamweaver CS5 的新增功能、工作界面、站点的规划设计和 Dreamweaver CS5 的文件操作等知识。通过本章的学习使大家对 Dreamweaver CS5 的系统功能有一个全面认识，为后面的网站建设和网页设计奠定基础。充分利用系统的新增功能可大大提高网站建设的质量和效率；熟悉操作界面可充分发挥系统的技术特点；站点的规划设计和文件操作是整个站点建设的基础。

思考练习

1．Dreamweaver CS5 与以前的版本相比有哪些新增功能？
2．如何实现 Dreamweaver CS5 操作界面的切换？
3．站点规划设计的一般原则是什么？
4．文件操作的基本内容包括哪些？

第 11 章　设计页面布局

在编辑网页前应该首先对网页进行整体布局设置。合理的布局使网页看起来美观大方，并且便于网页元素的插入与编辑。本章主要讲述在 Dreamweaver CS5 中利用表格、布局视图、框架和层等可视化设计工具进行页面布局的过程。通过本章的学习，读者应掌握以下内容：

- 使用表格对页面进行布局
- 在布局模式中对页面进行布局
- 使用框架对页面进行布局
- 使用层对页面进行布局

11.1　使用表格对页面进行布局

表格是用在 HTML 页上显示表格式数据以及对文本和图形进行布局的强有力的工具。表格由一行或多行组成，每行又由一个或多个单元格组成。在创建表格之后，可以方便地修改其外观和结构。

11.1.1　创建表格

1. 插入表格

可以使用"插入"面板或"插入"菜单来创建一个新表格，具体步骤如下：

（1）在文档窗口的设计视图中，将插入点放在需要表格的位置。

（2）单击"插入"面板的"常用"类别中的"表格"按钮，或选择"插入→表格"命令。

（3）按需要设置表格参数，完成表格的创建。

2. 向单元格中添加内容

可以像 Word 等文本编辑器一样在表格单元格中添加文本和图像等元素。

3. 导入表格式数据

可以将在另一个应用程序（例如 Word、Excel 和记事本等）中创建的表格式数据导入到 Dreamweaver CS5 中并设置为表格的格式，操作步骤如下：

（1）选择"文件→导入→表格式数据"命令或选择"插入→表格对象→导入表格式数据"命令，即会出现如图 11-1 所示的"导入表格式数据"对话框。

（2）在该对话框中，输入有关包含数据的文件的信息。

图 11-1　导入表格式数据

11.1.2　表格的编辑

1. 选择表格元素

可以一次选择整个表、行、列或在表格中选择一个连续的单元格块，还可以选择表格中多个不相邻的单元格并修改这些单元格的属性。

（1）选择整个表格：单击表格的左上角或者单击右上角或底部边缘的任意位置。

（2）选择行或列：首先定位鼠标指针使其指向行的左边缘或列的上边缘，当鼠标指针变为选择箭头时，单击选择行或列，或拖动选择多个行或列。

（3）选择矩形的单元格块：将鼠标从一个单元格拖到另一个单元格。

（4）选择不相邻的单元格：按住 Ctrl 键的同时单击要选择的单元格、行或列，则该单元格会被选中。如果它已经被选中，则再次单击会将它从选择中删除。

2. 设置表格和单元格的格式

可以通过设置表格及表格单元格的属性或将预先设置的设计应用于表格来更改表格的外观。若要设置表格中文本的格式，可以对所选的文本应用格式设置或使用样式。

（1）关于表格格式设置中的冲突。当在设计视图中对表格进行格式设置时，可以设置整个表格或表格中所选行、列或单元格的属性。如果将整个表格的某个属性（例如背景颜色或对齐）设置为一个值，而将单个单元格的属性设置为另一个值，则单元格格式设置优先于行格式设置，行格式设置又优先于表格格式设置，即表格格式设置的优先顺序为：单元格>行>表格。

（2）查看和设置表格属性。

● 选择一个表格。

● 选择"窗口→属性"命令，打开属性检查器。

● 通过设置属性更改表格的格式设置。

3. 调整表格的大小

通过拖动选择控制点可以调整整个表格或单个行和列的大小，当调整整个表格的大小时，表格中的所有单元格按比例更改大小。

说明：如果表格的单元格指定了明确的宽度或高度，则调整表格大小会在文档窗口中更改单元格的可视大小，而不更改这些单元格的指定宽度和高度。

4. 更改列宽和行高

通过使用属性检查器或拖动列或行的边框，可以更改列宽或行高。还可以使用代码视图直接在 HTML 代码中更改单元格的宽度和高度。

说明：可以按像素或百分比指定宽度和高度，并且可以在像素和百分比之间互相转换。

5．添加和删除行和列

添加、删除行和列应首先确定操作的位置，即选定当前的行或列。

（1）添加及删除行和列，可以使用"修改→表格"子菜单中的命令。

（2）若要一次添加多行或多列，或者在当前单元格的下面添加行或在其右边添加列，请选择"修改→表格→插入行或列"命令，此时会出现"插入行或列"对话框。在该对话框中输入必要的信息，然后单击"确定"按钮。

（3）清除完整的行或列时，可以选中后，直接按 Delete 键，整个行或列将从表格中删除。

6．拆分或合并单元格

拆分或合并单元格可使用属性检查器左下角的工具或选择"修改→表格"子菜单中的命令。

7．嵌套表格

嵌套表格是放置在另一个表格的单元格中的表格，可以像对其他任何表格一样对嵌套表格进行格式设置，但是，其宽度受它所在单元格宽度的限制。

8．剪切、拷贝和粘贴单元格

可以一次剪切、拷贝或粘贴单个单元格或多个单元格，并保留单元格的格式设置。

11.1.3　对表格进行排序

可以根据单个列的内容对表格中的行进行排序，还可以根据两个列的内容执行更加复杂的表格排序。但不能对包含 COLSPAN 或 ROWSPAN 属性的表格（即包含合并单元格的表格）进行排序。

对表格进行排序的操作如下：

（1）选择表格（或单击任意单元格）。

（2）选择"命令→排序表格"命令即会出现如图 11-2 所示的"排序表格"对话框。

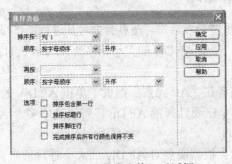

图 11-2　"排序表格"对话框

（3）在"排序表格"对话框中，指定排序的规则。

11.2　使用 AP Div 进行页面布局

11.2.1　AP Div 概述

Dreamweaver CS5 中的"AP Div"相当于 Dreamweaver 旧版本中的"层"，但是与之又有一定的区别，可以说是对层的一种升级。AP Div 可以理解为浮动在网页上的一个页面，它可以放置在页面中的任何位置，可以随意移动这些位置，而且它们的位置可以相互重叠，也可以任意控制 AP Div 的前后位置、显示与隐藏，因此大大加强了网页设计的灵活性。

在网页设计中，将网页元素放到 AP Div 中，然后在页面中精确定位 AP Div 的位置，可以实现网页内容的精确定位，使网页内容在页面上排列得整齐、美观、井井有条。

11.2.2　插入 AP Div

1. 插入基本 AP Div

在 Dreamweaver CS5 中有两种插入 AP Div 的方法。一种是通过菜单创建，一种是通过"插入"面板创建。

通过菜单方式创建：

在"设计"视图下，单击"插入→布局对象→AP Div"命令，即可实现基本 AP Div 的插入。

通过"插入"面板创建：

（1）在"插入"面板中选择"布局"项，单击"绘制 AP Div"命令，如图 11-3 所示。

图 11-3　插入面板绘制 AP Div

说明：若"插入"面板没有显示，单击"窗口"菜单，选择"插入"项，即可打开"插入"面板。

（2）单击"绘制 AP Div"按钮后，鼠标形状变为十字形，在页面中要插入 AP Div 的地方单击，拖动鼠标划出矩形区域，然后松开鼠标即可。

2. 插入多个 AP Div

如果需要在页面中依次插入多个 AP Div，则请按住 Ctrl 键，然后单击"插入"面板，选择"布局"项，单击"绘制 AP Div"按钮，便可以在页面中一次添加多个 AD Div。

11.2.3　AP Div 的基本操作

AP Div 是页面布局的重要手段，如何在页面中对其进行操作显得格外重要。AP Div 的基本操作主要包括选择 AP Div、调整 AP Div 的大小、移动 AP Div、对齐 AP Div 和删除 AP Div 等。

1. 选择 AP Div

单击 AP Div 的边框或者在"AP 元素"面板中单击 AP Div 的名称，都可以选中 AP Div。按住 Shift 键的同时，连续单击要选择的 AP Div，可以选中多个 AP Div。

2. 调整 AP Div 的大小

插入 AP Div 后，常常会根据需要对 AP Div 的大小进行适当调整。调整 AP Div 的大小有以下几种方法。

（1）选中 AP Div，拖曳 AP Div 上的控制点来改变 AP Div 的大小。

（2）选中 AP Div，按住 Ctrl 键的同时再按方向键，可以在相应的方向上每次增加一个像素。

（3）选中 AP Div，按住 Ctrl+Shift 组合键的同时再按方向键，可以在相应的方向上每次增加 10 个像素。

（4）选中 AP Div，在"属性"面板中的"左"、"上"、"宽"和"高"文本框中输入相应的数值，可以精确地控制 AP Div 的大小。

在文档的"设计"视图中，选择两个或多个 AP 元素。在属性面板中"多个 CSS-P 元素"的右边分别输入宽度的值（如：150px）和高度的值（如：300px），如图 11-4 所示，可以同时调整多个 AP Div 的大小。注意，一定要带上单位像素：px。

图 11-4　设置多个 AP Div 的大小

3.　移动 AP Div

在文档的"设计"视图中，可以移动一个 AP Div，也可以同时移动两个或者多个 AP Div。选择一个或者多个 AP 元素，执行下面的操作方法：

拖动：使用鼠标将选定的 AP Div 拖动到想放置的位置。如果同时选择了多个 AP Div，拖动最后选定的 AP Div 的选择手柄（以实心显示的方块）。

每次移动一个像素：按住箭头键移动。

按照网格靠齐增量来移动：按住 Ctrl+Shift 组合键，然后按箭头键。如果在"AP 元素"面板中，选择了"防止重叠"选项，那么在移动 AP 元素时将不能使该 AP 元素与另一个 AP 元素重叠。

4.　对齐 AP Div

在文档的"设计"视图中，选择要对齐的两个或者多个 AP 元素。单击"修改"菜单，选择"排列顺序"命令，在弹出的子菜单中选择对齐选项（左对齐、右对齐、上对齐或对齐下缘）。

例如，如果选择"对齐下缘"，所有选定的 AP 元素都会移动，使它们的下边框与最后一个被选定的 AP 元素（蓝色高亮显示）的下边框处于同一水平位置，如图 11-5 所示。

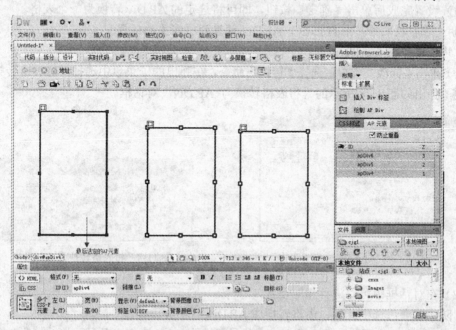

图 11-5　AP Div 的"对齐下缘"效果图

5.　删除 AP Div

在文档的"设计"视图中，或者在"AP 元素"的面板中，选择要删除的一个或者多个 AP Div 以后，按 Delete 键即可删除。

11.2.4   设置 AP Div 属性

选中所插入的 AP Div，在文档窗口下方的"属性"检查器中，就会显示出 AP Div 的属性。在"属性"面板中修改 AP Div 的相关属性，如控制 AP Div 在页面中的显示方式、大小、背景和可见性等，如图 11-6 所示。

图 11-6   AP Div 属性

说明：若"属性"面板没有显示，可通过选择"窗口→属性"命令，打开"属性"面板。

11.2.5   AP Div 与表格的转换

1. 将 AP Div 转换成表格

可以使用 AP Div 来排版网页，然后将 AP Div 转换为表格，以使网页能够在 Microsoft IE4.0 和 Netscape Navigator 4.0 之前的版本中正确显示。将 AP Div 转换为表格的操作步骤如下：

（1）单击"修改"菜单，选择"转换"命令，在弹出的子菜单中选择"将 AP Div 转换为表格"项，弹出如图 11-7 所示的"将 AP Div 转换为表格"对话框。

（2）在对话框中，进行相应的设置。

（3）设置完成后单击"确定"按钮，即可将选定的 AP Div 转换为一个表格。

说明：在转换之前，最好把各个 AP Div 放置到所需要的位置。

2. 将表格转换成 AP Div

（1）单击"修改"菜单，选择"转换"命令，在弹出的子菜单中选择"将表格转换为 AP Div"项，弹出如图 11-8 所示的"将表格转换为 AP Div"对话框。

图 11-7   将 AP Div 转换为表格

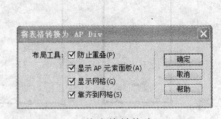

图 11-8   将表格转换为 AP Div

（2）在对话框中可以进行相应设置。

1）防止重叠：选中此项，表格转换成 AP Div 后不会重叠。

2）显示 AP 元素面板：选中此项，表格转换成 AP Div 后会自动显示"AP 元素"面板。

3）显示网格：选中此项，表格转换成 AP Div 后会显示网格线。

4）靠齐到网格：选中此项，表格转换成 AP Div 后，会自动使用"靠齐到网格"功能。

（3）设置完成后，单击"确定"按钮即可将表格转换成 AP Div。

11.3　使用框架对页面进行布局

11.3.1　框架（集）概述

1. 框架（集）的作用

就像"画中画"彩电一样，框架提供了将一个浏览器窗口划分为多个区域、每个区域都可以显示不同 HTML 文档的方法。使用框架的最常见的情况就是，一个框架显示包含导航控件的文档，而另一个框架显示含有内容的文档，如图 11-9 所示。

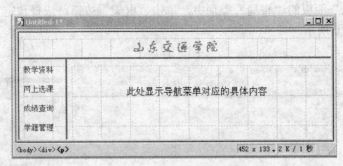

图 11-9　包含框架的网页

2. 什么是框架

框架是浏览器窗口中的一个区域，它可以显示与浏览器窗口的其余部分中所显示内容无关的 HTML 文档。

3. 什么是框架集

框架集是 HTML 文件，它定义一组框架的布局和属性，包括框架的数目、框架的大小和位置以及在每个框架中初始显示的页面的 URL。框架集文件本身不包含要在浏览器中显示的 HTML 内容，但 noframes 部分除外；框架集文件只是向浏览器提供应如何显示一组框架以及在这些框架中应显示哪些文档的有关信息。要在浏览器中查看一组框架，请输入框架集文件的 URL，浏览器随后打开要显示在这些框架中的相应文档。通常将一个站点的框架集文件命名为 index.html，以便当访问者未指定文件名时默认显示该名称。

说明：框架不是文件。显示在框架中的文档不是构成框架的一部分，任何框架都可以显示任何文档。

4. 框架页面的构成文档

如果一个站点在浏览器中显示为包含 3 个框架的单个页面，则它实际上至少由 4 个单独的 HTML 文档组成：框架集文件和 3 个网页文档，这 3 个文档包含在这些框架内初始显示的内容中。当在 Dreamweaver CS5 中设计使用框架集的页面时，必须全部保存这 4 个文件，以便该页面可以在浏览器中正常工作。

5. 框架页面的使用原则

并不是所有的浏览器都提供良好的框架支持，框架对于无法导航的访问者而言难以显示。所以，如果要使用框架，应始终在框架集中提供 noframes 部分，以方便不能查看这些框架的访问者。最好还要提供指向站点的无框架版本的显式链接，以用于那些虽然其浏览器支持框架但不喜欢使用框架的访问者。

11.3.2 创建框架和框架集

在 Dreamweaver CS5 中有两种创建框架集的方法：既可以自己设计框架集，也可以从若干预定义的框架集中选择。选择预定义的框架集将自动设置创建布局所需的所有框架集和框架。预定义的框架集只能在"文档"窗口的"设计"视图中插入。

1. 创建预定义的框架集

创建预定义的框架集操作步骤如下：

（1）插入点放置在文档中。

（2）执行下列操作之一：

● 在"插入"面板的"布局"类别中，单击"框架"按钮，选择预定义框架集的类型，如图 11-10 所示。

图 11-10　使用"插入"面板创建框架集

● 从"插入→HTML→框架"子菜单中选择预定义的框架集。

创建新的空预定义框架集的操作步骤如下：

（1）选择"文件→新建"命令。

（2）在"新建文档"对话框中，选择"示例中的页"类别。

（3）从"示例文件夹"列表中选择"框架页"，在"示例页"列表中选择需要的选项，单击"创建"按钮，如图 11-11 所示。

2. 编辑框架集

在编辑框架集前，应先选择"查看→可视化助理→框架边框"命令，使框架边框在"文档"窗口的"设计"视图中显示出来。

（1）将一个框架拆分成几个更小的框架，有以下几种方式：

● 要拆分插入点所在的框架，从"修改→框架集"子菜单选择拆分项。

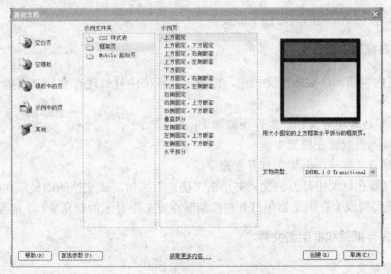

图 11-11　使用"新建文档"创建框架集

- 要以垂直或水平方式拆分一个框架或一组框架，请在鼠标变为双向箭头时，将框架边框从"设计"视图的边缘拖入"设计"视图的中间。
- 要使用不在"设计"视图边缘的框架边框拆分一个框架，请在按住 Alt 键的同时拖动框架边框。
- 要将一个框架拆分成 4 个框架，请将框架边框从"设计"视图一角拖入框架的中间。

（2）若要删除一个框架，可将框架的边框拖离页面或拖到父框架的边框上。如果正被删除的框架中的文档有未保存的内容，则 Dreamweaver CS5 将提示保存该文档。

说明：不能通过拖动边框完全删除一个框架集。要删除一个框架集，请关闭显示它的"文档"窗口。如果该框架集文件已保存，则删除该文件。

11.3.3　选择框架和框架集

要更改框架或框架集的属性，首先要选择框架或框架集。可以在"文档"窗口中选择框架或框架集，也可以通过"框架"面板进行选择。

当选择框架或框架集时，在"框架"面板和"文档"窗口的"设计"视图中都会在框架或框架集周围显示一个选择轮廓。

1. 在"框架"面板中选择框架和框架集

（1）选择"窗口→框架"命令，显示"框架"面板，如图 11-12 所示。

（2）在"框架"面板中单击选择框架。

（3）在"框架"面板中单击环绕框架集的边框，选择一个框架集。

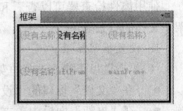

图 11-12　"框架"面板

2. 在"文档"窗口中选择框架和框架集

（1）要在当前选定内容的同一层次级别上选择下一框架（框架集）或前一框架（框架集），请在按住 Alt 键的同时按下左箭头键或右箭头键。

（2）选择父框架集（包含当前选定内容的框架集），请在按住 Alt 键的同时按上箭头键。

（3）要选择当前选定框架集的第一个子框架或框架集（即按其在框架集文件中定义顺序

中的第一个），按住 Alt 键的同时按下箭头键。

11.3.4　在框架中打开文档

通过将新内容插入框架的空文档中，或通过在框架中打开现有文档，来指定框架的初始内容。

要在框架中打开现有文档，操作步骤如下：

（1）将插入点放置在框架中。

（2）选择"文件→在框架中打开"命令。

（3）选择要在框架中打开的文档并单击"确定"按钮，该文档随即显示在框架中。

（4）要使文档成为在浏览器中打开框架集时在框架中显示的默认文档，请保存该框架集。

11.3.5　保存框架和框架集文件

1．保存框架集文件

在浏览框架页面之前，必须要保存框架集和框架文件。操作步骤如下：

（1）单击"文件"菜单，选择"保存全部"项，弹出"另存为"对话框，此时整个框架边框出现一个阴影框，因为阴影出现在整个框架集内侧，所以询问的是框架集的名称。在"文件名"文本框中输入文件名。

（2）单击"保存"按钮，保存整个框架集。

（3）在依次弹出的"另存为"对话框中输入对应的框架文件的名字。阴影出现在哪个框架内侧，就说明当前保存的是哪个框架。

根据需要，还可以按照下面的方法保存：

（1）在"框架"面板中单击周围的框架边框，选定所有框架，单击"文件→保存框架页"命令。

（2）将光标分别置于每一个框架中，选择"文件→保存框架"命令，弹出"另存为"对话框，在"文件名"文本框中输入相应的名称，单击"保存"按钮。

即可保存整个框架和框架集了。

2．保存在框架中显示的文档

操作步骤如下：

在框架中单击，然后选择"文件→保存框架"命令或"文件→框架另存为"命令。

11.3.6　设置框架（集）属性

使用属性检查器可以查看和设置大多数框架属性。要更改框架的背景颜色，请设置该框架中文档的背景颜色。

1．设置框架属性

（1）通过以下操作选择框架：

● 在"文档"窗口的"设计"视图中，按住 Alt 键的同时单击一个框架。

● 在"框架"面板中单击框架。

（2）打开属性检查器，设置框架属性。

2．设置框架集属性

（1）通过以下操作之一选择框架集：

- 在"文档"窗口的"设计"视图中单击框架集中两个框架之间的边框。
- 在"框架"面板中单击围绕框架集的边框。

（2）打开属性检查器，设置框架集属性。

11.4　使用 DIV+CSS 布局页面

CSS 是英语 Cascading Style Sheets（层叠样式表单）的缩写，它是一种用来表现 HTML 或 XML 等文件式样的计算机语言。

DIV+CSS 是网站标准（或称"Web 标准"）中常用的术语之一，通常为了说明与 HTML 网页设计语言中的表格（Table）定位方式的区别，因为 XHTML 网站设计标准中（XHTML 是目前国际上倡导的网站标准设计语言，XHTML 网站设计语言具有的基本特点，在 CSS＋DIV 架构中具有优势），不再使用表格定位技术，而是采用 DIV+CSS 的方式实现各种定位。

随着 Web2.0 标准化设计理念的普及，国内很多大型门户网站已经纷纷采用 DIV+CSS 布局方法。DIV+CSS 区别于传统的表格定位的形式，采用以"块"为结构的定位形式，用最简洁的代码实现精准的定位，也方便维护人员的修改和维护，优化了搜索引擎的搜索，也方便了 SEO 人员的优化工作。

我们将在后面的 12.1.2 小节中以实例的形式简要地介绍 DIV+CSS 布局的实现。

在编辑网页前应该首先对网页进行整体布局设置。合理的布局使网页看起来美观大方，并且便于网页元素的插入与编辑。常用的页面布局方式有表格布局、布局视图、框架布局、层布局等。其中表格布局是最基本的也是最常用的布局形式。框架布局和层布局由于受浏览器兼容性的限制，必须谨慎使用。

思考练习

1. 用表格方式布局一个页面。
2. 使用 AP Div 来设计、编辑页面布局。

第 12 章　网页元素的添加与编辑

本章主要讲述使用 Dreamweaver CS5 中的可视化工具向网页中添加和编辑文本、图像、表格、影片、声音和其他元素的过程。通过本章的学习，读者应掌握以下内容：

- 添加文本和设置文本格式
- 图像的添加与编辑
- 媒体的添加与编辑
- 表单的添加与编辑

12.1　添加文本和设置文本格式

Dreamweaver CS5 提供了多种向文档中添加文本和设置文本格式的方法。这里主要描述如何添加文本、设置字体类型、大小、颜色和对齐属性，以及 HTML 样式和层叠样式（CSS）的创建和应用。

12.1.1　文本元素的添加和编辑

1. 将文本添加到文档

有多种方法可以将文本添加到 Dreamweaver CS5 文档中。可以直接在 Dreamweaver CS5 文档窗口中输入文本，也可以从其他文档中剪切并粘贴或导入文本。具体方式如下：

- 直接在"文档"窗口中输入文本。
- 从其他应用程序中拷贝文本，然后在"文档"窗口的"设计"视图中，选择"编辑→粘贴"命令。
- 将文件（如 Microsoft Excel 文件或数据库文件）保存为分隔文本文件，可将表格式数据导入到文档中。

2. 添加空格和段落

（1）空格的添加：HTML 只允许字符之间包含一个空格，若要在文档中添加其他空格，必须添加连续空格。添加方式如下：

- 在全角输入法状态下直接利用空格键添加空格。
- 选择"编辑→首选参数"命令，在"常规"类别中选中"允许多个连续的空格"，然后用空格键就可以直接添加空格了。

（2）段落的添加：直接用 Enter 键可添加一个新的段落。按 Shift+Enter 键可实现段内换行。

3. 文本格式的编辑

文本格式的编辑可通过属性检查器和插入面板等多种方式进行。

（1）属性检查器：启动属性检查器，如图 12-1 所示。

图 12-1　文本属性检查器

通过"属性"面板可以设置文本的段落格式、字体、字号、颜色、对齐方式和缩进等属性。操作过程与其他文本处理软件类似，不再详述。

（2）"文本"插入面板：应用"插入"面板的"文本"选项卡也可对字体、字号、格式（如粗体、斜体、代码和下划线）等进行设置，如图 12-2 所示。

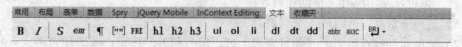

图 12-2　"文本"插入面板

在"设计"视图窗口中选择一部分文本，再单击如图 12-1 或者图 12-2 所示中的按钮，就可以给这一部分文本添加相应的格式，即为其添加了一个 HTML 标签，单击"代码"视图，在"代码"视图窗口中可以看到刚才添加的 HTML 标签。

4. 编辑字体列表

使用"编辑字体列表"命令可以设置出现在属性检查器和"格式→字体"子菜单中的字体组合。

（1）通过菜单修改字体组合。选择"格式→字体→编辑字体列表"命令，弹出"编辑字体列表"对话框，如图 12-3 所示。

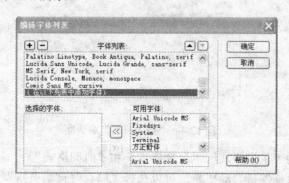

图 12-3　"编辑字体列表"对话框

从对话框顶部的列表中选择字体组合。所选组合中的字体在对话框左下角的"选择的字体"列表中列出。右侧是系统上安装的所有可用字体的列表。若要向字体组合中添加字体或从中删除字体，请单击"选择的字体"列表和"可用字体"列表之间的箭头按钮（<< 或>>）。

若要添加或删除字体组合，请单击对话框顶部的加号（+）或减号（-）；若要添加系统上未安装的字体，请在"可用字体"列表下面的文本域中键入字体名称，然后单击<<按钮将它添加到组合中；若要在列表中上下移动字体组合，请单击对话框顶部的箭头按钮。

（2）通过"属性"面板修改字体组合。通过单击"属性"面板中"字体"列表最后的列表项"编辑字体列表"，启动"编辑字体列表"对话框。具体操作不再重复。

说明：在 Dreamweaver CS5 中，属性检查器中的各种属性都按照类别划分到相应的 HTML 代码和 CSS 样式标签下。"字体"列表在"CSS 样式"分类下。

5．创建新列表

创建新列表的步骤如下：

（1）将添加点放在要添加列表的位置，然后执行下列操作之一：

- 单击属性检查器中的"项目列表"或"编号列表"按钮。
- 选择"格式→列表"命令，然后选择所需的列表类型："项目列表"、"编号列表"或"定义列表"。指定列表项的前导字符出现在文档窗口中。

（2）添加列表项文本，然后按 Enter 键创建其他列表项。

（3）若要完成列表，按两次 Enter 键。

另外，也可以使用现有文本创建列表：

（1）选择一系列段落组成一个列表。

（2）单击属性检查器中的"项目列表"或"编号列表"按钮，或选择"格式→列表"命令，然后选择所需的列表类型："项目列表"、"编号列表"或"定义列表"。

6．日期的添加

Dreamweaver CS5 提供了方便的日期、特殊字符和水平线等对象。这些对象可以通过菜单或"插入"面板方便地添加至文档。具体操作如下：

（1）在"文档"窗口中，将添加点放在要添加对象的位置。

（2）选择"插入→日期"命令（或者单击"插入"面板"常用"类别下的 ⊞ 日期 按钮），弹出如图 12-4 所示的"插入日期"对话框。

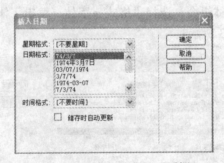

图 12-4　"插入日期"对话框

（3）选择合适的"星期格式"、"日期格式"和"时间格式"。

（4）如果想让日期保持自动更新，可以选择"储存时自动更新"选项。

（5）单击"确定"按钮完成。

7．水平线和特殊字符的添加

（1）在"文档"窗口中，将添加点放在要添加对象的位置。

（2）选择"插入→HTML→水平线"命令插入水平线，或者选择"插入→HTML→特殊字符"菜单下的字符类型来插入相应的特殊字符。

也可以在"插入"面板中选择"文本"选项卡，切换到文本插入栏，单击文本插入栏的字符按钮 ⊠·，可以向网页中插入相应的特殊符号。

12.1.2　层叠样式（CSS）的应用

1．CSS 样式概述

CSS 样式表是一系列格式规则，它们控制网页内容的外观。使用 CSS 样式可以非常灵活并更好地控制确切的网页外观，从精确的布局定位到特定的字体和样式。要使网页的文本大小不受浏览器设置的控制，应使用 CSS 样式定义网页中的文本。

CSS 样式可以控制许多仅用 HTML 无法控制的属性。例如，可以指定自定义列表项目符号并指定不同的字体大小和单位（像素、点数等）。

CSS 样式的主要优点是提供便利的更新功能。更新 CSS 样式时，使用该样式的所有文档的格式都自动更新为新样式。

2．CSS 样式面板

在 Dreamweaver CS5 中，"CSS 样式"面板用于创建、查看样式属性以及将样式属性附加到文档。除了所创建的样式和样式表外，还可以使用 Dreamweaver CS5 附带的样式表对文档应用样式。

显示"CSS 样式"面板的方式如下：

● 选择"窗口→CSS 样式"命令，如图 12-5 所示。

● 按 Shift+F11 键。

3．创建新的 CSS 样式

（1）单击"CSS 样式"面板右上角的扩展按钮，选择下拉列表中的"新建"菜单，打开"新建 CSS 规则"对话框，如图 12-6 所示。

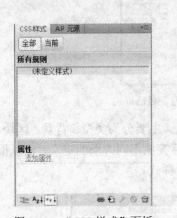
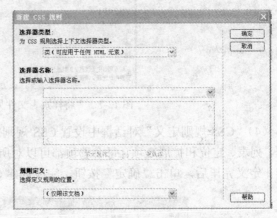

图 12-5　"CSS 样式"面板　　　　　图 12-6　"新建 CSS 规则"对话框

在"选择器类型"选项中，可以选择创建 CSS 样式的方法，包括以下 4 种：

1）类（可应用于任何 HTML 元素）：可以在文档窗口的任何区域或文本中应用类样式，如果将类样式应用于一整段文字，那么会在相应的标签中出现 CLASS 属性，该属性值即为类样式的名称。

2）ID（仅应用于一个 HTML 元素）：ID 选择器的使用方法与类选择器基本相同。不同之处在于 ID 选择器只能在 html 页面中使用一次，因此，它的针对性更强。

3）标签（重新定义特定标签的外观）：重新定义 HTML 标记默认格式。我们可以针对某一个标签来定义层叠样式表，也就是说，定义的层叠样式表将只应用于选择的标签。例如，我们为<body>和</body>标签定义了层叠样式表，那么所有包含在<body>和</body>标签的内容将遵循定义的层叠样式表。

4）复合内容（基于选择的内容）：它是一种可以同时影响两个或多个标签、类或 ID 的复合规则。

（2）为新建 CSS 样式输入或选择名称、标记或选择器，其中：

对于自定义样式，其名称必须以点（.）开始，如果没有输入该点，则 DW 会自动添加上。自定义样式名可以是字母与数字的组合，但点（.）之后必须是字母。

对于重新定义 HTML 标记，可以在"标签"下拉列表中输入或选择重新定义的标记。

对于复合内容样式，可以在"选择器"下拉列表中输入或选择需要的选择器。

（3）在"规则定义"区域选择定义的样式位置，可以是"新建样式表文件"或"仅对该文档"。单击"确定"按钮，如果选择了"新建样式表文件"选项，会弹出"将样式表文件另存为"对话框，如图 12-7 所示。给样式表命名，保存后，会弹出"CSS 规则定义"对话框，如图 12-8 所示。如果选择了"仅对该文档"，则单击"确定"按钮后，直接弹出"CSS 规则定义"对话框，在其中设置 CSS 样式。

图 12-7　"将样式表文件另存为"对话框

（4）"CSS 规则定义"对话框中设置 CSS 规则定义。主要分为类型、背景、区块、方框、边框、列表、定位和扩展 8 项。每个选项都可以对所选标签做不同方面的定义，可以根据需要设定。定义完毕后，单击"确定"按钮，完成创建 CSS 样式。

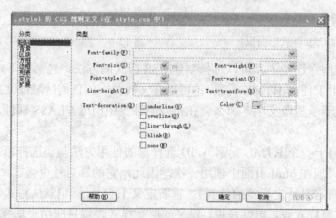

图 12-8　"CSS 规则定义"对话框

4. 编辑 CSS 样式

选中需要编辑的样式类型，选择图 12-5 中的"编辑"项或直接单击"编辑样式"按钮，在弹出的"CSS 规则定义"对话框中修改相应的设置。编辑完成后单击"确定"按钮，CSS

样式就编辑完成了。

5. 应用自定义（Class）CSS 样式

右击在网页中被选中的元素，在弹出的快捷菜单中选择"CSS 样式"，在其子菜单中选择需要的自定义样式。

6. 将自定义样式从选定内容中删除

选择要删除样式的对象或文本，然后执行以下操作之一：

● 在属性检查器中，根据需要单击"CSS"按钮以切换到"CSS 模式"，然后在"目标规则"弹出式菜单中选择"删除类"。

● 右击，在弹出的快捷菜单中选择"CSS 样式"→"无"命令。

7. 附加样式表

CSS 样式表是一个包含样式和格式规范的外部文本文件。编辑外部 CSS 样式表时，链接到该 CSS 样式表的所有文档全部更新以反映所做的更改。可以导出文档中包含的 CSS 样式以创建新的 CSS 样式表，然后附加或链接到外部样式表以应用那里所包含的样式。

链接或导出外部 CSS 样式表的步骤如下：

（1）在"CSS 样式"面板中，单击扩展按钮■中的"附加样式表"菜单，出现"链接外部样式表"对话框，如图 12-9 所示。

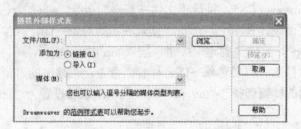

图 12-9   "链接外部样式表"对话框

（2）在"链接外部样式表"对话框中，单击"浏览"按钮选择外部 CSS 样式表，或在"文件/URL"框中键入样式表的路径。在"添加为"后的单选按钮中选择其中的一个选项：

● 若创建当前文档和外部样式表之间的链接，则选择"链接"。该选项在 HTML 代码中创建一个 link href 标签，并引用已发布的样式表所在的 URL。

● 若引用外部样式表，则选择"导入"。该选项在 HTML 代码中创建一个 @import 标签，并引用已发布的样式表所在的 URL。此方法对 Netscape Navigator 无效。

（3）单击"确定"按钮。外部 CSS 样式表的名称随即出现在"CSS 样式"面板中，前面有一个外部样式表标识符。

8. 设置 CSS 样式参数

CSS 样式参数选择控制 Dreamweaver CS5 如何编写定义 CSS 样式的代码。选择"编辑→首选参数"命令，单击左侧分类的"CSS 样式"即可设置要应用的 CSS 样式选项。

9. DIV+CSS 页面布局实例

利用 CSS 样式可以方便的控制网页布局，下面通过一个简单的实例让读者了解如何运用 Div+CSS 进行网页布局设计。

本实例的页面结构相对简单，如图 12-10 所示，页面分为上、左和右 3 部分，使用固定宽度和高度来布局整个页面，并将页面设计成居中的布局方式。

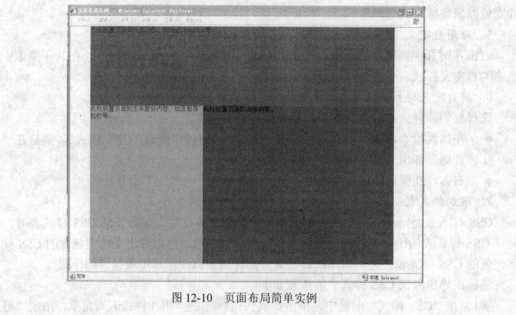

图 12-10　页面布局简单实例

实例制作步骤如下：

（1）打开 Dreamweaver CS5，执行"文件→新建"命令，创建一个新的 HTML 文档。

（2）光标移至页面设计视图中，单击"插入→布局对象→Div 标签"命令，将弹出的对话框中的 ID 设为"top"，单击"确定"按钮，插入 top 层。

（3）再次单击"插入→布局对象→Div 标签"命令，在弹出的对话框中设置插入选项为"在标签之后"，后面的标签选择"<div id="top">"，ID 选项设置为"left"，单击"确定"按钮，插入"left"层。

（4）参照上一步，在 left 层后插入"main"层。

（5）在设计视图中，将光标置于"top"层中，单击"属性"面板中的"编辑规则"命令，在弹出的"新建 CSS 规则"对话框中，设置规则定义的位置为"新建样式表文件"，单击"确定"按钮，在弹出的"将样式表文件另存为"窗口中，输入样式表的文件名。此处输入 div（.css），单击"保存"按钮。

（6）在弹出的"#top 的 CSS 规则定义"窗口中，单击"背景"分类，将右侧的 background-color 属性设置为红色。单击"方框"分类，将右侧的 width 属性设置为"800px"，height 属性设置为"200px"，float 属性默认。

（7）参照第（4）、（5）两步，将"left"层的 background-color 属性设置为绿色。width 属性设置为 300px，height 设置为 400px，float 属性设置为"left"；将"main"层的 background-color 属性设置为蓝色。width 属性设置为 500px，height 设置为 400px，float 属性设置为"left"。

按 F12 键预览，此时会看到页面布局没有居中。下面的操作将会使整个页面布局居中显示。

（8）将光标置于设计视图，在标签选择器中选择<body>标签，单击"插入→布局对象→Div 标签"命令，在弹出的对话框中设置插入选项为"在选定内容旁换行"，在 ID 属性文本框中输入"box"，单击"确定"按钮，即可在前面建立的 3 个 div 层外插入 box 层。

（9）在标签选择器中选择<div#box>，单击"属性"面板中的"CSS 面板"，打开"CSS 样式"面板，单击面板右下角的"新建 CSS 规则"按钮后单击"确定"按钮，出现"#box 的 CSS 规则定义"对话框。

（10）选择对话框左侧的"方框"分类，将右侧 Margin 设置区域的"全部相同"选项去掉勾选，并设置 left 和 right 属性值均为"auto"。width 和 height 属性分别设置为 800px，600px。

（11）单击"确定"按钮，按 F12 键预览。

12.2　图像的添加与编辑

图像通常用来添加图形界面（例如导航按钮）、形象直观的内容（例如照片）或交互式设计元素（例如鼠标经过图像或图像地图）。在 Dreamweaver CS5 中，可以在"设计"视图或"代码"视图中将图像添加到文档。

12.2.1　添加图像

在将图像添加到文档时，Dreamweaver CS5 自动在 HTML 源代码中生成对该图像文件的引用。为了确保此引用的正确性，该图像文件必须位于当前站点中。如果图像文件不在当前站点中，Dreamweaver CS5 会询问是否要将此文件拷贝到当前站点中。

添加图像的步骤如下：

（1）将添加点放置在要显示图像的地方，然后执行以下操作之一：

● 在"插入"面板的"常用"类别中单击"图像"图标 📧。

● 选择"插入→图像"命令，弹出"选择图像源文件"对话框，如图 12-11 所示。

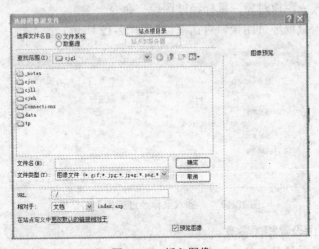

图 12-11　插入图像

（2）在出现的对话框中执行下列操作之一：

● 选择"文件系统"以选择一个图形文件。

● 选择"数据源"以选择一个动态图像源文件。

（3）浏览选择要添加的图像或内容源文件。

（4）在属性检查器中设置该图像的属性。

12.2.2　图像的编辑

1．对齐图像

使用图像属性检查器设置图像相对于同一段落或行中其他元素的对齐方式。可以将图像与同一行中的文本、另一个图像、插件或其他元素对齐。还可以使用对齐按钮（左对齐、右对齐、居中对齐）设置图像的水平对齐方式。

2. 调整图像大小

可以在 Dreamweaver CS5 的"文档"窗口的"设计"视图中以可视化的形式调整元素的大小，这些元素包括图像、插件、Macromedia Shockwave 或 Flash 影片、applets 和 ActiveX 控件等。可视调整大小可以帮助用户确定元素在不同尺寸时如何影响布局。

3. 创建鼠标经过图像

鼠标经过图像是一种在浏览器中查看并使用鼠标指针移过它时发生变化的图像。鼠标经过图像实际上由两个图像组成：主图像（当首次载入页时显示的图像）和次图像（当鼠标指针移过主图像时显示的图像）。鼠标经过图像中的这两个图像应大小相等。如果这两个图像大小不同，Dreamweaver CS5 将自动调整第二个图像的大小以匹配第一个图像的属性。不能在 Dreamweaver 的"文档"窗口中看到鼠标经过图像的效果。若想要看到鼠标经过图像的效果，请按 F12 键在浏览器中预览该页，然后将鼠标指针滑过该图像。

创建鼠标经过图像的操作步骤如下：

（1）在"文档"窗口中，将添加点放置在要显示鼠标经过图像的位置。

（2）使用以下方法之一添加鼠标经过图像：

● 在"插入"面板中选择"常用"标签，然后单击"图像"图标 右边的箭头，打开下拉列表，在里面选择"鼠标经过图像"命令。

● 选择"插入→图像对象→鼠标经过图像"命令。

随即显示"插入鼠标经过图像"对话框，如图 12-12 所示。

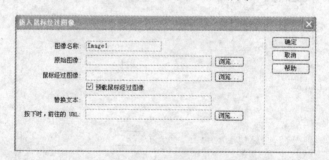

图 12-12　"插入鼠标经过图像"对话框

（3）在对话框中设置相关参数。

说明：如果希望图像预先载入浏览器的缓存中，以便用户将鼠标指针滑过图像时不发生延迟，请选择"预先载入图像"选项；在"替代文本"中，为使用只显示文本的浏览器的访问者输入描述该图像的文本提示；在"按下时，前往的 URL"文本框中，单击"浏览"按钮并选择文件，或者键入在用户单击鼠标经过图像时要打开的文件的路径。

（4）完成设置后，单击"确定"按钮。

12.3　媒体的添加与编辑

Dreamweaver CS5 可以方便地向 Web 站点添加声音和影片，且可以添加和编辑多媒体文件和对象。

12.3.1　添加 Flash 动画

1. 添加 Flash

操作步骤如下：

（1）在"文档"窗口的"设计"视图中，将添加点放置在要添加影片的地方，然后执行以下操作之一：

- 在"插入"面板的"常用"类别中单击"媒体" ⬧ 右侧的箭头，在打开的下拉菜单中选择"SWF"图标 ▪ 。
- 选择"插入→媒体→SWF"命令。

（2）弹出"选择 SWF"对话框，选择想要添加的 swf 文件。单击"确定"按钮后，关闭"选择 SWF"对话框。弹出如图 12-13 所示的"对象标签辅助功能属性"对话框。在"标题"后面的文本框中输入一段提示文本，单击"确定"按钮。当鼠标停留在 SWF 文件上面时，会出现这一提示信息。

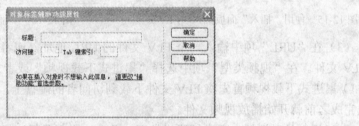

图 12-13　"对象标签辅助功能属性"对话框

插入的 Flash 动画并不会在文档窗口中显示内容，而是以一个带有字母 F 的灰色框来表示。在文档窗口单击这个 Flash 文件，就可以在"属性"面板中设置它的属性了，如图 12-14 所示。

图 12-14　设置 Flash 属性

勾选"循环"复选框时影片将连续播放，否则影片在播放一次后自动停止。通过勾选"自动播放"复选框后，可以设定 Flash 文件是否在页面加载时就播放。

在"品质"下拉列表中可以选择 Flash 影片的画质，若以最佳状态显示，就选择"高品质"。

"对齐"下拉列表用来设置 Flash 动画的对齐方式。为了使页面的背景在 Flash 下能够衬托出来，我们可以使 Flash 的背景变为透明。单击"属性"面板中"Wmode"后的下拉列表，选择 Wmode 的参数值为"透明"。这样在任何背景下，Flash 动画都能实现透明背景的显示。

2. 插入 FLV

操作步骤如下：

（1）在"文档"窗口的"设计"视图中，将光标放置到要插入 FLV 文件的位置，然后单击"插入"菜单，选择"媒体"命令，在弹出的子菜单中选择"FLV"项。

或者在"插入"面板中选择"常用"项，单击"媒体"按钮，选择"FLV"项，如图 12-15 所示。

（2）选择"FLV"项后，弹出"插入 FLV"对话框，如图 12-16 所示。

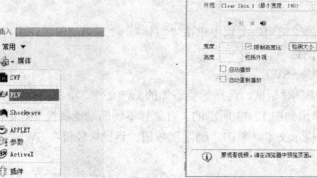

图 12-15　使用"插入"面板插入"FLV"　　　　图 12-16　"插入 FLV"对话框

（3）在"URL"项中输入一个 FLV 文件的 URL 地址，或者单击"浏览"按钮，选择一个 FLV 文件。在"视频类型"项中选择"累进式下载视频"或者"流视频"。

1）累进式下载视频首先将 FLV 文件下载到访问者的硬盘上，然后再进行播放。它允许在下载完成之前就开始播放视频文件。

2）流视频是对视频内容进行流式处理，并在一段可确保流畅播放的很短的缓冲时间后在网页上播放该内容。

（4）单击"确定"按钮，关闭"插入 FLV"对话框。

12.3.2　添加 Shockwave 影片

Shockwave 是 Web 上用于交互式多媒体的 Macromedia 标准，是一种经压缩的格式。它使在 Macromedia Director 中创建的多媒体文件能够被快速下载，而且可以在大多数常用浏览器中进行播放。

添加 Shockwave 影片的操作步骤如下：

（1）在"文档"窗口中，将添加点放置在要添加 Shockwave 影片的地方，然后执行以下操作之一：

- 在"插入"面板的"常用"类别中，单击"媒体"后面的下拉列表，然后单击 Shockwave 图标。
- 选择"插入→媒体→Shockwave"命令。

（2）在显示的"选择文件"对话框中，选择一个影片文件。

（3）在属性检查器中，分别输入影片的宽度和高度。

12.3.3　添加 Applet 和 ActiveX 控件

Java 是一种允许开发并可以嵌入 Web 页面的编程语言。Java Applet 是在 Java 的基础上演变而成的应用程序，它可以嵌入到网页中用来完成一定的任务。Java Applet 小程序创建以后，Dreamweaver CS5 可以将它插入到 HTML 文档中，并使用 Applet 标签来标识对小程序文件的引用。

　　ActiveX 控件是对浏览器能力的扩展，ActiveX 控件仅在 Windows 系统上的 IE 浏览器中运行。ActiveX 控件的作用和插件的作用是相同的，它可以在不发布浏览器新版本的情况下扩展浏览器的能力。

　　Applet 的添加操作及 ActiveX 控件的添加操作与影片的基本相同，读者可参照进行。

　　说明：对于 Java 编程不熟悉的网页设计人员，可以借助第三方的小软件（如 Anfy），来实现 Java Applet 的自动生成。

12.3.4　向页面添加声音

　　可以采用不同的方法将多种类型的声音文件和格式加入 Web 页面。在确定采用哪一格式和方法添加声音前，需要考虑以下一些因素：添加声音的目的、观众、文件大小、声音品质和不同浏览器中的差异。

　　说明：浏览器不同，处理声音文件的方式也会有很大差异和不一致的地方。最好将声音文件添加到 Flash 影片，然后嵌入 SWF 文件以改善一致性。

　　1．关于音频文件格式

　　下面介绍常见的音频文件格式以及每一种格式在 Web 设计上的一些优缺点。

　　（1）.midi 或.mid（乐器数字接口）格式用于器乐。许多浏览器都支持 MIDI 文件并且不要求插件。尽管其声音品质非常好，但根据访问者声卡的不同，声音效果也会有所不同。很小的 MIDI 文件也可以提供较长时间的声音剪辑。MIDI 文件不能被录制并且必须使用特殊的硬件和软件在计算机上合成。

　　（2）.wav（Waveform 扩展名）格式文件具有较好的声音品质，许多浏览器都支持此类格式文件并且不要求插件。可以从 CD、磁带、麦克风等录制自己的 WAV 文件。但是，其较大的文件限制了在 Web 页面上使用声音的长度。

　　（3）.aif（音频交换文件格式，即 AIFF）格式与 WAV 格式类似，也具有较好的声音品质，大多数浏览器都可以播放它并且不要求插件。可以从 CD、磁带、麦克风等录制 AIFF 文件。但是，较大的文件限制了在 Web 页面上使用声音的长度。

　　（4）.mp3（运动图像专家组音频，即 MPEG-音频层-3）格式是一种压缩格式，它可令声音文件明显缩小。其声音品质非常好：如果正确录制和压缩 MP3 文件，其质量甚至可以和 CD 质量相媲美。这一新技术使用户可以对文件进行"流式处理"，以便访问者不必等待整个文件下载完成即可收听该文件。若要播放 MP3 文件，访问者必须下载并安装辅助应用程序或插件，例如 QuickTime、Windows Media Player 或 RealPlayer。

　　（5）.ra、.ram、.rpm 或 Real Audio 格式具有非常高的压缩程度，文件大小要小于 MP3。全部歌曲文件可以在合理的时间范围内下载。其声音品质比 MP3 文件声音品质要差，访问者必须下载并安装 RealPlayer 辅助应用程序或插件才可以播放这些文件。

　　2．链接到音频文件

　　链接到音频文件是将声音添加到 Web 页面的一种简单而有效的方法。这种集成声音文件的方法可以使访问者能够选择他们是否要收听该文件，并且使文件可用于最广范围的观众（某些浏览器可能不支持嵌入的声音文件）。

　　创建音频文件链接的操作步骤如下：

　　（1）选择要用作指向音频文件的热点文本或图像。

（2）在属性检查器中，单击文件夹图标以进行浏览来找到音频文件，或者在"链接"域中键入文件的路径和名称。

3. 嵌入声音文件

嵌入音频将声音播放器直接并入页面中，但访问者必须具有所选声音文件的适当插件后，声音才可以播放。如果要将声音用作背景音乐，或者想要对声音演示本身进行更多控制，则可以嵌入文件。例如，可以设置音量、播放器在页面上显示的方式以及声音文件的开始点和结束点。

嵌入音频文件的操作步骤如下：

（1）在"设计"视图中，将添加点放置在要嵌入文件的地方，然后执行以下操作之一：

● 在"插入"面板的"常用"类别中，单击"媒体"按钮的下拉列表，然后单击"插件"图标 ❄。

● 选择"插入→媒体→插件"命令。

（2）在弹出的"选择文件"对话框中，选择一个本地的声音文件，单击"确定"按钮将其添加到页面中。

（3）通过在适当的域中输入值或者通过在"文档"窗口中调整插件占位符的大小，输入宽度和高度（这些值确定音频控件在浏览器中以多大的大小显示）。

12.4　表单的添加与编辑

表单提供了访问者与 Web 站点进行信息交互的窗口。通过它，一方面用户可以从服务器查询信息，另一方面 Web 页可以从用户收集信息，然后将这些信息提交给服务器进行处理。表单可以包含允许用户进行交互的各种对象。这些表单对象包括文本域、列表框、复选框和单选按钮等，如图 12-17 所示。

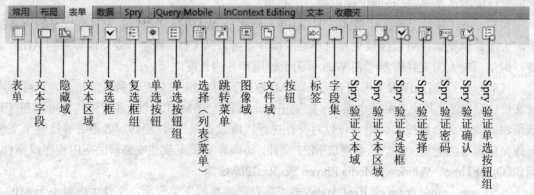

图 12-17　表单的添加

1. 认识表单

通常表单的工作过程如下：

（1）访问者在浏览有表单的页面时，可填写必要的信息，然后单击"提交"按钮。

（2）这些信息通过 Internet 传送到服务器上。

（3）服务器上专门的程序对这些数据进行处理，如果有错误会返回错误信息，并要求纠正错误。

（4）当数据完整无误后，服务器反馈一个输入完成信息。

一个完整的表单包含两个部分：

（1）一个是在网页中进行描述的表单对象。

（2）二是应用程序，它可以是服务器端的，也可以是客户端的，用于对客户信息进行分析处理。

在创建表单对象之前，必须首先在页面中添加表单，操作步骤如下：

（1）将光标放在希望插入表单的位置。

（2）选择"插入→表单"命令，或选择"插入"面板上的"表单"类别，然后单击"表单"图标。

（3）在"文档"窗口中，单击该表单轮廓以选择该表单，或者在标签选择器中选择 <form>标签。

（4）在"属性检查器"的"表单名称"域中，键入一个唯一名称以标识该表单，如图 12-18 所示。

图 12-18　表单属性

（5）在属性检查器的"动作"域中，指定服务器上处理该表单的动态页或脚本的路径。可以在"动作"域键入完整路径，也可以单击文件夹图标选择应用程序页。

（6）在"方法"弹出式菜单中选择将表单数据传输到服务器的方法。表单"方法"有：

- POST：在 HTTP 请求中嵌入表单数据。大量数据传递用此办法。
- GET：将值追加到请求该页的 URL 中。适合少量变量值的传递。
- 默认：使用浏览器的默认设置将表单数据发送到服务器。通常，默认方法为 GET 方法。

（7）"编码类型"下拉菜单选择表单数据在被发送到服务器之前应该如何加密编码。

（8）"目标"下拉菜单指定一个窗口，在该窗口中显示调用程序所返回的数据。

如果命名的窗口尚未打开，则打开一个具有该名称的新窗口。目标值有：

- _blank：在新窗口中打开目标文档。
- _new：在新窗口中打开目标文档。
- _parent：在显示当前文档的窗口的父窗口中打开目标文档。
- _self：在提交表单所使用的窗口中打开目标文档。
- _top：在当前窗口的窗体内打开目标文档。此值可用于确保目标文档占用整个窗口，即使原始文档显示在框架中。

说明：表单中使用 target=_new 和使用 target=_blank 都表示在新窗口打开提交数据的页面，二者的不同之处在于_new 始终在同一个新窗口打开，而_blank 始终在不同的新窗口中打开。

2．文本域

文本域是用户在其中输入文本的表单对象。添加文本域的步骤如下：

（1）将添加点放在表单轮廓内。

（2）在"插入"面板中选择"表单"选项卡，单击"文本区域"图标 。在弹出的"输入标签辅助功能属性"对话框中单击"确定"按钮，文本域出现在文档中。

（3）使用鼠标单击插入的"文本区域"表单控件，启动属性检查器，设置文本域属性，如图 12-19 所示。

（4）选择文本域类型。文本域有 3 种类型：

图 12-19　文本域属性

- 单行文本域，通常提供单字或短语响应，如姓名或地址。
- 多行文本域，为访问者提供一个较大的区域，供其输入较多的内容。
- 密码域，当用户在密码域中键入时，所输入的文本被替换为星号或项目符号，以隐藏该文本，保护这些信息不被看到。

（5）选择类型后，进行以下操作完成对文本域的设置：

- 在"文本域"标签下，为文本域输入一个唯一名称。
- 输入文本域的字符宽度和最大字符数（多行文本指定行数、字符宽度等）。
- 输入文本域初始值。

（6）若要为页面内的域添加标签，请将添加点放在该对象的旁边，然后输入需要的任何文本。

3. 复选框

复选框允许用户从一组选项中选择多个选项。添加复选框的操作步骤如下：

（1）将添加点放在表单轮廓内，然后执行下列操作之一：

- 选择"插入→表单→复选框"命令。
- 在"插入"面板的"表单"选项卡中，单击"复选框"图标 ☑。

（2）在属性检查器的"复选框名称"域中，为该复选框键入一个唯一的描述性名称。

（3）在"选定值"域中为复选框键入值。例如，在一项调查中，可以将值 4 设置为表示非常同意，值 1 设置为表示强烈反对。

（4）对于"初始状态"，如果希望在浏览器中首次载入该表单时有一个选项显示为选中状态，请单击"已选中"。

4. 单选按钮（组）

在要求用户从一组选项中只能选择一个选项时，要使用单选按钮。单选按钮通常成组地使用。一个组中的所有单选按钮必须具有相同的名称，而且必须包含不同的域值。

将多个单选按钮作为一组添加的操作步骤如下：

（1）将添加点放在表单轮廓内。

（2）使用下列方法之一，添加"单选按钮组"表单对象：

- 在"插入"面板的"表单"选项卡中，单击"单选按钮组"图标 ▦。
- 选择"插入→表单→单选按钮组"命令。

出现如图 12-20 所示的"单选按钮组"对话框。

（3）在对话框中输入按钮组的唯一名称，增删按钮项，选择按钮的布局方式（使用换行符或使用表格）。如果是一个关于性别选择的单选按钮组，则对话框的设置应如图 12-20 所示。设置完成后，单击"确定"按钮。

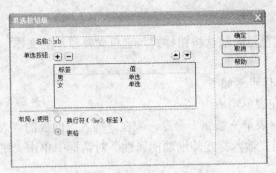

图 12-20　"单选按钮组"对话框

5. 滚动列表

滚动列表可以在有限的空间中显示多个选项。用户可以滚动整个列表，并选择其中的选项。

创建滚动列表的操作步骤如下：

（1）将添加点放在表单轮廓内。

（2）在"插入"面板的"表单"类别中，单击"选择（列表/菜单）"图标 。在弹出的"输入标签辅助功能属性"对话框中单击"确定"按钮，滚动列表即出现在文档中。

（3）使用鼠标单击插入的"选择（列表/菜单）"表单控件，启动属性检查器，设置列表属性，如图 12-21 所示。

图 12-21　"列表/菜单"属性

- 在"列表→菜单"选择域中，为该列表输入一个唯一名称。
- 在"类型"下，选择"列表"或"菜单"。
- 选择"列表"时，要在"高度"域中输入一个数字，指定该列表将显示的行（或项）数。如果希望允许用户选择该列表中的多个项，请选中"允许多选"。
- 单击"列表值"按钮，弹出如图 12-22 所示的对话框。在对话框中添加"项目标签"和"值"。"项目标签"是在列表中显示的文本，"值"是用户选择该项时将发送到服务器的数据"值"。如当"汽车系"被选中时，提交的变量值为 1。完成向列表中添加项后，单击"确定"按钮，关闭"列表值"对话框。

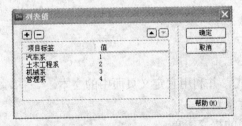

图 12-22　添加列表值

（4）为了在默认情况下使用列表中的一项，在属性检查器的"初始化时选定"域中选择该项。

6. 标准表单按钮

标准表单按钮为浏览器的默认按钮样式，它包含要显示的文本。标准表单按钮通常标记为"提交"、"重置"或"发送"。

创建表单按钮的操作步骤如下：

（1）将添加点放在表单轮廓内。

（2）选择"插入→表单→按钮"命令，或在"插入"面板的"表单"类别中，单击"按钮"图标　。在弹出的"输入标签辅助功能属性"对话框中单击"确定"按钮，一个按钮即出现在文档中。

（3）使用鼠标单击插入的"按钮"表单控件，启动属性检查器，如图 12-23 所示。在"按钮名称"域中，输入按钮名称。

图 12-23　表单按钮属性

（4）在"标签"域中输入希望在该按钮上显示的文本。

（5）从"动作"部分选择一种操作。可用的操作有：

● 提交表单：单击该按钮，将表单提交给服务器端的程序进行处理。

● 重设表单：单击该按钮，重设表单。

● 无：单击该按钮，根据处理脚本激活一种操作。若要指定某种操作，从"文档"窗口的状态栏选择 Form 标签来选择该表单，并显示"表单属性"检查器。在"动作"弹出式菜单中选择处理该表单的脚本或页面。

7. 其他表单对象

隐藏域主要用来传递不希望在页面上显示的变量值，图像域主要用来传递图像信息。还有其他的一些对象，它们的使用过程这里不再详述，请读者参考其他的专门书籍。

本章小结

在 Dreamweaver CS5 可视化环境中向网页上添加文本、图片、表格、影片、声音和其他元素的操作非常简单，但在添加元素前应对网页进行详细规划并熟练掌握各元素的属性，才能充分发挥各元素的表现力。表单元素是一类特殊的元素，它在动态交互网页设计中是数据交互的界面。

思考练习

1. 创建一个 CSS 样式，并利用它定义页面中的文本。

2. 给一个网页加上背景音乐。

3. 制作一个学生成绩的提交表单。

第13章 链接、库与模板

一个站点一般由许多页面构成，只有把页面链接起来，才便于用户浏览。链接是互联网的核心技术。库与模板是网页设计的有力工具，通过它们可以充分利用共享资源提高设计效率。本章主要讲述如何将各页链接到一起，并在各页之间重复使用设计元素的相关知识。通过本章的学习，读者应掌握以下内容：

- 文档路径的类型
- 链接的建立与管理过程
- 库与模板的建立与使用

13.1 链接

13.1.1 链接的创建与管理

在设置了存储 Web 站点文档的 Dreamweaver CS5 站点和创建了 HTML 页后，需要创建从一个网页向另一个网页跳转的链接。链接一般由链接热点、链接目标和链接指示标志 3 部分构成。

Dreamweaver CS5 提供多种创建超文本链接的方法，可创建由文本、图像等链接热点到文档、图像、多媒体文件或可下载软件等链接目标的链接；也可以建立到文档内任意位置的任何文本或图像（包括标题、列表、表、层或框架中的文本或图像）的链接。

若要直观地查看文件是如何链接在一起的，可使用站点地图。在站点地图中，可以向站点添加新文档、创建和删除文档链接以及检查到相关文件的链接。

1. 关于文档位置和路径

每个网页都有一个唯一的地址，称作统一资源定位器（URL）。不过，当创建本地链接（即从一个文档到同一站点上另一个文档的链接）时，通常不指定要链接到的文档的完整 URL，而是指定一个起自当前文档或站点根文件夹的相对路径。使用 Dreamweaver CS5，可以方便地选择链接创建路径的类型。

（1）绝对路径。绝对路径提供所链接文档的完整 URL，而且包括所使用的协议（如对于网页，通常使用 http://）。例如，http://www.macromedia.com/support/dreamweaver/ contents.html 就是一个绝对路径。链接到其他服务器上的文档必须使用绝对路径。本地链接（即到同一站点内文档的链接）也可使用绝对路径链接，但一般不采用这种方式，因为一旦将此站点移动到其他域，则所有本地绝对路径链接都将断开。

（2）文档相对路径。文档相对路径对于大多数 Web 站点的本地链接来说是最适用的路径。在当前文档与所链接的文档处于同一站点内，而且可能保持这种状态的情况下，文档相对路径特别方便。

- 若要链接到与当前文档处在同一文件夹中的其他文件，只需输入文件名即可。
- 若要链接到当前文档所在文件夹的子文件夹中的文件，只需提供子文件夹的名称，后跟一个正斜杠（/），再后是该文件的名称即可。
- 若要链接到当前文档所在文件夹的父文件夹中的文件，请在文件名前添加../（此处的".."表示"在文件夹层次结构中上移一级"）。

说明：应始终先保存新文件，然后再创建文档相对路径，因为如果没有一个确切的起点，文档相对路径无效。

若成组地移动一组文件，例如移动整个文件夹时，该文件夹内所有文件保持彼此间的相对路径不变，此时不需要更新这些文件间的文档相对链接。但是，当移动含有文档相对链接的单个文件，或者移动文档相对链接所链接到的单个文件时，则必须更新这些链接（如果使用"站点"面板移动或重命名文件，则 Dreamweaver CS5 将自动更新所有相关链接）。

（3）站点根目录相对路径。站点根目录相对路径提供从站点的根文件夹到文档的路径。如果在处理使用多个服务器的大型 Web 站点，或者在使用承载有多个不同站点的服务器时，则可能需要使用这些类型的路径。 站点根目录相对路径以一个正斜杠开始，该正斜杠表示站点根文件夹。

例如：/support/tips.html 是文件（tips.html）的站点根目录相对路径，该文件位于站点根文件夹的 support 子文件夹中。

若要使用站点根目录相对路径，请首先在 Dreamweaver CS5 中定义一个本地文件夹，方法是选择一个本地根文件夹，作为服务器上文档根目录的等效项。Dreamweaver CS5 用该文件夹来确定文件的站点根目录相对路径。

2. 创建链接

在一个文档创建链接前必须把该文档存盘，这样才能确定相对路径的基点。创建链接的基本方法如下：

（1）创建到其他文档或文件（如图形、影片、PDF 或声音文件）的链接，可使用下列任一方法：

- 在"文档"窗口中，选择热点文本或页面元素，然后使用"修改→创建链接"命令，选择要链接到的文件。
- 如图 13-1 所示，启动属性检查器，选择文档中的热点文本或页面元素，然后使用属性检查器文件夹图标或者使用"指向文件"图标，来选择要链接到的文件，或者键入该文件的路径。

若要创建外部链接（到其他站点上文档的链接），必须在属性检查器的"链接"域中键入完整的绝对路径（包括适当的协议，如：http://）。

图 13-1　利用属性检查器建立链接

（2）创建跳转到文档内特定位置的锚链接。

- 将光标插入要跳转到的位置，选择"插入→命名锚记"命令，或者单击"插入"面板"常用"类别下的"命名锚记"按钮，在弹出的"命名锚记"对话框中的"锚记名称"文本框中输入一个锚记的名称，单击"确定"按钮，如图 13-2 所示。

- 如需要，可通过属性检查器修改锚标记名称。

- 选择热点文本或页面元素，在属性检查器的"链接"域中输入"#+锚标记名"（如标记名为 a，则应输入"#a"）或拖动"链接"下拉列表框后面的"指向文件"按钮，指向锚标记。

（3）创建电子邮件链接，此类链接新建一个收件人地址已经填好的空白电子邮件。

- 将光标插入要建立电子邮件链接处，单击"插入"面板"常用"类别中的"电子邮件链接"图标，弹出如图 13-3 所示的对话框。

图 13-2　"命名锚记"对话框

图 13-3　创建电子邮件链接

- 在对话框中填入链接文本和要链接的电子邮件地址，单击"确定"按钮完成设置。可建立电子邮件链接。

3. 管理链接

在本地站点内移动或重命名文档时，Dreamweaver CS5 可自动更新链接。在 Dreamweaver CS5 中启用链接管理的操作步骤如下：

（1）选择"编辑→首选参数"命令，出现"首选参数"对话框。

（2）从左侧的分类列表中选择"常规"，出现"常规"参数选择选项，如图 13-4 所示。

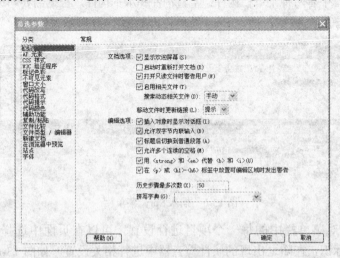

图 13-4　"常规"参数选择选项

（3）在"文档选项"部分，从"移动文件时更新链接"弹出式菜单中选择"总是"或者"提示"。

选择"总是"，则每当移动或重命名选定文档时，将自动更新所有链接。

选择"提示"，则每当移动或重命名选定文档时，将首先显示一个对话框，列出此更改影响到的所有文件。单击"更新"按钮可更新这些文件中的链接，而单击"不更新"按钮将保留原文件不变。

（4）单击"确定"按钮，完成设置。

说明： 为了加快更新过程，Dreamweaver CS5 可创建一个缓存文件，用以存储有关本地文件夹中所有链接的信息。在"站点定义"对话框中选择"启用缓存"选项就会创建此缓存文件。

13.1.2 链接的应用

1. Spry 菜单栏

菜单栏构件是一组可导航的菜单按钮，当站点访问者将鼠标悬停在其中的某个按钮上时，将显示相应的子菜单。使用菜单栏构件可在紧凑的空间中显示大量的可导航信息，并使站点访问者无需深入浏览站点即可了解站点上提供的内容。

使用 Spry 菜单栏的具体操作步骤如下：

（1）将光标置于页面中，选择"插入→布局对象→Spry 菜单栏"命令，或者单击"插入"面板"布局"类别下的"Spry 菜单栏"按钮，弹出如图 13-5 所示的"Spry 菜单栏"对话框。

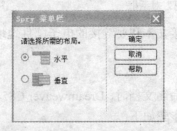

图 13-5　"Spry 菜单栏"对话框

（2）在对话框中有两种菜单栏构件：重直构件和水平构件，根据需要勾选相应的单选按钮。

（3）单击"确定"按钮，插入 Spry 菜单栏，如图 13-6 所示。

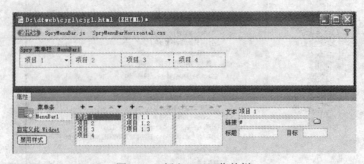

图 13-6　插入 Spry 菜单栏

（4）如果要对菜单栏中的每一个项目进行设置，可以在页面中选择"Spry 菜单栏：MenuBar1"蓝色标识，在随之出现的属性检查器中进行相关设置。如图 13-6 所示，用户一共可以为菜单栏设置三级菜单。

（5）若要对菜单栏中每一个菜单进行设置，用户可以将其中一个菜单选中，然后在属性检查器中进行设置，如图 13-7 所示。选中单个菜单的方法是：将鼠标指针移到需要选择的项目处，在该项目周围出现红色的线框时单击，即可选中。被选中的项目会被一个蓝色的边框标识。

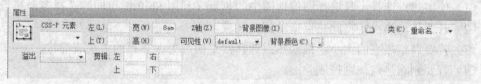

图 13-7　菜单栏单个项目的属性设置

2．创建图像地图

图像地图指已被分为多个区域（或称"热点"）的图像。当用户单击某个热点时，会发生某种操作（例如，打开一个新文件）。如图 13-8 所示是一个含有图像地图的网页，当在中国地图上单击不同的省（市）名称时，会打开链接的下级页面。

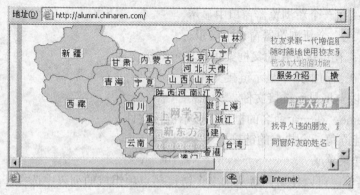

图 13-8　图像地图

创建图像地图的操作步骤如下：

（1）在文档窗口中选择图像。

（2）在属性检查器中单击右下角的展开箭头，查看所有属性。

（3）在左下角"地图"域中，为此图像地图键入一个唯一的名称。

说明：如果在同一文档中使用多个图像地图，要确保每个地图都有唯一的名称。

（4）选择圆形（或矩形、多边形）工具，将鼠标指针拖至图像上，创建圆形（或矩形、多边形）热点区域。

（5）单击热点区域，在属性检查器中建立该区域的链接，如图 13-9 所示。

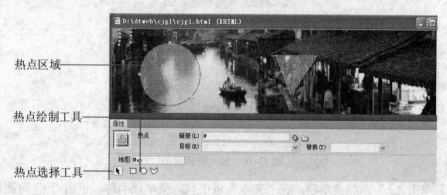

图 13-9　创建图像地图

修改图像地图的操作步骤如下：

（1）使用热点选择工具选择图像地图中的热点（利用 Shift 键可同时选择多个热点）。

（2）若要移动热点，将此热点拖动到新区域。

（3）若要调整热点的大小，拖动热点选择器手柄，更改热点的大小或形状。

（4）若要删除热点，则按删除键。

3．创建框架集中的链接

前面我们已经讲过框架的作用与建立过程。如果要真正实现框架的作用，还需要在框架集中建立链接。在框架中建立链接的过程如下：

（1）选择左框架中的热点文字。

（2）通过"属性检查器"选择链接目标文档。

（3）在"属性检查器"的链接"目标"域中选择目标的显示形式：

● _blank：在一个新浏览器窗口中显示。

● _new：在一个新浏览器窗口中显示。

● _parent：在链接所在的父框架集中显示链接文件。

● _self：在当前框架中显示链接文件。

● _top：以全屏显示链接文件。

● mainframe：在一个命名的框架中显示链接文件。

（4）依次建立每一个热点的链接。

4．创建跳转菜单

通过跳转菜单，可以使访问者从由多个链接热点项组成的列表中选择一项，跳转到其他页面。当空间有限，但需要显示许多链接项或需要把链接项集中归类时，跳转菜单非常有用。如图 13-10 所示，是一个含有跳转菜单的网页。

创建跳转菜单的操作步骤如下：

（1）将光标定位到文档的合适位置。

（2）在"插入"面板的"表单"类别中，单击"跳转菜单"图标，弹出如图 13-10 所示的设置对话框。

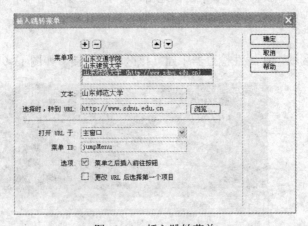

图 13-10　插入跳转菜单

（3）单击"+"添加菜单项，在"文本"域中输入菜单项名称。单击"–"可删除当前菜单项，右侧的上下箭头可调整菜单项的上下顺序。

（4）在"选择时，转到 URL"域中输入或选择该菜单项链接的网页。

（5）在"打开 URL 于"域中选择链接网页打开的位置。

（6）在"菜单 ID"域中输入菜单对象的唯一名称。

（7）在"选项"域中选择相应的模式，此处选中"菜单之后插入前往按钮"。

（8）设置完成后，单击"确定"按钮。

预览跳转菜单，如图 13-11 所示。

图 13-11　跳转菜单预览

13.2　库项目

13.2.1　认识"库"项目

库是一种特殊的 Dreamweaver 文件，其中包含已创建的可在网页上单独使用的"资源"。例如，如果想让页面具有相同的标题和脚注，但具有不同的页面布局，可以使用库项目存储标题和脚注，然后在多个页面中链接相同的标题和脚注。库项目是可以在多个页面中重复使用的存储页面元素；当更改某个库项目时，所有使用该项目的页面都可以自动更新。

可以将各种各样的页面元素，如图像、表格、声音和 Flash 影片等存储成库项目。每当编辑某个库项目时，可以自动更新所有使用该项目的页面。

使用库项目时，Dreamweaver CS5 不是在网页中插入库项目，而是向库项目中插入一个链接。

13.2.2　创建和编辑库项目

1．创建库项目

可以从文档 body 部分中的任意元素创建库项目，这些元素包括文本、表格、表单、Java applets、插件、ActiveX 元素、导航条和图像。

创建库项目的操作步骤如下：

（1）选择文档中要存为库项目的元素。

（2）执行下列操作之一：

● 选择"窗口→资源"并将选定内容拖动到"资源"面板的"库"类别中，如图 13-12 所示。

● 单击"资源"面板底部的"新建库项目"按钮（在"库"类别中）。

图 13-12　创建库项目

● 　选择"修改→库→增加对象到库"命令。

（3）输入新的库项目的名称。每个库项目都在站点本地根文件夹的"库"文件夹中保存为一个单独的文件（文件扩展名为 .lbi）。

2. 编辑库项目

当更改库项目时，可以选择更新使用该项目的所有文档。如果选择不更新，那么文档将保持与库项目的关联；可以在以后选择"修改→库→更新页面"菜单来更新它们。

（1）编辑库项目的操作步骤如下：

1）选择"窗口→资源"命令，出现"资源"面板，选择"库"类别。

2）选择库项目。库项目的预览出现在"资源"面板的顶部，不能在预览中进行任何编辑。

3）单击"资源"面板底部的"编辑"按钮或双击库项目，Dreamweaver CS5 将打开一个用于编辑该库项目的新窗口。

4）编辑库项目，然后保存更改。

5）在出现的如图 13-13 所示的对话框中，选择是否更新本地站点上那些使用编辑过的库项目的文档：

图 13-13　更新项目对话框

● 　单击"更新"按钮将更新本地站点中所有包含编辑过的库项目的文档。

● 　单击"不更新"按钮将不更改任何文档，直到使用"修改→库→更新当前页"或"更新页面"再行更改。

（2）在"资源"面板中重命名库项目的操作步骤如下：

1）单击一次该库项目的名称，以将其选中。

2）稍作暂停之后，再次单击。

3）输入新的库名称后，单击别处或者按 Enter 键，Dreamweaver CS5 将询问是否要更新使用该项目的文档。

- 若要更新站点中所有使用该项目的文档，请单击"更新"按钮。
- 若要避免更新任何使用该项目的文档，请单击"不更新"按钮。

（3）从库中删除库项目的操作步骤如下：

1）在"资源"面板的"库"类别中选择该项目。

2）单击"删除"按钮并确认想要删除该项目。

说明：请务必小心。删除一个库项目后，将无法使用"撤消"来找回它。但可以重新创建它，如下一过程所述。删除库项目时将从库中删除该项，但不会更改任何使用该项的文档的内容。

（4）重新创建缺少或已删除的库项目的操作步骤如下：

1）从某个文档中选择该项目的一个实例。

2）在属性检查器中单击"重新创建"按钮。

13.2.3　使用库项目

（1）在文档中将光标插入需要链接库项目的位置。

（2）选择"窗口→资源"命令，启动"资源"面板，单击"库"类别图标📖。

（3）单击面板底部的"插入"按钮或将预览区的库项目直接拖入文档中。

（4）单击插入的项目将出现一个如图 13-14 所示的"属性"对话框，按钮功能如下：

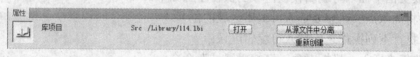

图 13-14　库项目"属性"对话框

- 打开：打开编辑库项目。
- 从源文件中分离：断开与库项目的链接，成为独立的网页元素。
- 重新创建：重新创建一个库项目。

13.3　模板

Dreamweaver CS5 模板是一种特殊类型的文档，用于设计"锁定的"页面布局。模板创作者设计页面布局，并在模板中创建可在基于模板的文档中进行编辑的区域。

模板最强大的用途之一在于一次更新多个页面。从模板创建的文档与该模板保持连接状态，可以修改模板并立即更新所有基于该模板的文档中的设计。

13.3.1　创建编辑模板

1．创建模板

可以从现有文档创建模板，也可以从新建的空文档创建模板。

创建模板的操作步骤如下：

（1）在文档窗口中打开想要另存为模板的文档，方法是执行下列操作之一：

- 若要打开一个现有文档，请选择"文件→打开"命令并选择该文档。
- 若要打开一个新的空文档，请选择"文件→新建"命令。

（2）文档打开时，选择"文件→另存为模板"命令。

（3）在出现的对话框中，从"站点"弹出式菜单中选择一个用来保存模板的站点，并在"另存为"文本框中为模板输入一个唯一的名称，如图 13-15 所示。

图 13-15　"另存模板"对话框

（4）单击"保存"按钮。

2. 创建可编辑区域

可编辑模板区域控制基于模板的页面中的哪些区域可以编辑。层和层的内容是单独的元素。使层可编辑时可以更改层的位置及其内容，而使层的内容可编辑时只能更改层的内容而不是位置。若要选择层的内容，请在该层内单击并选择"编辑→全选"命令。若要选择该层，请确保显示了不可见元素，然后单击代表层的位置的图标。

在模板文档中插入可编辑模板区域的操作步骤如下：

（1）将插入点放在想要插入可编辑区域的位置。

（2）执行下列操作之一插入可编辑区域：

● 选择"插入→模板对象→可编辑区域"命令。

● 右击所选文本或对象，然后从弹出菜单中选择"新建可编辑区域"。

● 在"插入"面板的"常用"类别中选择"模板"按钮，然后单击下拉菜单中的"可编辑区域"。

出现"新建可编辑区域"对话框，如图 13-16 所示。

（3）在"名称"文本框中为该区域输入唯一的名称（不能对特定模板中的多个可编辑区域使用相同的名称）。

图 13-16　"新建可编辑区域"对话框

（4）单击"确定"按钮，可编辑区域在模板中由高亮显示的矩形边框围绕，如图 13-17 所示。

图 13-17　可编辑区域

该区域左上角的选项卡显示该区域的名称。如果在文档中插入空白的可编辑区域，则该区域的名称会出现在该区域内部。

3．删除可编辑区域

如果已经将模板文件的一个区域标记为可编辑，而现在想要再次锁定它（使其不可编辑），操作步骤如下：

（1）在文档或标签选择器中，选择想要更改的可编辑区域。

（2）选择"修改→模板→删除模板标记"命令。

13.3.2　应用模板

在设置了模板设计之后，可向空文档或已包含内容的文档应用模板。

1．在"新建文档"对话框中创建基于模板的文档

（1）选择"文件→新建"命令，打开"新建文档"对话框。

（2）在"新建文档"对话框中选择"模板中的页"选项卡。

（3）在"站点"列表中选择包含想要使用的模板的站点。

（4）在列表中选择想要使用的模板。

（5）单击"创建"按钮，创建一个基于模板的新页面。

2．从"资源"面板中的模板创建新文档

（1）如果"资源"面板尚未打开，请将其打开（"窗口"→"资源"）。

（2）在"资源"模板中，单击"模板"图标查看站点模板。

说明：如果我们刚刚创建了想要应用的模板，可能需要单击"刷新"按钮才能看到。

（3）右击想要应用的模板，然后选择"从模板新建"。

3．将模板应用到现有文档

（1）选择"文件→打开"命令，打开将要应用模板的文档。

（2）执行下列操作之一：

● 在"文档"窗口中单击，然后选择"修改→模板→应用模板到页"命令。从列表中选择一个模板并单击"选择"按钮。

● 在"资源"面板的"模板"类别中选择模板，然后单击"应用"按钮。

● 将模板从"资源"面板的"模板"类别拖动到"文档"窗口的"设计"视图中。

（3）如果文档中有不能自动指定到模板区域的内容，则会出现"不一致的区域名称"对话框，它将列出要应用的模板中的所有可编辑区域。可以使用它来为内容选择目标。

13.3.3　更新模板

当修改模板保存时，Dreamweaver CS5 会询问是否更新所有基于该模板的文档。如果确认，就可以修改站点中所有基于该模板的文档。另外，选择"修改→模板→打开附加模板"命令也可以更新基于模板的文档。

链接是 Web 的核心技术，是整个站点的灵魂，没有链接技术的网站是不可想象的。正确地使用链接首先要理解路径的概念和恰当地使用链接的形式。库和模板是充分利用站点的共享

资源，提高网站建设效率的有效手段。"工欲善其事，必先利其器"。熟练地掌握链接、库和模板技术是一个合格网站开发设计人员的基本素质。

思考练习

1．制作一个名为"友情链接"的跳转菜单，菜单项为"北京大学、清华大学、山东大学和浙江大学"等。

2．制作一个包含 3 个框架的菜单式框架网页。

3．建立一个库和模板，并利用它们设计一个网页。

第 14 章　浏览器动态网页的制作

所谓"动态网页"，并不是指插入了几个 GIF 动态图片的页面，而是指用户和页面间能够进行信息交流的网页。它一般有 3 个特点：

（1）交互性：网页会根据用户的要求和选择而动态改变和响应。

（2）自动更新：无须手动更新 HTML 文档，便会自动生成新的页面。

（3）随环境而变：当浏览器环境（如时间、版本和用户等）变化时，访问同一网址会产生不同的页面。

动态网页的互动功能和动画效果使界面更友好，有利于提高访问者的兴趣。根据交互实现的过程，一般将交互动态网页分为浏览器端交互和服务器端交互两种类型。浏览器端交互的脚本代码由浏览器解释执行，交互行为在浏览器端完成，用户与服务器间没有交互信息的提交和接受过程；服务器端交互的脚本代码主要在服务器端完成，用户与服务器间需要进行交互信息的提交和接受过程。本章主要讲述浏览器端交互行为的设置与应用，即浏览器动态网页的制作过程。通过本章的学习，读者应掌握以下内容：

● 行为的概念与行为面板应用

● 行为在动态网页上的应用

14.1　行为与行为面板

14.1.1　行为的工作原理

行为是由事件和由该事件触发的动作构成的。在现实生活中，行为的概念普遍存在，例如：在十字路口，红灯亮的事件和司机看到红灯刹车的动作就构成了一个行为。

行为可以创建网页动态效果，实现用户与页面的交互。行为是由事件和动作组成的，例如：将鼠标移到一幅图像上产生了一个事件，如果图像发生变化，就导致发生了一个动作。与行为相关的有 3 个重要的部分——对象、事件和动作。

1. 对象（Object）

对象是产生行为的主体，很多网页元素都可以成为对象，如图片、文字和多媒体文件等，甚至是整个页面。

2. 事件（Event）

事件是触发动态效果的原因，它可以被附加到各种页面元素上，也可以被附加到 HTML 标记中。一个事件总是针对页面元素或标记而言的，例如：将鼠标移到图片上、把鼠标放在图片之外、单击鼠标，是与鼠标有关的 3 个最常见的事件（onMouseOver、onMouseOut 和 onClick）。不同的浏览器支持的事件种类和多少是不一样的，通常高版本的浏览器支持更多的事件。

3. 动作（Action）

行为通过动作来完成动态效果，如图片翻转、打开浏览器和播放声音都是动作。动作通常是一段 JavaScript 代码，在 Dreamweaver CS 中使用 Dreamweaver 内置的行为往页面中添加 JavaScript 代码，就不必自己编写。

4. 事件与动作

将事件和动作组合起来就构成了行为，例如，将 onClick 行为事件与一段 JavaScript 代码相关联，单击鼠标时就可以执行相应的 JavaScript 代码（动作）。一个事件可以同多个动作相关联(1:n)，即发生事件时可以执行多个动作。为了实现需要的效果，我们还可以指定和修改动作发生的顺序。

Dreamweaver 内置了许多行为动作，好象是一个现成的 JavaScript 库。除此之外，第三方厂商提供了更多的行为库，下载并在 Dreamweaver 中安装行为库中的文件，可以获得更多的可操作行为。如果用户很熟悉 JavaScript 语言，也可以自行设计新动作，添加到 Dreamweaver 中。

在 Dreamweaver CS5 中，事件是浏览器生成的信息，指示访问者执行了某种操作。例如，当访问者将鼠标指针移动到某个链接上时，浏览器为该链接生成一个 onMouseOver 事件。不同的页面元素一般定义不同的事件。例如，在大多数浏览器中，onMouseOver 和 onClick 是与链接关联的事件，而 onLoad 是与图像和文档的 body 部分关联的事件。动作是由预先编写的 JavaScript 代码组成的，这些代码执行特定的任务，例如打开浏览器窗口、显示或隐藏层、播放声音或停止 Shockwave 影片等。Dreamweaver CS5 提供的动作是由工程师预先精心编写的。

将行为附加到页元素之后，只要对该元素发生了所指定的事件，浏览器就会调用与该事件关联的动作（JavaScript 代码）。例如，如果将弹出消息动作附加到某个链接上并指定它由 onMouseOver 事件触发，那么只要在浏览器中用鼠标指针指向该链接，就会在对话框中弹出设定的消息。单个事件可以触发多个不同的动作，可以指定这些动作发生的顺序。

在"行为"面板中，通过指定一个动作，然后指定触发该动作的事件，可将行为添加到页面中。行为代码是客户端 JavaScript 代码，它运行于浏览器中，而不是服务器上。

14.1.2　行为面板的应用

1. 行为面板

通过"行为"面板可以将行为附加到页面元素上，并修改以前所附加行为的参数。选择"窗口→行为"命令，显示"行为"面板，如图 14-1 所示。已附加到页面元素的行为显示在行为列表中（面板的主区域），并按事件以字母顺序排列。如果同一个事件有多个动作，则以列表上出现的顺序执行这些动作。如果行为列表中没有显示任何行为，则没有行为附加到当前所选的页元素上。

图 14-1　行为面板

在行为面板上可以进行如下操作：

- 单击"+"按钮，打开动作菜单，添加行为；单击"-"按钮，删除行为。
- 添加行为时，从动作菜单中选择一个行为项。
- 单击事件列右方的三角，打开事件菜单，可以选择事件。
- 单击"向上"箭头或"向下"箭头，可将动作项向前移或向后移，以改变动作执行的顺序。

2．创建行为

一般创建行为有 3 个步骤：选择对象、添加动作和调整事件。

下面通过一个"打开浏览器窗口"实例说明如何创建行为。我们需要的效果是，在网页上单击一幅小图像，打开一个新窗口显示放大的图像。

（1）新建一个名为 01.html 的网页，里面包含任意一幅图片。

（2）选中该图片，单击"行为"面板上的"+"按钮，打开"动作"菜单。从"动作"菜单中选择"打开浏览器窗口"命令，在弹出的如图 14-2 所示的对话框中设置参数。

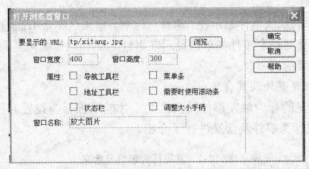

图 14-2　"打开浏览器窗口"对话框

- 在"要显示的 URL"文本框中，单击"浏览"按钮，选择在新窗口中载入目标的 URL 地址（可以是网页也可以是图像）。
- 窗口宽度设为 400px，窗口高度设为 300px。
- 窗口名称为"放大图片"。

（3）当添加行为时，系统自动选择了事件 onClick（单击鼠标），现在单击"行为"面板上的"事件"菜单按钮，打开"事件"菜单，重新选择一个触发行为的事件。把 onClick（单击鼠标）的事件改为 onMouseOver（鼠标滑过），如图 14-3 所示。

3．应用事件

每个浏览器都提供一组事件，这些事件可以与"行为"面板的动作"+"的弹出式菜单中列出的动作相关联。当 Web 页的访问者与网页进行交互时（例如单击某个图像），浏览器生成事件，这些事件可用于调用引起动作发生的 JavaScript 函数（没有用户交互也可以生成事件，例如设置网页每 10s 自动重新载入）。

图 14-3　定义事件

说明：大多数事件只能用于特定的页面元素。若要查明对于给定的页元素给定的浏览器支持哪些事件，可以在文档中插入该页面元素并向其附加一个行为，然后查看"行为"面板中的"事件"弹出式菜单。

4．应用动作

可以将动作附加到整个文档（即附加到 body 标签），还可以附加到链接、图像、表单元素或多种其他 HTML 元素中的任何一种。选择的目标浏览器确定给定的元素所支持的动作。例如，对于每个元素，Internet Explorer 4.0 比 Navigator 4.0 或任何 3.0 版的浏览器具有更多的动作。

说明：不能将动作附加到纯文本。可以为每个事件指定多个动作并以它们在"行为"面板的"动作"列中列出的顺序发生。

5. 应用行为

给元素附加行为的操作步骤如下：

（1）在页上选择一个元素，例如一个图像或一个链接。若要将行为附加到整个页面，在文档窗口底部左侧的标签选择器中单击<body>标签。

（2）选择"窗口→行为"命令，打开"行为"面板。

（3）单击加号"+"按钮，并从"动作"弹出式菜单中选择一个动作。为动作输入参数，然后单击"确定"按钮。

（4）触发该动作的默认事件显示在"事件"栏中。如果这不是所需的触发事件，则从"事件"弹出式菜单中选择另一个事件（单击显示在事件名称和动作名称之间的向下的黑色箭头，打开"事件"弹出式菜单）。

6. 常见行为的触发事件及其含义

只有准确掌握常见的行为触发事件及其含义，才能增强行为设置的预见性，有效地使用行为。表 14-1 对常见行为事件及含义进行了介绍。

表 14-1　常见行为事件及含义

事件（Events）	NS3	NS4	IE3	IE4	说明
OnAbort	√	√		√	中断对象载入时
OnAfterUpdate				√	对象更新之后
OnBeforeUpdate				√	对象更新之前
OnBlur	√	√	√	√	取消选中对象时
OnChange	√	√		√	更改页面上的值时
OnClick	√	√		√	单击对象
OndblClick		√		√	双击对象
OnFocus	√	√		√	选中指定对象时
OnHelp				√	调用帮助时
OnKeyDown		√		√	按下任意键盘键时
OnKeyPress		√		√	按下并释放任意键盘键时
OnKeyUp		√		√	按下键盘键后释放时
OnLoad	√	√		√	图像或页面载入完成时
OnMouseDown		√		√	按下光标键时
OnMouseMove				√	光标在指定对象上移动时
OnMouseOut	√	√		√	光标离开指定对象时
OnMouseOver	√	√		√	光标刚开始指向指定对象时
OnMouseUp		√		√	释放按下的光标键
OnMove		√			移动窗口或框架时
OnReset	√	√		√	将表单重设为默认值时
OnResize		√		√	重调浏览器窗口或框架大小时
OnScroll				√	上下拖动浏览器窗口中的滚动条时

续表

事件（Events）	NS3	NS4	IE3	IE4	说明
OnSelect	√	√		√	选定文本区中的文本时
OnStart				√	选框成分中的内容开始一个循环时
OnSubmit	√	√		√	提交表单时
onUnload	√	√		√	离开页面时

注：NS 表示 Netscape Navigator，IE 表示 Internet Explorer，√ 表示选中项。

14.2　应用行为制作动态网页

在"行为"面板中有多种行为设置项，每一种行为都会有自己的设置方式和适用效果。本节将对一些常用的行为进行讲解。

14.2.1　与 AP Div 有关的行为

在 Dreamweaver CS 中，可以设置拖动 AP 元素、显示－隐藏元素等与 AP Div 有关的行为。与 AP Div 有关的行为的设置过程一般为：

（1）绘制动作对象，即要操作的 AP 元素。

（2）选定事件对象，即在该对象上发生某个事件（如：OnClick 单击鼠标、OnMouseOver 鼠标滑过等）时将发生对 AP 元素的动作。

（3）设置行为动作。

（4）选择行为事件。

1. 拖动 AP 元素

"拖动 AP 元素"动作允许访问者在浏览器中改变 AP 元素的位置。使用此动作可以创建拼板游戏、滑块控件和其他可移动的页面元素。

制作"拖动 AP 元素"的操作步骤如下：

（1）选择"插入→布局对象→AP Div"命令或单击"插入"面板"常用"类别下的"绘制 AP Div"按钮，然后在文档窗口中绘制一个 AP Div 层。在属性面板中为 AP Div 设置比较醒目的背景色。

（2）选中<body>标签或者单击页面的空白部分。

（3）选择"窗口→行为"命令，打开"行为"面板。单击加号"+"按钮，从弹出式菜单中选择"拖动 AP 元素"，弹出如图 14-4 所示的"拖动 AP 元素"设置对话框。

图 14-4　拖动 AP 元素的基本设置

说明：添加拖动 AP 元素动作时，不是直接在所选内容上添加，而是要在页面中添加。需要在文档窗口的下面选中<body>标签，或单击页面的空白部分，在行为的弹出式菜单中选择"拖动 AP 元素"选项。如果已经选中了某个 AP 元素，那么该选项处于灰色状态，不能被使用。

（4）拖动的基本设置：

- 在"AP 元素"标签后选择要拖动的 AP 元素。
- 在"移动"标签后选择"限制"或"不限制"。

说明：不限制移动适用于拼板游戏和其他拖放游戏。对于滑块控件和可移动的布景选择限制移动。选择"限制移动"时，在后面"上"、"下"、"左"和"右"域中输入值（以像素为单位），这些值是相对于 AP 元素的起始位置的。如果限制在矩形区域中的移动，则在所有 4 个域中都输入正值；如果只允许垂直移动，则在"上"和"下"域中输入正值，在"左"和"右"域中输入 0；如果只允许水平移动，则在"左"和"右"域中输入正值，在"上"和"下"域中输入 0。

- 在"左"和"上"域中输入拖放目标输入值（以像素为单位）。它是指每个层在目标位置时，其左上角的坐标值。

说明：拖放目标是一个点，希望访问者将 AP Div 拖动到该点上。当 AP Div 的左坐标和上坐标与在"左"和"上"域中输入的值匹配时，便认为 AP Div 已经到达拖放目标。这些值是与浏览器窗口的左上角相对的。单击"取得目前位置"用 AP Div 的当前位置自动填充这些域。

- 在"靠齐距离"域中输入一个值（以像素为单位），确定访问者必须放置目标多近，才能将 AP Div 靠齐到目标。较大的值可以使访问者较容易地找到拖放目标。

（5）对于简单的拼板游戏和布景处理，可以到此为止。若要定义 AP Div 的拖动控制点、在拖动 AP Div 时跟踪 AP Div 的移动以及当放下 AP Div 时触发一个动作，请单击"高级"标签，弹出如图 14-5 所示的设置对话框。

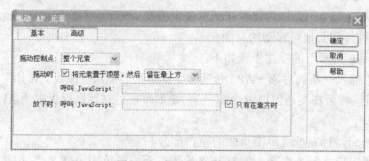

图 14-5　拖动层的高级设置

（6）拖动层的高级设置：

- "拖动控制点"：指定访问者必须单击 AP Div 的特定区域才能拖动 AP Div。从"拖动控制点"弹出式菜单中选择"元素内区域"，然后输入左坐标和上坐标以及拖动控制点的宽度和高度。

说明：此选项用于 AP Div 中的图像具有提示拖动元素（例如一个标题条或抽屉把）的情况。如果要让访问者单击层的任何位置都可以拖动层，则不要设置此选项。

- "拖动时"选项：如果 AP Div 在被拖动时应该移动到堆叠顺序的顶部，则选择"将元素置于顶层"。如果选择此选项，则使用弹出式菜单选择是否将元素保留在最前面或将其恢复到它在堆叠顺序中的原位置。

● 在第二个"呼叫 JavaScript"域中输入 JavaScript 代码或函数名称（例如 evaluateLayerPos()）以在放下 AP 元素时执行该代码或函数。如果只有在 AP 元素到达拖放目标时才执行该 JavaScript 代码，则选择"只有在靠齐时"。

（7）设置完成，单击"确定"按钮，关闭设置对话框。

（8）检查默认事件是否是所需的事件。拖动 AP 元素的事件一般为 onLoad，页面加载时就可以拖动。当然也可以选择 onDblClick 等其他的合适事件。

2. 显示－隐藏元素

Dreamweaver CS5 中的"显示－隐藏元素"行为，具有显示、隐藏或恢复一个或多个 AP 元素的默认可见性的功能。此动作用于用户与网页进行交互时显示信息。例如，当用户将鼠标指针滑过一个人物图像时，可以显示一个 AP Div，给出有关该人物的介绍信息。利用"显示－隐藏元素"行为还可以创建弹出式菜单。

"显示－隐藏元素"还可用于创建预先载入 AP 元素，即一个最初挡住页的内容的较大的 AP 元素，在所有页组件都完成载入后该 AP 元素即消失。

设置"显示－隐藏 AP 元素"动作的操作步骤如下：

（1）选择"插入→布局对象→AP Div"命令或单击"插入"面板"布局"类别中的"绘制 AP Div"按钮，然后在文档窗口中绘制一个 AP Div。在属性面板中为 AP Div 设置比较醒目的背景色。

（2）选中要设置"显隐"属性的 AP Div 作为事件对象（也可以选择其他的图片、AP Div 作为事件对象）。

（3）选择"窗口→行为"命令，打开"行为"面板。单击加号"+"按钮，从"动作"弹出式菜单中选择"显示－隐藏元素"，弹出如图 14-6 所示的"显示－隐藏元素"设置对话框。

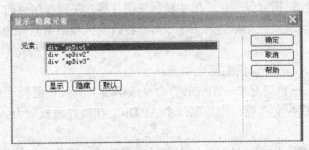

图 14-6   "显示－隐藏元素"设置对话框

（4）在"元素"列表中选择要更改其可见性的元素。

（5）3 个属性按钮的功能：

● "显示"：显示该元素。

● "隐藏"：隐藏该元素。

● "默认"：恢复元素的默认可见性。

（6）单击"确定"按钮，关闭设置对话框。

（7）检查默认事件是否是所需的事件。如果不是，则从弹出式菜单中选择另一个事件。

创建预先载入 AP Div 层的操作步骤如下：

（1）在"插入"面板的"布局"类别中单击"绘制 AP Div"按钮，然后在文档窗口的设计视图中绘制一个较大的 AP Div 层。该层一定要覆盖页上的所有内容。

（2）选择该 AP Div，并使用 AP Div 属性检查器中最左边的域将其命名为 loading。

（3）在"loading" AP Div 仍处于选中状态时，在属性检查器中将 AP Div 的背景颜色设置为与页背景相同的颜色。

（4）在"AP 元素"面板中，设置 AP Div 的"Z 轴"属性，使"loading" AP Div 上移到堆叠顺序的顶部。

方法是：双击 AP 元素名称后面的"Z 轴"文本框中的值，在"Z 轴"文本框中输入一个数字。输入一个较大的数字可将 AP 元素在堆叠顺序中上移。输入一个较小的数字可将 AP 元素在堆叠顺序中下移。

（5）如果需要，在该 AP Div 中（该 AP Div 现在应该挡住其余的页内容）单击并输入消息。例如"请稍候，正在载入页"或"正在载入..."。这些消息提示访问者正在发生的操作。

（6）单击文档窗口左下角标签选择器中的<body>标签。

（7）在"行为"面板中，从"动作"弹出式菜单中选择"显示－隐藏元素"。

（8）从"元素"列表中选择名为"loading"的 AP Div。

（9）单击"隐藏"属性按钮。

（10）单击"确定"按钮，关闭设置对话框。

（11）如果行为列表中"显示－隐藏元素"动作旁边列出的事件不是 onLoad，选择该事件并单击显示在事件和动作之间的向下指的三角形，从弹出式菜单的事件列表中选择 onLoad。

14.2.2　改变属性

在 Dreamweaver CS5 中，"改变属性"行为具有一些特殊的性质，它可以动态地改变对象的某些属性，这些属性包括背景颜色、尺寸和背景图片等。在制作网页时，用户可以利用这种行为设置一些特殊的区域，当光标进入该区域时，将改变区域的背景颜色；光标离开后，恢复为原来的背景色。

例如，改变 AP Div 的背景色的操作如下：

（1）选择"插入→布局对象→AP Div"命令或单击"插入"面板"布局"类别中的"绘制 AP Div"按钮，然后在文档窗口中绘制一个 AP Div。在属性面板中为 AP Div 设置比较醒目的背景色。

（2）选中该 AP Div 作为事件对象（也可以选择其他的图片、标签等作为事件对象）。

（3）选择"窗口→行为"命令，打开行为面板。在行为面板中单击"+"号按钮，在弹出菜单中选择"改变属性"命令，弹出"改变属性"对话框，如图 14-7 所示。

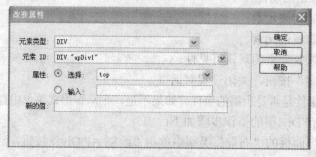

图 14-7　"改变属性"对话框

（4）在"元素类型"下拉列表中选择层选项（DIV）。

说明：在该下拉列表框中提供了所有可设置的对象，用户要根据具体情况选择。本例中要改变的是 AP Div 层的属性，所以应选择 DIV；如果要设置的对象是图片，则应选择 IMG。

（5）在"元素 ID"下拉列表框中，选择要设置的 AP Div，例如 div "apDiv1"。

提示：在 Dreamweaver CS5 中，可以在"属性"面板中为每个 AP Div 命名，如果用户不为各 DIV 命名，系统将按钮建立的先后顺序依次命名为 apDiv1、apDiv2、apDiv3 和 apDiv4 等。

（6）在"属性"选项组中选择"选择"单选按钮，并在右面的下拉列表中选择要改变的属性。这里选择 backgroundColor 背景颜色选项，如图 14-8 所示。在该下拉列表框中，能够被改变的属性包括：距文档左边界的距离、距文档顶部的距离、Div 的宽度、层次、背景颜色和背景图片等。

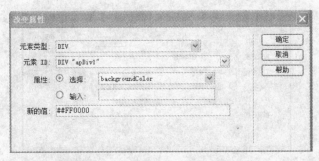

图 14-8　"改变属性"对话框的设置

（7）在"新的值"文本框中输入要改变的颜色值。如果不能确定要改变的颜色的数值，可在属性面板中单击"背景颜色"后颜色框打开调色板，如图 14-9 所示，将吸管移到要选择的色块上，面板的顶部将显示出该颜色的值。

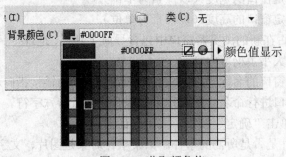

图 14-9　获取颜色值

（8）完成设置后单击"确定"按钮，关闭对话框。

（9）检查默认事件是否是所需的事件。如果要求当鼠标滑动到层上时，改变背景的颜色，则事件应为 onMouseOver。

保存文档后，打开浏览器测试刚才所做的设置。当光标移动到 AP Div 层上时，AP Div 层立刻会改变颜色，但此时会发现，在光标移开时层并不能恢复原来的颜色。为了使光标移开时达到预期的目的，还必须再为该层设置一个行为，使其能够在光标移开时恢复原来的颜色。设置的过程与上面基本相同，只是在"改变属性"对话框中设置背景颜色时要选择原来的颜色，并将触发事件改为 onMouseOut 即可。具体操作由读者尝试完成。

14.2.3 打开浏览器窗口

在 Dreamweaver CS5 中，使用"打开浏览器窗口"动作，可在一个新的窗口中打开要显示的页面。其特点是可以设定新窗口的各种属性，如大小、是否可以调整大小、是否具有菜单条和名称等。例如，使用此行为可使访问者单击缩略图时，在一个单独的窗口中打开一个较大的图像并使新窗口与该图像恰好一样大。

设置"打开浏览器窗口"属性的操作步骤如下：

（1）选择一个事件对象（图像、超链接或 body 等）并打开"行为"面板。

（2）单击加号"+"按钮并从弹出式菜单中选择"打开浏览器窗口"，弹出如图 14-10 所示的设置对话框。

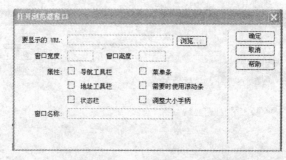

图 14-10　打开浏览器窗口的设置

（3）在对话框中设置如下各选项：

- 在"要显示的 URL"域中输入要显示网页的 URL 或通过"浏览"按钮选择一个要显示的网页文件。
- 窗口宽度：指定窗口的宽度（以像素为单位）。
- 窗口高度：指定窗口的高度（以像素为单位）。
- 属性：选择是否在新的浏览器窗口中包含导航工具栏、地址工具栏、状态栏、菜单条、滚动条和调整大小手柄等内容。
- 窗口名称是新窗口的名称。如果要通过 JavaScript 使用链接指向新窗口或控制新窗口，则应该对新窗口进行命名。此名称不能包含空格或特殊字符。

（4）设置完毕，单击"确定"按钮，关闭对话框。

（5）检查默认事件是否是所需的事件。如果事件对象是图片、文字等链接热点，则打开新浏览器窗口的事件一般是 onClick，即单击鼠标。

14.2.4 弹出信息

在 Dreamweaver CS5 中，"弹出信息"行为可以用来显示指定的提示信息，例如网站中的某个网页正在更新，可以在连接该网页的文字、图片或导航栏按钮上加入该行为。此行为只可以提供信息，而不能为用户提供选择。

应用"弹出信息"行为的操作步骤如下：

（1）选择一个事件对象（链接、图像、导航按钮或整个文档 Body）并打开"行为"面板。

（2）单击加号"+"按钮并从弹出式菜单中选择"弹出消息"，弹出信息设置对话框，如图 14-11 所示。

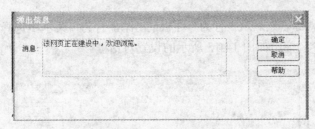

图 14-11　弹出信息设置

（3）在"消息"域中输入要显示的信息，如"该网页正在建设中，欢迎浏览"等。

（4）单击"确定"按钮，关闭设置对话框。

（5）检查默认事件是否是所需的事件。如果事件对象是图片、文字等链接热点，则"弹出消息"行为的事件一般是 onClick，即单击鼠标；如果事件对象是整个文档 Body，则事件一般是 onLoad，即文档下载。

14.2.5　设置文本

在 Dreamweaver CS5 中，有几个关于文本设置的行为，具体介绍如下。

1. 设置框架文本

"设置框架文本"行为允许动态设置框架的文本，用指定的内容替换框架的内容和格式设置（可以保留原框架的背景色）。该内容可以包含任何有效的 HTML 代码。

应用"设置框架文本"行为的操作步骤如下：

（1）建立并保存框架页面，在框架中插入图片、链接等元素。

（2）选择框架中的一个事件对象（图片、链接或整个文档 Body 等）并打开"行为"面板。

（3）单击加号"+"按钮并从弹出式菜单中选择"设置文本→设置框架文本"，弹出如图 14-12 所示的"设置框架文本"对话框。

图 14-12　框架文本设置

（4）从"框架"下拉列表中选择目标框架。

（5）单击"获取当前 HTML"按钮将当前目标框架的内容拷贝到 body 部分。

（6）在"新建 HTML"域中输入新的信息，然后单击"确定"按钮，关闭对话框。

（7）检查默认事件是否是所需的事件。如果不是，则从弹出式菜单中选择另一个事件。

2. 设置容器的文本

"设置容器的文本"行为将页面上的现有容器（即可以包含文本或其他元素的任何元素）的内容和格式替换为指定的内容。该内容可以包括任何有效的 HTML 源代码。

设置容器文本的操作步骤如下：

（1）选择一个对象，然后从"行为"面板的"添加行为"菜单中选择"设置文本"→"设置容器的文本"命令，弹出如图 14-13 所示的设置对话框。

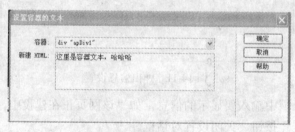

图 14-13　设置容器的文本

（2）在"设置容器文本"对话框中，使用"容器"菜单选择目标元素。

（3）在"新建 HTML"框中输入新的文本或 HTML。

（4）单击"确定"按钮，验证默认事件是否正确。

3. 设置状态栏文本

"设置状态栏文本"行为可在浏览器窗口底部左侧的状态栏中显示消息。例如，可以使用此动作在状态栏中说明链接的目标而不是显示与之关联的 URL。如果您的消息非常重要，就不要忽略掉状态栏中的消息，并考虑将其显示为弹出式消息或层文本。具体设置参照其他类型文本进行。

4. 设置文本域文字

"设置文本域文字"行为可用指定的内容替换表单文本域的内容。可以在文本中嵌入任何有效的 JavaScript 函数调用、属性、全局变量或其他表达式。若要嵌入一个 JavaScript 表达式，请将它放置在大括号"{}"中。若要显示大括号，请在它前面加一个反斜杠"/{"。例如：

```
The URL for this page is {window.location}, and today is {new Date()}
```

"设置文本域文字"的操作步骤如下：

（1）选择"插入→表单→文本域"命令。

（2）在属性检查器中，为该文本域输入一个名称。确保该名称在页上是唯一的（不要对同一页上的多个元素使用相同的名称，即使它们在不同的表单上也应如此）。

（3）选择这个文本域并打开"行为"面板。

（4）单击加号"+"按钮并从弹出菜单中选择"设置文本→设置文本域文字"命令，弹出设置对话框，如图 14-14 所示。

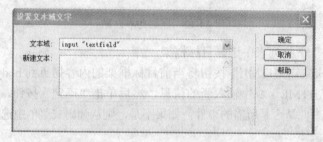

图 14-14　设置文本域文字

（5）在"设置文本域文字"对话框中，从"文本域"下拉列表中选择目标文本域。

（6）在"新建文本"域中输入文本，然后单击"确定"按钮，关闭对话框。

（7）检查默认事件是否是所需要的事件。如果不是，则从弹出式菜单中选择另一个事件。

14.2.6　检查表单

在 Dreamweaver CS5 中，"检查表单"动作用来检查指定文本域的内容，以确保用户输入的数据类型正确。使用 onBlur 事件将此动作附加到单个文本域，在用户填写表单时对域进行检查；或使用 onSubmit 事件将其附加到表单，在用户单击"提交"按钮时同时对多个文本域进行检查。将此动作附加到表单，防止表单提交到服务器后任何指定的文本域包含无效的数据。

使用"检查表单"行为的步骤如下：

（1）制作一个含有文本域的表单。

（2）选择附加检查动作的元素。

（3）如果填写表单时只需要检查单个域，就选择该文本域。

（4）如果提交表单时要检查多个域，就单击文档窗口左下角的标签<form>，选中整个表单。

（5）启动行为窗口，从动作弹出式菜单中选择"检查表单"，弹出设置对话框，如图 14-15 所示。

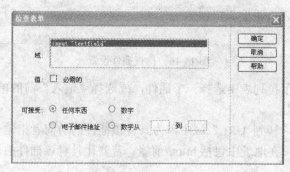

图 14-15　"检查表单"设置对话框

（6）在对话框中选定检查对象。如果你要检查单个域，则从"域"列表中选择已在文档窗口中选择的同一个域；如果你要检查多个域，则从"域"列表中依次选择要检查的文本域。

（7）如果该域不能为空，则选择"必需的"选项。

（8）"可接受"选项的选择：

● 如果该域是必需的但不需要包含任何特定种类的数据，则选择"任何东西"（如果没有选择"必需的"选项，则"任何东西"选项就没有意义了，也就是说它与该域上未附加"检查表单"动作一样）。

● 选择"电子邮件地址"，检查该域是否包含一个@符号。

● 选择"数字"，检查该域是否只包含数字。

● 选择"数字从"，检查该域是否包含指定范围内的数字。

如果要检查多个域，对要检查的任何其他域重复步骤（6）、（7）和（8）。

（9）单击"确定"按钮，关闭设置对话框。

（10）如果在用户提交表单时检查多个域，则 onSubmit 事件自动出现在"事件"弹出式菜单中；如果要检查单个域，则检查默认事件是否是 onBlur 或 onChange，如果不是，则从弹出式菜单中选择 onBlur 或 onChange。当用户从域移开时，这两个事件都触发"检查表单"动作。它们之间的区别是：onBlur 不管用户是否在该域中输入内容都会发生，而 onChange 只有在用户更改了该域的内容时才发生。当指定了该域是必需的时，最好使用 onBlur 事件。

14.2.7　检查插件

使用"检查插件"行为，根据访问者是否安装了指定的插件这一情况将它们发送到不同的页。例如，让安装有 Shockwave 的访问者转到一页，让未安装该软件的访问者转到另一页。

使用"检查插件"行为的步骤如下：

（1）选择一个事件对象（链接、图片、body 等）并打开"行为"面板。

（2）单击加号"+"按钮并从弹出式菜单中选择"检查插件"，弹出如图 14-16 所示的设置对话框。

图 14-16　检查插件设置

（3）从"插件"下拉列表中选择一个插件，或选择"输入"前的单选按钮并在相邻的域中输入插件的确切名称。

（4）在"如果有，转到 URL"域中，为具有该插件的访问者指定一个 URL。如果指定一个远程 URL，则必须在地址中包括 http:// 前缀。若要让具有该插件的访问者留在同一页上，将此域留空。

（5）在"否则，转到 URL"域中，为不具有该插件的访问者指定一个替代 URL。若要让不具有该插件的访问者留在同一页上，将此域留空。

（6）如果插件内容对于页面是必不可少的一部分，选择"如果无法检测，则始终转到第一个 URL"前的复选框；浏览器通常会提示不具有该插件的访问者下载该插件。如果插件内容对于页面不是必要的，保留此选项的未选中状态。此选项只适用于 Internet Explorer。Navigator 始终可以检测到插件。

（7）单击"确定"按钮。

（8）检查默认事件是否是所需的事件。如果事件对象是图片、文字等链接热点，则"检查插件"行为的事件一般是 onClick，即单击鼠标；如果事件对象是整个文档 Body，则事件一般是 onLoad，即文档下载。

14.2.8　预先载入图像

"预先载入图像"动作可以将不会立刻出现在网页上的图像（例如，通过行为或 JavaScript 换入的图像）载入浏览器缓存中。这样可防止当图像应该出现时由于下载而导致延迟，还可以便于脱机浏览。

使用"预先载入图像"行为的操作步骤如下：

（1）选择一个对象，然后从"行为"面板的"添加行为"弹出式菜单中选择"预先载入图像"，出现如图 14-17 所示的"预先载入图像"对话框。

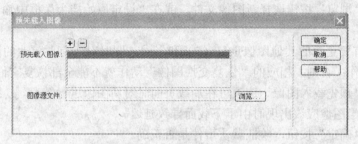

图 14-17 预先载入图像设置

（2）单击"浏览"按钮选择一个图像文件，或在"图像源文件"框中输入图像的路径和文件名。

（3）单击对话框顶部的加号"+"按钮将图像添加到"预先载入图像"列表中。

（4）对其余所有要在当前页面预先加载的图像，重复（2）和（3）。

（5）若要从"预先载入图像"列表中删除某个图像，请在列表中选择该图像，然后单击减号"–"按钮。

（6）单击"确定"按钮，验证默认事件是否正确。

说明："交换图像"行为会自动预先加载您在"交换图像"对话框中选择"预先载入图像"选项时所有高亮显示的图像，因此当使用"交换图像"时您不需要手动添加"预先载入图像"。

14.2.9 交换图像

"交换图像"行为通过更改<img>标签的 src 属性将一个图像和另一个图像进行交换。使用此行为可创建鼠标经过按钮的效果以及其他图像效果（包括一次交换多个图像）。插入鼠标经过图像会自动在页面中添加一个"交换图像"行为。

使用"交换图像"行为的步骤如下：

（1）选择"插入→图像"命令或单击"插入"面板上的"图像"按钮以插入一个图像。

（2）在属性检查器最左边的文本框中为该图像输入一个名称。并不是一定要对图像指定名称，如果不指定图像名称，在将行为附加到对象时会自动对图像命名。但是，如果所有图像都预先命名，则在"交换图像"对话框中就更容易区分它们。

（3）重复（1）和（2）插入其他图像。

（4）选择一个对象（通常是用户将交换的图像），然后从"行为"面板的"添加行为"菜单中选择"交换图像"命令。出现如图 14-18 所示"交换图像"对话框。

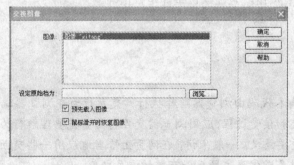

图 14-18 "交换图像"对话框

（5）从"图像"列表中，选择要更改其来源的图像。

（6）单击"浏览"按钮选择新图像文件，或在"设定原始档为"框中输入新图像的路径和文件名。

（7）对所有要更改的其他图像重复（5）和（6）。同时对所有要更改的图像使用相同的"交换图像"动作；否则，相应的"恢复交换图像"动作就不能全部恢复它们。

（8）选择"预先载入图像"选项可在加载页面时对新图像进行缓存。

这样可防止当图像应该出现时由于下载而导致延迟。

（9）单击"确定"按钮，验证默认事件是否正确。

说明： 由于只有 src 属性会受到此行为的影响，所以应该使用与原始尺寸（高度和宽度）相同的图像进行交换。否则，换入的图像显示时会被压缩或扩展，以使其适应原图像的尺寸。

14.2.10　转到 URL

"转到 URL"行为可在当前窗口或指定的框架中打开一个新页。此行为适用于通过一次单击更改两个或多个框架的内容。

设置"转到 URL"的步骤如下：

（1）选择一个对象，然后从"行为"面板的"添加行为"菜单中选择"转到 URL"，打开如图 14-19 所示的设置对话框。

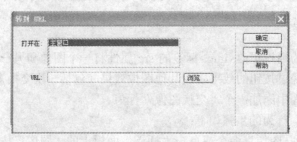

图 14-19　"转到 URL"设置对话框

（2）从"打开在"列表中选择 URL 的目标。列表框中自动列出当前框架集中所有框架的名称以及主窗口。如果没有任何框架，则主窗口是唯一的选项。

说明： 如果存在名称为 top、blank、self 或 parent 的框架，则此行为可能产生意想不到的结果。浏览器有时会将这些名称误认为保留的目标名称。

（3）单击"浏览"选择要打开的文档，或在"URL"文本框中输入文档的路径和文件名。

（4）单击"确定"按钮，验证默认事件是否正确。

浏览器端交互的脚本代码由浏览器解释执行，交互行为在浏览器端完成，用户与服务器间没有交互信息的提交和接受过程。应用浏览器交互行为首先要理解行为的工作原理和它在面向对象程序设计中的重要意义。一般来讲，在网页上恰当地应用一些交互行为会使整个网页变得生动流畅，但用得过多或偏离主题反而有画蛇添足之感。

1．利用拖动 AP 元素效果制作一个简单的拼图游戏。

提示：制作的基本思路如下：

（1）在制作拼图游戏前，先找到一幅图片，并利用 Fireworks 等图形处理软件分割成多块，如图 14-20 所示，将图分成了 5 行 5 列。

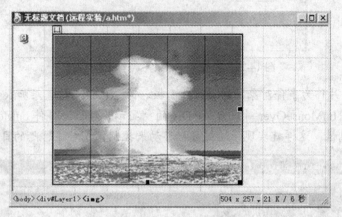

图 14-20　拼图游戏的制作

（2）在网页中插入一个 5 行 5 列的表格，在每个单元格中插入一个 AP Div。将图片块对应放置在 AP Div 上并调整单元格和 AP Div 大小使它们刚好吻合。

（3）设置每一个 AP 元素的拖动行为即可完成游戏的设置。

2．利用"显示-隐藏元素"的行为，给一个图片（或链接文本）加上一个 AP Div 层（提示信息层）。在图片（或链接文本）加载时该信息层不显示，当鼠标滑动到图片（或链接文本）上时信息层出现，当鼠标离开时，信息层消失。

提示：制作时应注意到，可以为一个元素添加多个行为，思路如下：

（1）在网页中插入一个图片，并建立关于该图片的 AP Div 信息层，如图 14-21 所示。

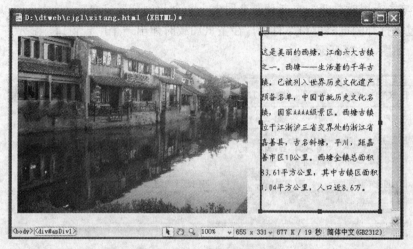

图 14-21　插入图片和信息层

（2）单击文档窗口左下角的 body 标签，选中整个文档。启动行为面板，显示"显示—隐藏元素"设置对话框，如图 14-22 所示。为信息层设置隐藏属性，事件选择 onLoad。即在网页加载时不显示信息层。

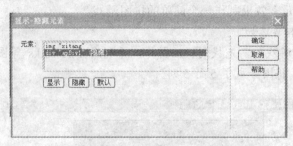

图 14-22 "显示—隐藏元素"设置对话框

（3）选择图片作为事件对象，通过行为面板，为 AP Div 信息层加入另两个动作，如图 14-23 所示。事件 onMouseOver 对应着 AP Div 的"显示"属性；事件 onMouseOut 对应着 AP Div 的"隐藏"属性。这样就实现了通过鼠标移动来控制信息层显、隐的目的。

图 14-23 AP 元素的显、隐行为设置

3．通过"打开浏览器窗口"行为，制作一个点小图看大图的页面效果。

提示：单击小图时打开一个新的与大图大小吻合的浏览器窗口。

4．通过"打开浏览器窗口"行为，在主页加载时弹出一个广告窗口，显示广告信息（或欢迎信息），如图 14-24 所示。

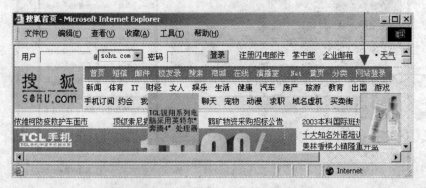

图 14-24 主页加载时显示的广告窗口

5．为网页中的一个链接设置弹出信息框，当鼠标滑动到链接上时显示"网站正在建设中，欢迎光临！"字样，如图 14-25 所示。

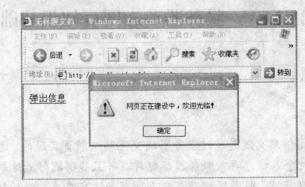

图 14-25　弹出信息框

6．表单的文本域检查。建立如图 14-26 所示的学生成绩管理数据提交表单。

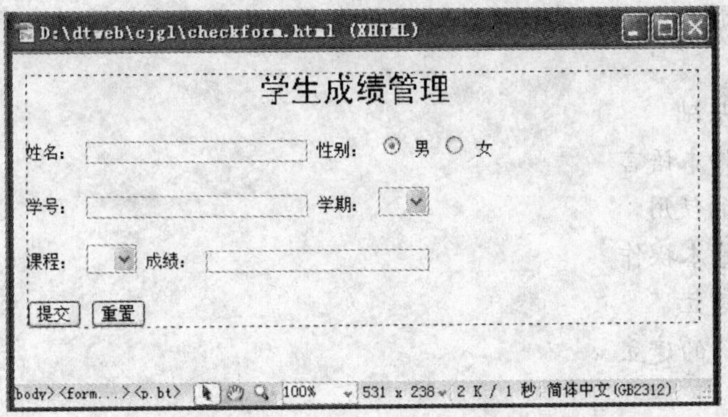

图 14-26　数据提交表单

要求：表单提交时（即发生 onSubmit 事件时），检查姓名、学号和成绩 3 个文本域的值：3 个值都不得为空，且成绩为 0～100 之间的数字。"检查表单"对话框设置应如图 14-27 所示。

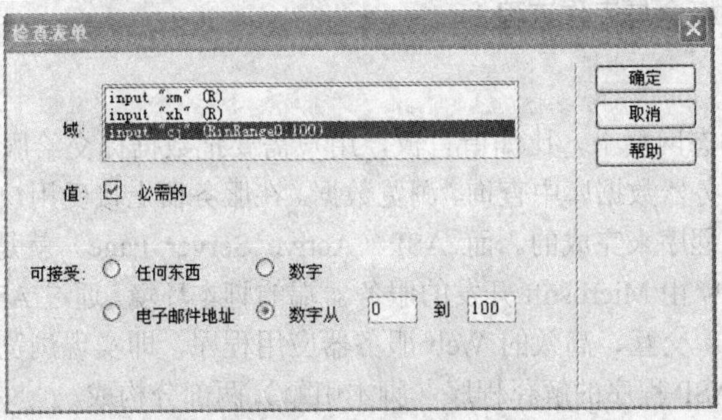

图 14-27　检查表单举例

第 15 章　服务器动态网页知识基础

　　用户与服务器之间信息交流是通过服务器端交互动态网页实现的。通过服务器端的交互动态网页，用户可以把个人信息存入服务器数据库，并且能够随时随地地取出个人信息；可以实现用户间的实时信息交流。服务器端动态交互网页的运行需要广泛的软硬件环境支持，如服务器管理程序、数据处理应用程序和数据库管理系统等。因此，在制作服务器端动态交互网页前应先了解与服务器端动态网页密切相关的概念和代码支持技术。本章主要介绍服务器端动态网页制作的预备知识，具体制作过程将在第 16 章讲述。通过本章的学习，读者应掌握以下内容：

- ASP 技术基础
- VBScript 脚本语言
- ASP 组件的使用
- 数据库的基本操作
- 数据源的建立
- 测试服务器的建立

15.1　ASP 技术基础

15.1.1　ASP 的概念与工作流程

1. ASP 的概念

　　在一个服务器动态网页上，比如留言板，用户需要把数据提交给服务器并存入数据库，同时用户也需要从服务器数据库中查询、浏览数据。在服务器上接受用户请求并处理用户数据的工作是由脚本应用程序来完成的。而 ASP（Active Server Page）就是内含于 IIS（Internet Information Server）中，由 Microsoft 开发的服务器端的脚本环境。通过 ASP，可以结合 HTML、脚本命令来创建动态、交互、高效的 Web 服务器应用程序，即实现浏览器与服务器的交互。ASP 由 ASP 程序和 ASP 程序的解释程序（脚本引擎）两部分构成。

2. ASP（服务器交互）的工作流程

　　ASP 的工作流程也就是服务器动态网页的数据流程，如图 15-1 所示。

　　由图可以看出，用户和服务器之间的数据交互周期由 3 部分构成：

　　（1）浏览器向 Web 服务器请求执行.asp 文件，Web 服务器上的管理程序（IIS 或 PWS）解释执行 ASP 应用程序（.ASP 文件）。

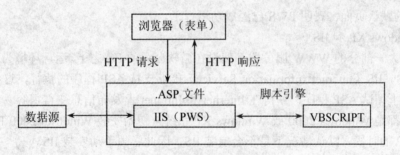

图 15-1 服务器交互的数据流程

（2）ASP 应用程序在服务器端对用户数据进行分析处理。

（3）Web 服务器将执行结果以 HTML 页面的形式传送给浏览器。

通过以上流程不难看出，完成用户与服务器间的数据交换要做以下设计工作：

（1）设计制作浏览器端的交互表单，为用户提供数据交互窗口。

（2）设计编写 ASP 脚本应用程序，在服务器端处理用户请求的数据。

（3）设计用户数据库，并完成数据库和 ASP 应用程序间的数据连接。

（4）设计 ASP 程序的运行环境，即在服务器上安装 ASP 程序的脚本引擎（解释程序）。
而脚本引擎包含在 Web 服务器管理程序（IIS 或 PWS）中，所以这一步也就是安装服务器管理程序，建立模拟服务器的过程。

运行 ASP 所需的环境如表 15-1 所示。

表 15-1 ASP 的运行环境

操作系统	Web 服务器脚本引擎
Windows NT Server 4.0 或 Windows 2000 以上版本	IIS（Internet Information Server 3.0 以上）
Windows 95/98	PWS（Personal Web Server 3.0 或更高版本）

表单页面的设计过程前面已经讲过，这里不在重复，下面就 ASP 应用程序的编写、数据库和数据连接的设计、模拟服务器的建立等内容进行讲解。

15.1.2 ASP 的运行环境设置

1. Windows 9X 和 PWS

在 Windows 95/98 的系统中，使用的 Web 发布入口为微软开发的 PWS。PWS 的全称是 "Personal Web Server"，意思是"个人网页服务器"，主要适合于创建小型个人站点，它的配置和使用比较简单，但功能却很强大。跟 IIS 的区别是，PWS 可以安装在 Windows 9X/Me/NT/2000/XP 系统中，因此对 Windows 9X/Me 系统来说尤其可贵。

如何在 Windows 9X 下安装 PWS 呢？

（1）在光驱中放入 Windows 98 安装盘，找到 add-ons\pws 文件夹，双击 setup.exe 进行安装即可。如果需要一些例如 ASP 等高级功能，还可选择自定义的安装模式，否则直接选择典型安装。组件安装完成之后，会出现设置 WWW 服务目录的选项，可以视实际情况来设定，建议以默认目录来安装。最后单击"完成"按钮并根据提示重新启动计算机后，就可在右下角任务栏看见 PWS 的图标。

（2）打开一个 IE 窗口，在地址栏中输入"http://localhost"或者"http://127.0.0.1"，就可

看到 PWS 的默认页面，表明 PWS 已经成功运行了。

2. Windows XP 和 IIS

目前很大一部分的 WWW 服务器都架设在微软公司的 IIS 之上。运行环境为 Windows NT/ 2000/XP+IIS。IIS（Internet Information Service）能够支持 ASP 程序的执行，这样我们就可以在本地电脑上调试 ASP 程序，使得在 Internet 和 Intranet 上发布信息变得很容易。现在大部分用户使用的都是 Windows 2000 或 Windows XP 系统，初始安装 Windows 2000 Professional 和 Windows XP 的时候，默认情况下是不会安装 IIS，因此必须手动安装 IIS。

下面介绍一下如何在Windows XP Professional 系统下安装IIS，Windows 2000 下的操作类似：

（1）插入 Windows XP Professional 安装盘，单击"开始→设置→控制面板→添加或删除程序→添加/删除 Windows 组件"，然后出现如图 15-2 所示，把 IIS 这一选项打上勾就可以了。

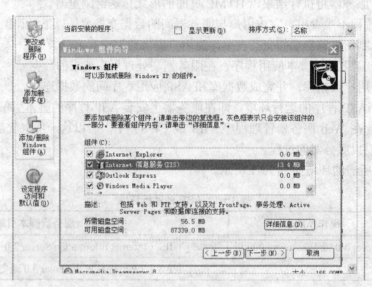

图 15-2   WinXP 下安装 IIS

（2）IIS 安装后，系统自动创建了一个默认的 Web 站点，该站点的主目录默认为 C:\Inetpub\wwwroot。

（3）以后如果想调试 ASP 程序，就可以直接把 ASP 程序文件保存到该目录下，然后打开 IE 浏览器，在地址栏中输入"http://localhost"或者"http://127.0.0.1"，再后跟 ASP 文件名即可。例如：http://localhost/test.asp 或者 http://127.0.0.1/test.asp。

15.1.3   ASP 应用程序

虽然现在有许多 ASP 应用程序的可视开发环境（如 Dreamweaver CS5 等），不需要我们一个字符一个字符地去写脚本程序代码。但了解 ASP 程序的编码规则和运行机制，可帮助我们理解服务器动态网页的工作原理，有利于在可视环境下进行 ASP 程序的开发。

1. ASP 程序的语法结构

ASP 程序是由文本、HTML 标记、脚本语言代码和 ASP 脚本命令组合而成的。ASP 程序的扩展名必须为.ASP，否则程序不能被执行。在 ASP 程序中，脚本通过分隔符与文本和 HTML 标记区分开来。文本和 HTML 标记像在 HTML 文档中一样直接发送到浏览器，脚本代码由脚本引擎解释执行后将结果以 HTML 形式发给浏览器。ASP 用分隔符<%和%>来包括脚本命令。

由分隔符括起的命令称为主脚本命令，这些命令由主脚本语言进行处理。默认主脚本语言是
VBScript。例如，下面是一个显示系统当前时间的 ASP 程序：

```
<HTML>
<BODY>
 当前时间是<%=Time()%>
</BODY>
</HTML>
```

以上代码用"记事本"或 Dreamweaver CS5 等编辑工具编好后，请将其保存到 Web 站点
的主目录上（默认主目录是 C:\Inetpub\wwwroot），这样就可以在浏览器的地址栏中通过输入
文件的 URL（Uniform Resource Locator）地址来进行访问。在 ASP 分隔符<%和%>内，可以
包括主脚本语言允许的任何函数、表达式和操作符等。例如，下面给出的条件语句
If…Then…Else 便是常用的 VBScript 语句：

```
<HTML>
<BODY>
<%
If Time<#12:00:00# And Time>=#00:00# Then
  strGreeting="早上好!"
ElseIf Time<#19:00:00# And Time>= #12:00:00# Then
  strGreeting="下午好!"
Else
  strGreeting="晚上好!"
End If
%>
<%=strGreeting%>
</BODY>
</HTML>
```

以上代码先根据时间段将问候语放在变量 strGreeting 中，再用<% = strGreeting %>脚本命
令将变量的值发送到浏览器。这样，在正午 12 点（Web 服务器所在的时区）前浏览该程序时，
将看到"早上好!"；下午 7 点前浏览时，将看到"下午好!"；而晚上 7 点到 12 点浏览时，将
看到"晚上好!"。

在语句的不同部分之间也可直接加入 HTML 文本，如下面的脚本在 If…Then…Else 语句
中加入了 HTML 文本，结果与上面的脚本一样：

```
<HTML>
<BODY>
<% If Time<#12:00:00# And Time>=#00:00:00# Then %>
早上好!
<% ElseIf Time<#19:00:00# And Time>=#12:00:00# Then %>
下午好!
<% Else %>
晚上好!
<% End If %>
</BODY>
</HTML>
```

如果不想将 HTML 文本置于脚本命令之间，则可用 Response 对象的 Write 方法将文本发
送到浏览器。例如：

```
<HTML>
<BODY>
```

```
<%
If Time<#12:00:00 # And Time>=#00:00:00# Then
  Response.Write"早上好!"
ElseIf Time<#19:00:00# And Time>=#12:00:00# Then
  Response.Write"上午好!"
Else
  Response.Write"晚上好!"
End If
%>
</BODY>
</HTML>
```

2．ASP 命令

在 ASP 程序中除了使用脚本语言外，还可以使用 ASP 本身的两个重要的命令：输出命令和处理命令。

（1）输出命令：指< % =expression % >显示表达式值。例如前面的<% = strGreeting% >就是用于将问候语传到浏览器的输出命令。输出命令的输出效果等同于用 Response 对象的 Write 方法显示信息。

（2）处理命令：指 <% keyword %>表达式。为 ASP 提供处理.asp 文件所需要的信息。例如，以下命令将 JScript 设为主脚本语言：<% LANGUAGE=Jscript %>

处理命令必须出现在.asp 文件的第一行，而且和关键字之间必须加入一个空格。

15.1.4 ASP 的内建对象

在面向对象编程中，对象就是指具有完整功能的操作和数据组成的变量。对象是基于特定模型的，在对象中客户使用对象的服务通过由一组方法或相关函数的接口访问对象的数据，然后客户端可以调用这些方法执行某种操作。ASP 提供了可在脚本中使用的内建对象。这些对象使用户更容易收集通过浏览器请求发送的信息、响应浏览器以及存储用户信息，从而使对象开发者摆脱了很多烦琐的工作。目前的 ASP 版本总共提供了 Request、 Application、ObjectContext、Response、Server 和 Session 六个内建对象。下面简单介绍几个最常用的 ASP 内建对象，要全面掌握内建对象的应用，请参考专门资料。

1．Response 对象

ASP 的 Response 对象用于将服务器端的数据以 HTML 格式发送到客户端浏览器并显示出来。Response 常用的方法有 Write 方法和 Redirect 方法。

（1）Write 方法。Write 方法可以动态地向浏览器输出内容。在 Write 方法中可以嵌入任何的 HTML 合法标记。下面通过 HTML 和 ASP 的不同写法的对比更好地掌握 Write 方法的使用。

例如：HTML 的写法：

```
<FONT SIZE='10'>你好</FONT>
```

用 ASP 的写法是：

```
<% Response.write "<FONT SIZE=10>你好</FONT>"%>
```

或者：

```
<FONT SIZE='10'> <% Response.write "你好" %></FONT>
```

或者：

```
<FONT SIZE='10'>
```

```
<%
 zfc="你好"
 Response.write(zfc)
%>
</FONT>
```

但是有些带有判断性质的网页，只使用 HTML 是无法实现的。

　　说明：Response.write 与< % =expression % >都是 ASP 程序向客户端输出字符串的方法，虽然两者的结果相同，但其效果是不同的。一般< % =expression % >用于 html 与 asp 代码相混合的状态下，而 Response.Write 用于<%……%>脚本段中。< % =expression % >将"表达式"的值写入 ASP 输出流，以许多小型包的形式向浏览器写入数据，这样做速度是非常慢的。另外，解释少量脚本和 HTML 将导致在脚本引擎和 HTML 之间切换，也降低了性能。因此，使用 Response.Write 可以在应用程序的性能上得到很大的提高。

　　再看下面这个例子：

```
<Html>
<Head>
<title>Response.write 示例</title>
</head>
<Body>
<%
  For i=1 to 10               '循环体开始，循环 10 次
    Response.write(i & "<br>")  '每次循环输出一次 i 的当前值
  Next                        '循环体结束
%>
</Body>
</Html>
```

运行结果如图 15-3 所示。

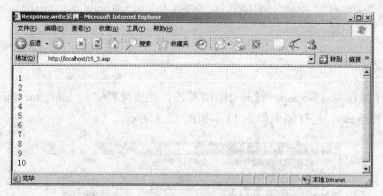

图 15-3　Response.write 循环示例运行结果

　　（2）Redirect 方法。Redirect 方法用于自动重新定向指定的 URL（地址）。该方法经常应用于"搜索"、"跳转"和"认证"等网页功能的实现。

　　例如：

```
<% Response.redirect "http://www.sdjtu.edu.cn" %>
```

执行这条语句，浏览器就会自动跳转到 http://www.sdjtu.edu.cn 网站，下载并显示该网页。

　　2. Request 对象

　　使用 Request 对象可以访问任何基于 HTTP 请求传递的所有信息，包括从 HTML 表格用

POST 方法或 GET 方法传递的参数、cookie 和用户认证。Request 对象使用户能够访问客户端发送给服务器的二进制数据。

（1）如果 Web 页面表单使用 GET 方式提供参数，则获取数据的命令格式为：

```
strname=Request.QueryString("username")
```

（2）如果 Web 页面表单使用 POST 方式提供参数，则获取数据的命令格式为：

```
strname=Request.Form("username")
```

（3）如果使用 strname=Request("username")省略格式，则 ASP 将按照 QueryString、Form 等顺序来搜索集合。

下面看一个从浏览器获取数据的例子：

```
<html>
<head><title>用 Request 从浏览器获取数据</title></head>
<body>
<p>请填写你的姓名和爱好</p>
<form action="15-5.asp" method="POST">
  <P>姓名: <input type="text" size="20" name="Name"></p>
  <p>兴趣: <input type="text" size="20" name="Love"></p>
    <p><input type="submit" name="B1" value="提交"></p>
    </form>
    </body>
    </html>
```

将上面程序保存为 15-4.asp。

```
    <html>
    <head><title></title></head>
    <body>
    <H2>
    <% =Request("Name") %>欢迎你,你的爱好是<% =Request("Love") %>
    <HR>
    </H2>
    </body>
    </html>
```

将上面程序保存为 15-5.asp。打开 IE 浏览器，在地址栏输入 http://localhost/15-4.asp 和 http://localhost/15-5.asp。运行结果如图 15-4 和图 15-5 所示。

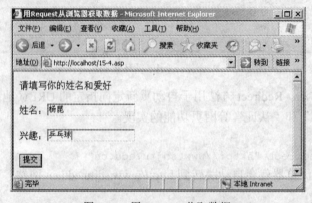

图 15-4　用 Request 获取数据

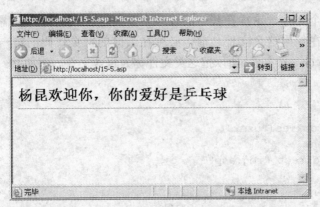

图 15-5　显示 Request 接收到的数据

3.　Cookie 技术

Cookie 其实是一个标签，当访问一个需要唯一标识的地址的 Web 站点时，它会在你的硬盘上留下一个标记，下一次访问同一个站点时，站点的页面会查找这个标记。每个 Web 站点都有自己的标记，标记的内容可以随时读取，但只能由该站点的页面完成。每个站点的 Cookie 与其他所有站点的 Cookie 存在同一文件夹中的不同文件内（可以在 Windows 目录下的 Cookie 文件夹中找到它们）。一个 Cookie 就是一个唯一标识客户的标记。Request 提供的 Cookies 集合允许用户检索在 HTTP 请求中发送的 Cookie 的值。这项功能经常被使用在要求认证客户密码以及电子公告板、Web 聊天室等 ASP 程序中。

（1）Cookie 的设置。

例如：我们设置一个变量 user，它的值为登录时间，可以使用以下命令：

```
<html>
<head><title>Cookies 示例</title></head>
<body>
<% Response.Cookies("user")=now()  %>
登陆时间已写入 Cookies
</body>
</html>
```

命令被执行后，变量 user 就会被创建或被重新赋予当前登录时间，如图 15-6 所示。

（2）Cookie 的读取。

例如：读取上例中 user 的值的语句为：<% =Request.Cookies("user") %>，如图 15-7 所示。

图 15-6　用 Cookies 保存当前登录时间

图 15-7　读取 Cookies 保存的登录时间

（3）Cookie 使用时必须将设置 Cookie 的代码放在 HTML 之前。

4.　包含文件

在使用 ASP 程序时，经常会使用一些大量重复的、固定某个功能的代码片段，我们把这些代码单独组成一个文件，这样在其他的程序中需要这些代码时，只需要打开执行这个程序就可以了。因为在使用这个文件之前，必须在当前的网页代码的第一行写下这样的指令 <-- #include file="check.asp" -->，所以把这类文件称为包含文件。例如：

```
check.asp
<%
dim tag
tag=request.cookies("user")
if tag="" then
  response.redirect "reg.asp"
end if
if tag="" then
  response.end
end if
%>
```

包含文件在密码验证、登录时经常用到。当我们进行登录后，将登录成功的某个标志以 Cookie 的形式保存在客户端的机器上，这样当其他需要验证的 asp 文件在运行时，首先会运行包含文件，如果包含文件运行正常，则继续运行。

15.2　脚本语言简介

ASP 本身并不是一种脚本语言，它只是提供了一种支持嵌入在 HTML 页面中的脚本程序运行的环境。要学好 ASP 程序的设计，必须掌握脚本的编写。所谓脚本（Script），指的是一系列的命令和指令。它与 HTML 标记的主要区别是，脚本可以完成数据的运算和执行操作，而 HTML 标记只能实现对文本的简单格式化，或是对图形、视频等的读取。在 ASP 技术中，可以使用 VBScript 脚本和 JavaScript 脚本。

15.2.1　VBScript 基础知识

1. 服务器端脚本和客户端脚本

使用 VBScript 和 JScript，既可编写服务器端脚本，也可编写客户端脚本。服务器端脚本是在 Web 服务器上执行的，生成并发送到浏览器的 HTML 页面都是由 Web 服务器端来负责。在 ASP 中，服务器端脚本要用分隔符<%和%>括起，或者在<SCRIPT></SCRIPT>标记中要用 RUNAT=Server 表示脚本在服务器端执行。

客户端脚本由<SCRIPT></SCRIPT>嵌入到 HTML 页面中，由浏览器执行。

下面是一个简单的脚本实例：

```
<HTML><HEAD><TITLE>简单的 VBScript 程序</TITLE></HEAD>
<Body>
<SCRIPT LANGUAGE=VBScript>
Sub convert_onclick()
  temp=InputBox("请输入华氏温度",1)
  MsgBox "摄氏温度为: " & Celsius(temp)
End Sub
Function Celsius(fDegrees)
  Celsius=(fDegrees-32)*5/9
End Function
</SCRIPT>
```

```
<FORM>
<INPUT Type=button Name=convert value=sub>
</FORM>
</BODY>
</HTML>
```

打开 IE 浏览器执行上面的脚本程序，运行结果如图 15-8 所示。

图 15-8　程序初始界面

单击"sub"按钮，在弹出的窗口中输入一个华氏温度并单击"确定"按钮，如图 15-9 所示。

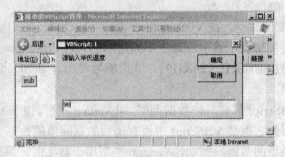

图 15-9　在弹出式窗口中输入华氏渐度

最后就会得到与其对应的摄氏温度，如图 15-10 所示。

图 15-10　显示摄氏温度

2．VBScript 语法特点

VBScript 是 Visual Basic 的一个子集，编程方法和 Visual Basic 基本相同，但有相当多的 Visual Basic 特性在 VBScript 中都被删去了。例如，VBScript 只有一种数据类型，即 Variant 类型，而 Visual Basic 却具有大部分通用程序语言所具有的数据类型；VBScript 不支持 Visual Basic 中传统的文件 I/O 功能，即不能通过 Open 语句与其他相关的语句和函数在客户机上读写 文件，这样防止了可能对客户机造成的危害。

（1）将单行文本分成多行文本。有时一条语句可能会很长，这给打印和阅读带来不便，此时可用续行符"　_"（一个空格紧跟一个下划线）将长语句分成多行。例如：

```
<%
strTemp="锄禾日当午，汗滴禾下土。" & _
  "谁知盘中餐，粒粒皆辛苦。"
Response.Write strTemp
%>
```

（2）在代码中加注释。程序中使用注释是一个良好的编程习惯。可以使用注释来说明编写某段代码或声明某个变量的用途，这样读到注释时就会想起当时的思路，既方便自己，也方便以后可能检查代码的其他人员。在 VBScript 中，注释符采用英文单引号"'"，即以撇号作为注释的开始。注释可以和语句在同一行并写在语句的后面，也可单独占一行。例如：

```
<%
dtmTime = Time()     '保存当前时间
Response.Write"当前时间是"& dtmTime
    '调用 Response 的 Write 方法将当前时间发送到浏览器
%>
```

说明：在 ASP 输出命令中不能包含注释。例如，下面的脚本将无法工作：

```
<%=Time()'显示当前时间%>
```

（3）使用不同进制的数字。在 VBScript 中，除了可以用默认的十进制来表示数字外，还允许用十六进制或八进制来表示数字。对于不同进制的数，VBScript 在表达方式上有明确的规定，即十六进制数要加前缀&H（如&H9），八进制数要加前缀&0（数字零）（如&011），十进制数不用加任何前缀。

（4）数据类型。VBScript 只有一种数据类型，即 Variant 类型。由于 Variant 类型是 VBScript 中唯一的数据类型，因此它也是 VBScript 中所有函数的返回值的数据类型。Variant 类型可以在不同场合代表不同类型的数据。例如，Variant 类型用于数字时，将作为数字处理；用于字符串时，将作为字符串处理等。

（5）变量。

● 声明变量：声明变量有两种方式，即显式声明和隐式声明。显式声明要用到 Dim 语句。例如：

```
<% Dim strUserName,strServerName,dtmTime %>
```

以上代码声明了 3 个变量，即 strUserName、strUserName 和 dtmTime。

隐式声明是指脚本中第一次使用变量之前并未声明该变量，就直接使用，脚本程序会自动创建该变量。例如：

```
<html>
<body>
<% dtmToday = Now() %>
当前日期和时间是: <% = dtmToday%>
</body>
</html>
```

以上代码中，VBScript 用 dtmToday 自动创建一个变量。虽然隐式声明很方便，但如果把变量名拼错的话，就会导致难以查找的错误。如：

```
<%dtmToday = Now()%>
当前日期和时间是<% = dtmToay%>。
```

以上代码看起来好象没有问题，结果应该和前面的代码一样。但由于 ASP 输出命令中将 dtmToday 写错了，因此无法显示出当前的日期和时间。这是因为当 VBScript 遇到新的名字时，无法确定到底是隐式声明了一个新变量，还是仅仅把现有变量名写错了，于是只好用新名字再创建一个新变量。

为了避免隐式声明时写错变量名引起的问题，VBScript 提供了 Option Explicit 语句来强制显式声明。如果在程序中使用该语句，则所有变量必须先声明，然后才能使用，否则会出错。Option Explicit 语句必须位于 ASP 处理命令之后、任何 HTML 文本或脚本命令之前。例如：

```
<% @ LANGUAGE = VBScript %>
<% Option Explicit %>
<%
Dim strUserName
Dim lngAccountNumber
%>
```

- 变量命名约定：每个变量都有一个由程序员给出的名字。在 VBScript 中，变量命名必须遵循这样的规则：

1）名字必须以字母开头。

2）名字中不能含有句号。

3）名字不能超过 255 个字符。

4）名字不能和关键字同名。

5）名字在被声明的作用域内必须唯一。

VBScript 不区分大小写。例如，将一个变量命名为 myCounter 和将其命名为 mYCounter 是一样的。另外，给变量命名时，要含义清楚，便于记忆。

- 变量的作用域：变量被声明后不是在任何地方都可以被使用，每个变量都有它的作用域。作用域是指程序中哪些代码能引用变量。过程内部声明的变量称为过程级变量或局部变量，这样的变量只有在声明它们的过程中才能使用，即无法在过程外部访问；过程外部声明的变量称为脚本级变量或全局变量，即在同一 .asp 文件中的任何脚本命令均可访问和修改变量的值。过程级和脚本级变量可以同名，修改其中一个变量的值，不会影响另一个。例如：

```
<%
Option Explicit
Dim intX  '声明脚本级变量
IntX = 1  '给脚本级变量赋值
SetLocalVariable  '调用过程修改过程级变量的值
Response.Write intX  '将脚本级变量的值发送到浏览器，值仍为 1
Sub SetLocalVariable
Dim intX  '声明过程级变量
IntX = 2  '给过程级变量赋值
End Sub
%>
```

但是，如果不声明变量，则有可能在无意中修改脚本级变量的值。例如，在下面的例子中，由于没有在过程中声明变量，因此当过程调用设置变量 intX 为 2 时，脚本引擎认为过程要修改的是脚本级变量：

```
<%
Option Explicit
Dim intX  '声明脚本级变量
IntX = 1  '给脚本级变量赋值
SetLocalVariable  '调用过程修改变量的值
```

```
Response.Write intX    '将脚本级变量的值发送到浏览器，值为 2
Sub SetLocalVariable
IntX = 2    '给脚本级变量赋值
End Sub
%>
```

为了避免这样的问题，有必要养成显式声明所有变量的习惯。当用#include 命令在.asp 文件中包含其他文件时尤其重要，因为被包含的脚本虽然在单独的文件中，但却当作是包含文件的一部分。

（6）常量。常量是具有一定含义的名称，用于代替数值或字符串。在持续执行期间，常量的值不会发生改变。可以在代码的任何位置使用常量代替实际值。VBScript 本身定义了许多固有常量，这些常量均以 vb 为前缀。此外，在 VBScript 中，还可以用 Const 语句来定义自己的常量。例如：

```
<%
Const conPi = 3.14159265358979    '数字常量
Const conReleaseDate = #1/1/2000#    '日期常量
Const conVersion = "08.10.A"        '字符常量
%>
```

（7）数组。在 VBScript 中，把具有相同名字不同下标值的一组变量称为数组变量，简称数组。数组中的每个元素都有唯一的下标来识别。表达时必须将下标放在一对紧跟在数组名之后的括号中，如 intSums(10)，其中 intSums 是数组名，10 是下标。下标用于指明某个数组元素在数组中的位置。在一个数组中，若用一个下标就能确定一个元素在数组中的位置，则该数组就称一维数组。由具有两个或多个下标所组成的数组称为二维数组或多维数组。

数组有上界和下界，数组中的元素在上下界内是连续的。由于 VBScript 对每个元素都要分配空间，因此不要不切实际地声明太大的数组。

在 VBScript 中，数组有两种类型，即固定数组和动态数组。

● 固定数组：固定数组是指数组一旦定义好后，其大小在运行时就不可改变。数组在使用之前必须先声明。在 VBScript 中，声明数组的语句和声明变量的语句是一致的。例如：
```
<%
Dim intCounters(9)        '声明含 10 个元素的数组，下标从 0 到 9
Dim dblMatrix(9,11)       '声明 10*12 的二维数组
%>
```
数组声明后，就可以在代码中引用它们。例如：
```
<%
For I = 0 TO 9
  IntCounters(I) = I*3
Next
%>
```

● 动态数组：动态数组是运行时大小可变的数组。在 VBScript 中，动态数组最灵活、最方便。声明动态数组时，不要在括号中包含任何数字。例如：
```
<% Dim strDyn() %>
```
动态数组声明后，使用时必须用 ReDim 语句分配实际的元素个数。例如：
```
<% Dim strDyn(10) %>
```
可以用 ReDim 语句不断地改变元素数目。例如：

```
<%
Dim strDyn()
ReDim strDyn(3)          '声明含 4 个元素的数组，下标从 0 到 3
…
ReDim strDyn(2,5)        '声明为二维数组
%>
```

每次执行 ReDim 语句时，存储在数组中的当前值都会全部丢失。VBScript 重新将数组元素的值置为空。如果希望改变数组大小而又不丢失数组中的数据，则要用带 Preserve 关键字的 ReDim 语句。例如：

```
<% ReDim Preserve strDyn(Ubound(strDyn) + 1) %>
```

以上代码将数组扩大一个元素，现有元素值不变。Ubound()函数返回数组的上界。

（8）运算。运算用于对数据进行加工处理。基本的运算关系可以用一些简洁的符号来描述，这些符号称为运算符或操作符，被运算的数据则称为操作数，操作数可以是变量、常量，也可以是函数。将运算符和操作符连接起来就构成了表达式。在 VBScript 中，可以进行 4 种类型的运算，即算术运算、连接运算、关系运算和逻辑运算。

- 算术运算：算术运算就是人们熟悉的数学运算，如加（+）、减（−）、乘（*）、除（/）、整除（\）、指数（^）等。
- 连接运算：连接运算是将两个字符表达式连接起来，生成一个新的字符串。连接运算符有两个：+和&，如：

```
<%
strname="刘晓东"
strschool="南京大学"
strtemp=strname & "是" +strschool & "的学生"
%>
```

使用&运算符时，参与连接的每个表达式可以不全是字符串，即&运算符能强制性地将两个表达式做字符串连接运算。如：

```
<%
intnum=22
strtemp="学号是" & intnum
%>
```

使用+运算符时，操作符必须是字符串，否则将产生错误。如：

```
<%
intnum=22
strtemp="学号是" + intnum
%>
```

- 关系运算：关系运算用来比较两个表达式的大小，如大于（>）、大于等于（>=）、小于（<）、小于等于（<=）、等于（=）和不等于（<>）。关系运算的结果是逻辑值 TRUE 或 FALSE。关系运算可用于数值间的比较，也可用于字符串间的比较。当用于字符串间的比较时，将按 ASCII 码值的大小由左向右依次逐个字符进行比较，直到比较出结果为止。
- 逻辑运算：逻辑运算通常称做布尔运算，专门用于逻辑值之间的运算，如表 15-2 所示。

运算符的优先顺序：

算术运算＞连接运算＞关系运算＞逻辑运算

算术运算：指数＞乘/除＞整除＞加/减

逻辑运算：按表 15-2 中所列顺序从上到下依次降低。

表 15-2　逻辑运算

运算符	含义	举例	结果	说明
NOT	逻辑非	NOT（8>2）	False	真变假，假变真
AND	逻辑与	(8>2)and(9>3)	True	两者同时为真时，结果为真
OR	逻辑或	(8>3)or(9<5)	True	一个为真即为真
XOR	异或	(9>5)xor(21>6)	False	一个且只有一个为真时为真
EQV	逻辑等于	(6-3)eqv(8-5)	True	相等时为真

15.2.2　VBScript 控制结构

默认时，脚本中代码总是按书写的先后顺序来执行的。但在实际应用中，通常要根据条件的成立与否来改变代码的执行顺序，这时就要使用控制结构。控制结构分为判定结构和循环结构两种。

1. 判定结构

判定结构分为条件结构和选择结构两种。

（1）条件结构。条件结构分单行结构和块结构。单行结构的语法是：

```
if condition then [else statement]
```

其中，condition 是条件表达式。如果 condition 为 true，则执行 then 后面的语句；否则执行 else 后面的语句；如果省略 else 部分，则执行下一条语句。例如：

```
<% if dtmx < now() then dtmx=now()%>
```

块结构的语法是：

```
if condition1 then
[statement1]
[elseif condition2 then
  [statement2]]
...
[else
  [statementn]]
endif
```

VBScript 先测试 condition1。如果为 false，再测试 condition2，依次类推，直到找到一个为 true 的条件，就执行相应的语句块，然后执行 end if 后面的语句。如果条件都不是 true，则执行 else 语句块。例如：

```
<%
if time < #12:00:00 AM# then

  response.write  "早上好!"
elseif time< #6:00:00 PM# then
  response.write "下午好!"
else
  response.write "晚上好!"
%>
```

（2）选择结构。块结构的条件语句结构比较烦琐，用选择结构替代块结构更加易读。

选择结构的语法是：

```
select case testexpression
    [case expressionlist1
    [statement1]]
    [case expressionlist2
    [statement2]]
...
[case else [statementn]]
end select
```

VBScript 先计算测试表达式的值，然后将表达式的值与每个 case 的值进行比较。若相等，就执行与该 case 相关的语句块。如果在一个列表中有多个值，就用逗号把值隔开。如果不止一个 case 与测试表达式匹配，那么只对第一个匹配的 case 执行相关联的语句块；如果列表中没有一个值与测试值相匹配，则执行 case else 子句中的语句。如：

```
<%
select case strseason
  case "春季"
  response.write"一月、二月、三月"
  case "夏季"
  response.write"四月、五月、六月"
  case "秋季"
  response.write"七月、八月、九月"
  case "冬季"
  response.write"十月、十一月、十二月"
  case else
  response.write"错误"
end select
%>
```

2．循环结构

循环结构允许重复执行一行或数行代码。在 VBScript 中，提供了 3 种不同风格的循环结构，即 DO 循环、FOR 循环和 FOR EACH 循环。

（1）DO 循环。DO 循环用于重复执行一个语句块，重复次数不定，如：

```
<%
I=0
Do
I=I+1
Response.write"I 的当前值是：" & I &"<br>"
Loop
%>
```

显然，以上代码没有设置终止条件，循环会无限地进行下去，为让循环终止必须在循环中用 exit do 语句，如：

```
<%
Do
I=I+1
Response.write"I 的当前值是：" & I &"<br>"
If I>100 then exit do  // 当 I 的值大于 100 时循环立即退出
Loop
%>
```

DO 循环有几种变种。第一种为：

```
DO WHILE CONDITION
  STATEMENTS
LOOP
```

执行时，首先测试 CONDITION。如果 CONDITION 为 FALSE 或零，那么跳过所有语句；只要 CONDITION 为 TRUE 或非零，那么循环将一直执行。如果一开始 CONDITION 便为 FALSE 或零那么不会执行循环中语句。如：

```
<%
intcount=0
intsum=0
DO WHILE intcount<100
  intcount=intcount+1
  intsum=intcount+intsum
LOOP
%>
```

第二种变种为：先执行语句，然后在每次执行后测试 condition。这种形式保证 statements 至少执行一次。

```
DO
STATEMENTS
LOOP WHILE CONDITION
```

如：

```
<%
intcount=0
intsum=0
DO
  intcount=intcount+1
  intsum=intcount+intsum
LOOP WHILE intcount<100
%>
```

其他两种变种的格式是：

```
DO UNTILE CONDITION
  STATEMENTS
  LOOP
```

或者：

```
DO
  STATEMENTS
  LOOP UNTILE CONDITION
```

这两种变种类似于前两个，不同的是，只要条件为 false 就执行循环，如：

```
<%
intcount=0
intsum=0
DO UNTIL intcount=100
  intcount=intcount+1
  intsum=intcount+intsum
LOOP
%>
```

（2）FOR 循环。当不知道循环要执行多少次时，最好用 DO 循环。如果知道循环执行多少次，则最好用 FOR 循环。与 DO 循环不同，FOR 循环含有一个计数变量，每重复一次循环，计数变量的值就会增加或减少。FOR 循环的语法为：

```
FOR COUNTER=START TO END[STEP INCREMENT]
STATEMENTS
NEXT[COUNT]
```

执行 FOR 循环时，先将 COUNTER 设为 START，并测试 COUNTER 是否大于 END。若是，则退出循环（若 INCREMENT 为负，则测试 COUNTER 是否小于 END）；否则执行循环中的语句。如：求 1 到 100 之间奇数的和。

```
<%
intsum=0
for I=1 to 100 step 2
intsum=intsum+I
next
%>
```

COUNTER、START、END、INCREMENT 为数值型。如果 INCREMENT 为负，那么 START 必须大于 END。如果省略 STEP 子句，那么 INCREMENT 默认值为 1。

（3）FOR EACH 循环。FOR EACH 循环与 FOR 循环类似，但 FOR EACH 循环只对数组或对象集合中的每个元素重复一组语句，而不是重复一定的次数。如果不知道一个集合有多少元素，则用 FOR EACH 循环非常方便。FOR EACH 循环的语法为：

```
FOR EACH ELEMENT IN GROUP
STATEMENTS
NEXT ELEMENT
```

如：

```
<%
// 列举使用 HTML 表单提交的所有值
FOR EACH ITEM IN REQUEST.FORM
RESPONSE.WRITE REQUEST.FORM(ITEM)
NEXT
%>
```

（4）WITH 语句。WITH 语句用于对某个对象执行一系列的操作，而不用重复指出对象的名字。如：

```
<%
with response
  .write"这是第一行。<BR>"
  .write"这是第二行。<BR>"
  .write"这是第三行。"
END WITH
%>
```

WITH 语句可以嵌套，但不能用一个 WITH 语句来设置多个不同的对象。

3．过程

过程是用来执行特定任务的独立的程序代码。使用过程可以将程序划分成一个个较小的逻辑单元，过程中的代码可以被反复调用，这样可以减少不必要的重复。可以将过程定义放在调用该过程的同一个.asp 文件中，也可以将常用过程放在共享的文件中，并使用#Include 命令将该文件包含在调用过程的.asp 文件中。

VBScript 根据是否具有返回值，将过程划分为 SUB 过程（子过程）和 FUNCTION 过程（函数）。

（1）子过程。子过程是不返回值的过程，语法是：

```
SUB PROCEDEURNAME(ARGUMENTS)
```

```
STATEMENTS
END SUB
```

每次调用子过程都会执行 SUB 和 END SUB 之间的语句。ARGUMENTS 是可选项，表示子过程的参数，参数用于在调用过程和被调用过程之间传递信息。如：

```
<%
sub compute(A,B)
DIM intc1,intc2
Intc1=A+B
Intc2=A-B
Response.write"两数之和是: " & intc1 &"<br>"
Response.write"两数之差是: " & intc1
End sub
%>
```

定义子过程后，就可以在程序代码中调用。调用方式有两种，一是用 CALL 语句，另一是直接用子过程名。用 CALL 调用的语法是：

```
CALL PROCEDURNAME([ARGUMENTS])
```

如：

```
<%
INTX=10
INTY=12
CALL COMPUTE(INTX,INTY)
%>
```

用子过程名直接调用的语法是：

```
PROCEDURNAME ARGUMENTS
```

如：

```
<%
INTX=10
INTY=12
COMPUTE INTX,INTY
%>
```

注意：调用子过程必须是一个独立的语句。

在子过程调用中，可以用 EXIT SUB 语句强制从子过程中退出并返回，如：

```
<%
SUB RECTANGLE(WIDTH,HEIGHT,AREA,PERIMETER)
IF WIDTH<=0 OR HEIGHT<=0 THEN
RESPONSE.WRITE"输入错!"
Exit sub  // 强行退出
End if
AREA= WIDTH*HEIGHT  // 计算面积
PERIMETER=2*(WIDTH+HEIGHT)  // 计算周长
End sub
%>
```

（2）函数。函数与子过程一样，也是用来完成特定功能的独立的程序代码，可以读取参数、执行一系列语句并改变参数的值。但函数有一个重要的特点，就是调用时将返回一个值。函数的语法是：

```
FUNTION FUNNAME([ARGUMENTS])
[STATEMENTS]
FUNNAME=EXPRESSION
```

```
[STATEMENTS]
END FUNCTION
```

其中，ARGUMENTS 是一个可选项，表示函数的参数。FUNNAME=EXPRESSION 用于为函数设置返回值，该值将返回给调用的语句，函数中至少要含有一条这样的语句。如：华氏温度转换为摄氏温度。

```
<%
function celsius(degrees)
celsius=(degrees)*5/9
END FUNCTION
%>
```

函数的调用方法与子过程略有不同，函数可以在表达式中使用。调用函数时，参数要放在一对括号中，这样就可以与表达式的其他部分分开，如：

```
temp=celsius(60)
```

同样，也可以用 CALL 语句调用函数，如：

```
call celsius(60)
```

用 CALL 调用函数时，VBScript 放弃返回值。

类似于子过程，函数中可以用 EXIT FUNCTION 语句直接退出并返回，但执行前必须为函数赋值，否则出错。

15.3　ASP 组件的使用

ASP 使用 VBScript 或者 JScript 脚本完成编程，而这两种脚本能力非常有限，利用 ASP 的几个内部对象也无法完成较大规模的应用，但令人兴奋的是 ASP 支持组件技术，例如文件上传、绘图、收发电子邮件、站点导航等都可以用组件来完成，本节我们将介绍如何使用 ASP 组件，并结合组件对一些网站常用的技术作深入的研究。

15.3.1　内置文件组件

在以前的 IIS 版本中，对文件的操作十分有限，但 IIS4.0 以后的版本中，ASP 具有很多方法、属性、集合来对文件进行操作处理，几乎可以完全控制服务器的文件系统。

实现文件操作，需要如下组件：

（1）FileSystemObject：该对象包括一些基本的文件操作方法。例如文件（或文件夹）的复制、删除。

（2）TextStream：该对象用来实现文件的读/写操作。

（3）File：该对象的方法和属性被用来处理单独的文件。

（4）Folder：该对象的方法和属性被用来处理文件夹。

下面，我们介绍一下如何创建并写入一个文本文件。

首先，创建一个 FileSystemObject 对象的实例，然后利用 CreateTextFile()以该实例创建一个 TextStream 对象的实例，最后利用 TextStream 对象的 WriteLine()方法来写入文件。例如：

```
file.asp
<%
path=server.mappath("/")
filename=path & "/" & "test.txt"
Set MyFileObject=Server.CreateObject("Scripting.FileSystemObject")
```

```
Set MyTextFile=MyFileObject.CreateTextFile(filename)
MyTextFile.WriteLine("在当前目录创建了一个名叫test.txt的文件！")
Response.write("文件创建完成！")
MyTextFile.Close
%>
```

执行结果如图 15-11 所示。

执行完成后，在 file.asp 文件所在目录中就会生成一个名叫 test.txt 的文本文件，打开它可以看到内容已经写到文件中了，如图 15-12 所示。

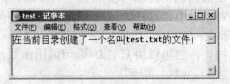

图 15-11　创建文件完成　　　　　　　　　　　图 15-12　test.txt 的内容

这个例子中，CreateTextFile()用来创建一个新的文本文件，WriteLine()用来将内容写入文件，MyTextFile.Close 用来关闭文件。现在我们已经会创建一个有内容的文本文件了，那怎么才能把文件中的内容读取出来呢？

首先要做的还是创建一个 FileSystemObject 对象的实例，然后利用 OpenTextFile()来创建一个 TextStream 对象的实例，最后就可以用 TextStream 对象的 ReadLine 方法来读取文件了。例如：

```
readfile.asp
<%
path=server.mappath("/")
filename=path & "/" & "test.txt"
Set MyFileObject=Server.CreateObject("Scripting.FileSystemObject")
Set MyTextFile=MyFileObject.OpenTextFile(filename)
While not MyTextFile.AtEndOfStream
  Response.write(MyTextFile.ReadLine)
Wend
MyTextFile.Close
%>
```

执行结果如图 15-13 所示。

图 15-13　读取 test.txt 文件的内容

除了使用 ReadLine 方法外，还可以使用 Read()方法。Read()方法会从打开的文本文件中返回指定数目的字符。例如：

```
read.asp
<%
path=server.mappath("/")
filename=path & "/" & "test.txt"
Set MyFileObject=Server.CreateObject("Scripting.FileSystemObject")
Set MyTextFile=MyFileObject.OpenTextFile(filename)
While not MyTextFile.AtEndOfStream
  Response.write(MyTextFile.Read(1))
Wend
MyTextFile.Close
%>
```

Read(1)是从文件中每次读取一个字符，通过循环一个一个地将文件中的全部内容读取出来，效果和 readfile.asp 一样。

15.3.2　对文件进行处理

在 ASP 中，可以通过组件方便地对文件进行复制、移动、删除，以及检测一个文件是否存在和接收一个文件的相关属性。下面介绍用 FileSystemObject 对象对文件进行操作的一些方法。

（1）CopyFile　Source，Destination，[Overwrite]：该方法将源文件（即 Source 参数）复制为目标文件（即 Destination 参数），参数 Overwrite 将在目标文件已经存在的情况下进行覆盖操作。

（2）MoveFile　Source，Destination：该方法是对文件进行移动操作，参数说明和 CopyFile 相同。

（3）DeleteFile　FileSpecifier：该方法用来删除指定文件。

在使用上述方法之前，必须创建一个 FileSystemObject 对象的实例。例如：

```
wjcz.asp
<%
Set MyFileObject=Server.CreateObject("Scripting.FileSystemObject")
Set MyFile=MyFileObject.CreateTextFile("test.txt")
MyFile.WriteLine("ASP 组件练习！")
Response.write("文件写入完成！")
MyFile.Close
'复制文件操作
MyFileObject.CopyFile "test.txt","test2.txt"
'移动文件操作
MyFileObject.MoveFile "test.txt","test3.txt"
'删除文件操作
MyFileObject.DeleteFile "test3.txt"
%>
```

运行 wjcz.asp 之前，必须保证 wjcz.asp 所在的文件夹内存在一个叫 test.txt 的文本文件；否则程序会报错。那如果没有 test.txt 文件怎么办呢？这就需要首先判断一下所需的文件是否存在。下面介绍一个判断文件是否存在的例子。

```
Check.asp
<%
Set MyFileObject=Server.CreateObject("Scripting.FileSystemObject")
If MyFileObject.FileExists("test.txt") then
  Response.write("文件存在！")
Else
```

```
    Response.write("文件不存在！")
End If
%>
```

运行结果如图 15-14 所示。

图 15-14　测试文件是否存在

15.3.3　Content Linking 组件

如果你的网站有一系列相互关联的页面的话，Content Linking 组件将非常适合你的需求，它不但可以使你在这些页面中建立一个目录表，而且还可以在它们中间建立动态连接，并自动生成和更新目录表及先前和后续的 Web 页的导航链接。这对于列出联机报刊、电子读物网站以及论坛邮件是十分理想的选择。

Content Linking 组件创建管理 URL 列表的 Nextlink 对象，要使用 Content Linking 组件，需要先创建 Content Linking List 文件。Content Linking 组件正是通过读取这个文件来获得处理我们希望链接的所有页面的信息。事实上该文件是一个纯文本文件，其内容如下：

```
page1.htm one
page2.htm two
page3.htm three
page4.htm four
page5.htm five
page6.htm six
```

这个文本文件的每行有如下形式：

```
url description comment
```

其中，URL 是与页面相关的超链地址，description 提供了能被超链使用的文本信息，comment 则包含了不被 Content Linking 组件解释的注释信息，它的作用如同程序中的注释。description 和 comment 参数是可选的。下面我们来看看如何具体使用 Content Linking 组件。

```
Conlink.asp
<html>
<head>
<meta http-equiv="Content-Type" content="text/html; charset=gb2312">
<title>Content Linking</title>
</head>
<body>
<p>Content Linking</p>
<%
Set Link = Server.CreateObject("MSWC.NextLink")
count = Link.GetListCount("nextlink.txt")
Dim I
For I=1 to count
%>
<ul><li>
```

```
        <ahref="<%=Link.GetNthURL("nextlink.txt",I)%>">
        <%=Link.GetNthDescription("nextlink.txt",I) %></a>
<%Next%>
</body>
</html>
```

运行 Conlink.asp 之前，必须保证 Conlink.asp 所在的文件夹内存在 nextlink.txt 文件，否则程序会因为找不到 nextlink.txt 而报错。在以上代码中，我们先用 GetListCount 方法确定在文件 nextlink.txt 中有多少条项目，然后利用循环语句，并使用 GetNthURL、GetNthDescription 方法逐一将存储在 nextlink.txt 文件中的内容读出并显示给客户端浏览器。下面列出了 Content Linking 组件所有可使用的方法：

GetListCount(file) 统计内容链接列表文件中链接的项目数。

GetNextURL(file) 获取内容链接列表文件中所列的下一页的 URL。

GetPreviousDescription(file) 获取内容链接列表文件中所列的上一页的说明行。

GetListIndex(file) 获取内容链接列表文件中当前页的索引。

GetNthDescription(file,index) 获取内容链接列表文件中所列的第 N 页的说明。

GetPreviousUR(file) 获取内容链接列表文件中所列的上一页的 URL。

GetNextDescription(file) 获取内容链接列表文件中所列的下一页的说明。

GetNthURL(file,index) 获取内容链接列表文件中所列的第 N 页的说明。

以上介绍的只是 ASP 的内部组件中很少的一点内容，仅仅作为入门，还有很多的内部组件知识请参阅更专业的书籍。除了内部组件之外，ASP 还提供外部组件功能，使得 ASP 的功能有了极大的扩展。可以毫不夸张地说，是外部组件成就了 ASP 今天的辉煌成绩，没有外部组件，就没有 ASP 今天的广泛应用。

15.4　数据库基础知识

数据库是动态网页的重要组成部分，是 Web 应用程序的核心，动态网上的数据一般要从数据库存取。这里主要介绍数据库的建立和连接过程。

15.4.1　数据库简介

数据库文件和一般的文本文件不同，有它自己的独有格式，要采用特有的连接方式才能打开它。常用数据库格式有 Access、dBASE、FoxPro、Paradox、Excel 等，它们在常用的数据库软件中可以相互转换。Microsoft Access 2003 是一种简单易用的小型数据库设计系统，特别适用于中小型网站的数据操作，利用它可以很快创建具有专业特色的数据库，而不用学习高深的数据库理论知识。

一般的数据库是由表、视图和查询等文件所组成，表上的行叫做记录，列叫做字段，每一个表由许多记录组成，记录是数据库的构成单元，它由若干字段组成，一个记录是一系列相关数据的集合。视图和查询是利用表的数据建立的新表。

15.4.2　Access 数据库基本操作

1. 基本概念

数据库：包括若干个表、查询、窗体、报表、模块等对象的集合。

表：唯一存放数据的对象，是记录的集合。如果说数据库是一个账簿，那么表就相当于账簿中的一张二维账表。具有共同属性的一列数据称为一个字段；一行关于同一对象的相关数据称为一条记录。

查询：查看、更改、分析数据的对象。

窗体：显示和输入数据的界面。

报表：控制数据输出的工具。

2. 创建表

下面以"学生成绩表"为例讲述在 Access 2003 中建立数据库和数据表的过程。

（1）启动 Microsoft Access，选择"新建文件"→"空数据库"，单击"确定"按钮。

（2）在弹出窗口中输入文件路径和文件名，如"学生成绩"，单击"创建"按钮，建立数据库。

（3）在数据窗口中，单击"表"选项卡，然后单击"新建"按钮，如图 15-15（a）所示。

（4）在弹出窗口中选择"设计视图"，单击"确定"按钮，弹出如图 15-15（b）所示的数据表设计窗口。

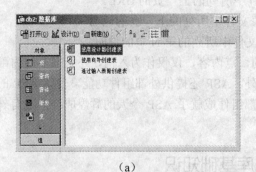
（a）
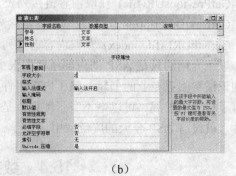
（b）

图 15-15　创建数据表

（5）在数据表设计视图中，输入字段名称"学号"，选择数据类型为"文本"，字段大小设为 6。

（6）单击字段属性下"默认值"删除默认值；单击"必填字段"，选择"是"；其他不变。

（7）重复上述操作，直到将表 15-3 中的字段全部定义完成。

表 15-3　数据表的结构

字段名	数据类型	长度
学号	数字	6
姓名	文本	8
性别	是/否	
语文	数字	整型
数学	数字	整型
计算机	数字	整型
英语	数字	整型

（8）关闭窗口，提示存储"表 1"时，单击"是"按钮。

（9）显示"另存为"对话框，将表的名称改为"学生成绩表"，然后单击"确定"按钮。

（10）提示是否输入主关键字，单击"否"按钮。这样数据表创建完成。

3. 修改表结构

（1）单击数据窗口中"表"选项卡内的"学生"表。

（2）单击顶端的"设计"按钮。

（3）在字段名上右击，在弹出菜单中选"主键"命令，将该字段设为"学生成绩表"的主关键字。

（4）在字段名上右击，在弹出菜单中选"插入行"命令，可在该字段前插入一个新字段。

（5）按下鼠标，拖动字段名左侧的小方框，可完成对表中字段顺序的调整。

（6）在字段行上右击，在弹出菜单中选"删除行"命令，可完成对字段的删除操作。

（7）对字段名称等属性可直接在设计视图中修改。

（8）修改完成，关闭设计视图，保存表。

4. 利用向导建表

（1）在数据库窗口中单击"表"选项卡，单击"新建"按钮，选择"表向导"，单击"确定"按钮。

（2）单击"示例表"中的"雇员"表。

（3）选择"示例表"中相应的"示例字段"。

（4）在"我的新表中的字段"栏中将刚选中的"示例字段"重命名。

（5）单击"下一步"按钮。将表名改为"教师"，单击"不，我自己设置关键字"，单击"下一步"按钮。

（6）选择"教师编号"为主关键字，单击"填加新记录时我自己输入的数字"，单击"下一步"按钮。

（7）单击"修改表设计"，单击"完成"按钮，进入"教师"表设计视图。

（8）关闭"教师"表设计窗口，完成"教师"表的建立。

5. 填写、编辑数据

（1）填写数据：打开数据表，在显示表格中直接输入数据。

（2）定位记录：单击记录行内的任一数据。

（3）编辑数据：单击要修改的数据，直接输入新的数据。

（4）插入记录：定位到新记录行，或单击工具栏上的"新记录"工具。

（5）删除记录：选择要删除的记录行，按 Del 键。

（6）记录的复制：与 Word 中文字操作方法相同。

6. 窗体的建立

（1）单击作为窗体数据来源的表或查询。

（2）单击工具栏上的"新对象"按钮，选择"自动窗体"。

（3）关闭该窗体，单击"是"按钮，并输入窗体的名称"课程"。

7. 查询的运用

Access 2003 数据库的查询操作包括筛选和统计计算等多种功能，下面简单介绍各功能的作用。

● 求和操作

例：在"学生成绩"表中求"语文"、"计算机"、"英语"等若干个字段的数据和。

（1）打开学生成绩库，选择"表"选项卡，选中"学生成绩表"，在工具栏中单击"新对象"下拉菜单，选择"查询"。

（2）出现查询对话框，单击"设计查询"，再单击"确定"按钮。

（3）从查询设计视窗选择所有字段进入设计网格表中。

（4）单击右面空列，输入"合计：[计算机]+[语文]+[英语]+[数学]"。

（5）单击"关闭"按钮。

（6）保存为"学生查询"。

（7）打开"学生查询"即可看到每一条记录中的"语文"+"数学"+"计算机"+"英语"的"和"出现在最右面的"合计"栏中。

● 求字段平均值、字段总计值、字段最大值操作

例：查询"学生成绩表"数据库中的所有学生"计算机"科目的总计值，"语文"科目的最大值，"数学"科目的平均值。

（1）打开学生成绩库，选择"表"选项卡，选中"学生成绩表"，在工具栏中单击"新对象"下拉菜单，选择"查询"。

（2）在新建查询对话框中，选择"设计视图"。

（3）从查询设计视窗中选择"计算机"科目，"语文"科目，"数学"科目字段进入设计网格表中。

（4）单击工具栏中的"总计"工具。

（5）在设计网格表中多出"总计"一栏，从"数学"总计栏中选 AVG，从"语文"总计栏中选 MAX，从"计算机"总计栏中选 SUM。

（6）单击"关闭"按钮，保存为"综合查询"。

（7）打开"综合查询"即可看到所要数据。

● 具体查询操作

例：查询"吴小辉"同学的"数学"、"语文"、"英语"成绩。

（1）打开学生成绩库，选择"表"选项卡，选中"学生成绩表"，在工具栏中单击"新对象"下拉菜单，选择"查询"。

（2）选中"姓名"字段，在"准则"中输入"吴小辉"，选中"数学"、"语文"、"英语"。

（3）单击"关闭"按钮，保存为"个人查询"。

（4）打开"个人查询"即可看到所要的数据。

● 分类查询操作

例：查询英语成绩为 60 分以上同学的情况。

（1）打开学生成绩库，选择"表"选项卡，选中"学生成绩表"，在工具栏中单击"新对象"下拉菜单，选择"查询"。

（2）出现"查询"对话框，单击"设计查询"，单击"确定"按钮。

（3）选中"英语"字段，在"准则"中输入">60"。如查询"英语"60 分至 80 分之间的学生，则在"准则"中输入">60and<80"，其他操作不变。

（4）单击"关闭"按钮，保存为"分类查询"。

（5）打开"分类查询"即可看到所要数据。

8. 报表

（1）打开学生成绩库，选择"表"选项卡，选中"学生成绩表"，在工具栏中单击"新

对象"下拉菜单,选择"报表"。

（2）出现"报表选择"对话框,单击"自动报表:表格",单击"确定"按钮。这时出现一个报表预览窗口。

（3）单击"关闭"按钮,保存为"学生报表"。

（4）单击"打印"按钮,即可打印出"学生报表"中的学生数据。

15.4.3 数据源的建立

1. ODBC 数据源的概念

在 ASP 的运行过程中,ASP 应用程序直接从数据库存取数据的操作比较困难,因为不同的数据库系统具有不同的驱动模式,针对不同的数据库需要分别编写复杂 CGI（Common Gateway Interface）接口连接代码。Microsoft 公司开发的 ODBC（Open DataBase Connectivity）是一个开放的数据库系统应用程序接口规范,它为应用程序提供了一套调用规范和基于动态链接库的运行支持环境。ODBC 使应用程序能够方便地访问不同的、相对于应用程序独立的数据库系统。也就是说,在 ASP 应用程序访问数据库前,应把数据库与接口规范连接,从而建立起便于应用程序访问 ODBC 数据源。

2. ODBC 数据源的建立

下面以常用的 Access 数据库为例来说明创建一个用户数据源的过程。假设我们已经通过 Access 创建了一个 stu.mdb 文件（放在 d:\xsgl\下）,里面包含了所有的表、索引和数据。

（1）从"控制面板"打开"管理工具",单击"数据源 ODBC"图标,弹出"ODBC 数据源管理器"窗口,如图 15-16 所示。

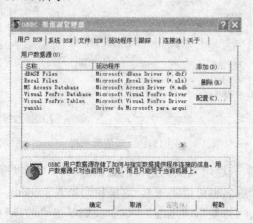

图 15-16 ODBC 数据源管理器

ODBC 管理器中列出了 3 种数据源名的创建方式,分别为用户 DSN、系统 DSN 和文件 DSN。

- 用户 DSN:ODBC 用户数据源存储了如何与指定数据库提供者连接的信息。只对当前用户可见,而且只能用于当前机器上。这里的当前机器是指这个配置只对当前的机器有效,而不是说只能配置本机上的数据库。它可以配置局域网中另一台机器上的数据库。

- 系统 DSN:ODBC 系统数据源存储了如何指定数据库提供者连接的信息。系统数据源对当前机器上的所有用户都是可见的,包括 NT 服务。也就是说,在这里配置的数据源,只要是这台机器的用户都可以访问。

- 文件 DSN:ODBC 文件数据源允许用户连接数据提供者访问。文件 DSN 可以由安装了相同驱动程序的用户共享。这是界于用户 DSN 和系统 DSN 之间的一种共享情况。

系统 DSN 是动态网页制作中应用较广泛的一种数据源创建方式，这里我们以它为例讲述其创建过程。

（2）添加系统 DSN。单击右侧的"添加"按钮，弹出如图 15-17 所示的对话框。

图 15-17　添加系统数据源

（3）选择驱动程序。由于我们已经建立好 Access 2003 数据库，选择 Microsoft Access Driver(*.mdb)一项，单击"确定"按钮，弹出如图 15-18 所示的设置对话框。

图 15-18　设置数据源

（4）在"数据源名"一栏填入我们定义的数据源名称（可以理解为附加上接口的数据库的别名，可以与原数据库重名也可以不重）。这里我们填入 student。"数据库"下有 4 个按钮，分别为"选择"、"创建"、"修复"、"压缩"。这里我们单击"选择"按钮，弹出要连接数据库的选择对话框，如图 15-19 所示。

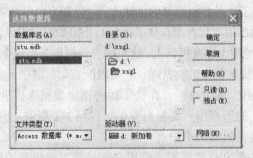

图 15-19　选择数据库

（5）在站点目录下选中我们将在动态网页中应用的数据库 stu.mdb，单击"确定"按钮。系统数据源创建完毕，数据库已经变成了一个带有标准接口的 ODBC 数据源，在 ASP 程序中可以通过简单的命令语句完成对数据源的访问操作。

15.5　测试服务器的建立

ASP 应用程序的脚本代码必须用脚本引擎来解释执行。因此运行 ASP 程序前应该先安装包含脚本引擎的服务器管理程序 IIS 或 PWS，也就是建立一个测试服务器。

任何一台具有 IP 地址的计算机（没有联网的计算机管理程序默认一个 IP 地址 127.0.0.1），安装上服务器管理程序后就构成了一台服务器。常见的 Web 服务器管理软件包括 IIS（Microsoft Internet Information Server）、PWS（Microsoft Personal Web Server）、Apache HTTP Server、Netscape Enterprise Server 和 iPlanetWebServer 等。安装哪一种 Web 服务软件根据所用操作系统而定，在 Windows NT 及 Windows 2000 以上中安装 IIS 最为常用，在 Windows 95/98 安装服务器软件一般只能使用 PWS。这里主要讲述服务器管理软件的安装与服务器站点的发布过程。

说明：与真正的 Internet 服务器相比，测试服务器不需要申请外部 IP 地址，不需要域名解析，主要用来测试本地机上的 ASP 应用程序。测试服务器可以是局域网上的计算机，也可以是未连网的单机。如果是局域网内的计算机设成了服务器，则它上面的站点可通过内部 IP 地址进行访问。如：在局域网上建立了内部 IP 地址为 192.168.0.51 的测试服务器，则在浏览器地址栏中输入"192.168.0.51/站点虚拟目录名/主页名"即可访问测试服务器上的站点。

1．Web 服务器管理程序的安装

在流行的 Web 服务器软件中，Microsoft 公司的 IIS 无论从功能、易用性和兼容性等方面都非常出色，对 ASP 开发者来讲，它是较好的选择。

（1）IIS（Internet Information Server）简介。IIS 目前最新的版本是 Windows 2012 的 IIS8.0，而与 Windows XP 专业版一同发布的是 IIS 5.1，Windows NT 附带的是 IIS 5.0，Windows 98 是 PWS。其中 PWS 一般运行在 Windows 95/98 环境下。

（2）IIS 提供的基本服务。

WWW 服务：支持最新的超文本传输协议（HTTP）标准，运行速度更快，安全性更高，还可以提供虚拟主机服务。WWW 服务是指在网上发布可以通过浏览器观看的用 HTML 标识语言编写的图形化页面的服务。

FTP 服务：支持文件传输协议（FTP）。主要用于网上的文件传输。IIS 4.0 允许用户设定数目不限的虚拟 FTP 站点，但是每一个虚拟 FTP 站点都必须拥有一个唯一的 IP 地址。

SMTP 服务：支持简单邮件传输协议（SMTP）。IIS 4.0 以上版本都允许基于 Web 的应用程序传送和接收信息。启动 SMTP 服务需要使用 Windows NT 或 XP 操作系统的 NTFS 文件系统。

除上述服务之外，IIS 还可以提供 NNTP Service 等服务。本篇将主要讨论其中最重要的 WWW 服务，读者在真正熟悉 WWW 服务之后，其他类型的服务也可做到触类旁通。

（3）IIS 的安装与设置。安装 IIS 之前，需要在计算机上安装必要的软件，如 Windows TCP/IP 协议和连接工具等，并找到 Windows XP Professional 的安装盘。

第一步，打开"控制面板"→"添加或删除程序"→"添加/删除 Windows 组件"，启动安装向导。如图 15-20 所示。

图 15-20　IIS 安装向导

第二步，选择"Internet 信息服务（IIS）"，单击"下一步"按钮，安装结束。

2. 在服务器上发布站点

将网页信息上传到服务器后，如果站点的信息没有被服务器管理起来，我们所建立的站点还是无法被别人访问。本节以 IIS 为例讲述一个站点在服务器上的发布过程。

（1）打开"控制面板"→"管理工具"→"Internet 服务管理器"，启动 IIS 管理对话框。如图 15-21 所示。

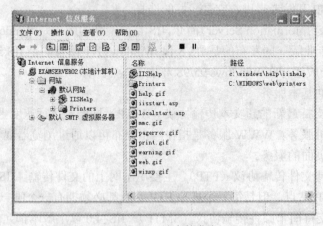

图 15-21　站点的发布

（2）右击"默认 Web 站点"，在弹出菜单中选择"新建"→"虚拟目录"。在弹出的对话框中单击"下一步"按钮，依次填写站点的别名（出于安全等考虑，访问服务器上的站点时用别名来表示站点路径，而不直接用站点物理路径）和站点目录的物理路径，这里的目录别名填写 student，路径为本地机 D 盘下的 D:\xxglbd。弹出如图 15-22 所示的对话框，设置访问权限。

（3）在"访问权限"对话框中有 5 个选项，其中"读取"和"运行脚本"两项应选中。如果目录下有 ISAPI 或 CGI 应用程序，应该选用该项。鉴于站点安全性因素的考虑，"写入"

和"浏览"两项最好不要选用,除非有特殊原因需要用户向站点目录写入内容或查看目录结构。

（4）依次单击"下一步"→"完成"按钮,站点虚拟目录创建完成,这时在"Internet 信息服务"窗口的左边可以看到我们创建的虚拟目录 student。

（5）右击虚拟目录 student,在弹出菜单中选择"属性",弹出站点的属性设置窗口,如图 15-23 所示。

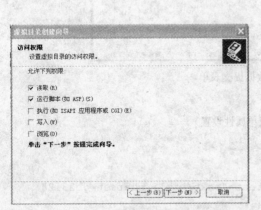
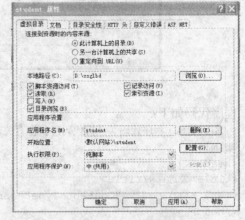

图 15-22　设置虚拟目录的访问权限　　　　图 15-23　站点属性设置

该窗口中站点如果无特殊要求,可以单击"确定"按钮使用其默认设置。

15.6　ASP 应用程序举例

前面全面讲述了动态网页设计和动态网站发布的相关知识,下面我们以网上选课为例,介绍数据提交入库和查询显示的 ASP 应用程序。通过程序实例进一步理解 ASP 程序的工作原理和开发流程。

15.6.1　数据提交入库的程序设计

（1）ASP 程序引用的数据表结构如表 15-4 所示。

表 15-4　选课数据表的结构

字段名	长度	类型	说明
XBIE	10	c	系名
BJ	7	c	班级
XH	9	c	学号
XM	8	c	姓名
XB	2	c	性别
XQ	10	c	学期
KC	14	c	课程

（2）建立前台 HTML 表单页面,如图 15-24 所示。

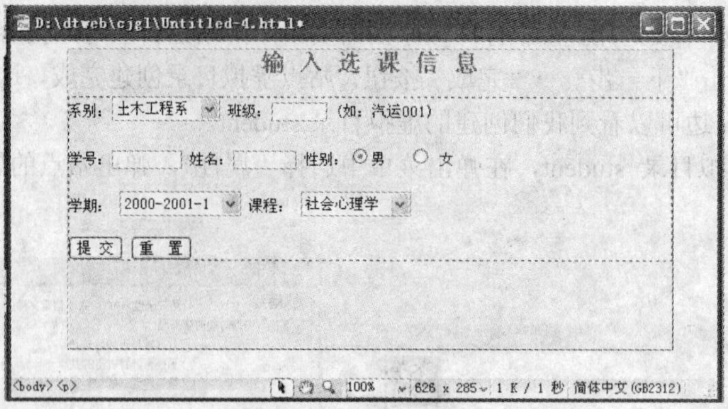

图 15-24 数据提交表单

程序代码如下：

* ZJ.HTML 程序代码（分析代码可获得有关表单属性设置）

```
<html>
<head>
<title>公选课</title>
<meta http-equiv="Content-Type" content="text/html; charset=gb2312"
</head>
<body bgcolor="#FFFFFF">
<div id="Layer1" style="position:absolute; left:140px; top:12px;
width:535px; height:255px; background-color:#CCFFFF; layer-background-
color:#CCFFFF; z-index:1">
<center><p><font color="#FF3333" size="6"><b><font size="5">输 入 选 课 信 息
</font></b></font></p></center>
<form name="form1" method="post" action="zj.asp">
<p> 系别：<select name="xbie"  size="1">
<option value="1">土木工程系</option>
<option value="2">外语系</option>
<option value="3">汽车系</option>
<option value="4">信息工程系</option>
<option value="5">机械系</option>
<option value="6">交通工程系</option>
<option value="7">经济系</option>
<option value="8">管理系</option>
</select>
班级：<input type="text" name="bj" size="7" maxlength="7"
onBlur="MM_validateForm('bj','','R');return document.MM_returnValue">
(如：汽运 001)</p>
<p> 学号：<input type="text" name="xh" size="9" maxlength="9"
onBlur="MM_validateForm('xh','','R');return document.MM_returnValue">
姓名：<input type="text" name="xm" size="8" maxlength="8"
onBlur="MM_validateForm('xm','','R');return document.MM_returnValue">
性别：<input type="radio" name="xb" value="男" checked>男
<input type="radio" name="xb" value="女"> 女 </p>
<p> 学期：
<select name="xq">
<option value="1">2000-2001-1</option>
<option value="2">2000-2001-2</option>
<option value="3">2001-2002-1</option>
```

```
<option value="4">2001-2002-2</option>
</select>
课程：
<select name="kc" size="1">
<option value="1">市场营销</option>
<option value="2">社会心理学</option>
<option value="3">网页制作</option>
<option value="4">书法</option>
<option value="5">音乐欣赏</option>
<option value="6">美术欣赏</option>
</select>
</p>
<p> <input type="submit" name="tj" value="提 交">
<input type="reset" name="cz" value="重　置">
</p>
</form>
</div>
<p align="center"><font color="#FF3333" size="6"> </font></p>
</body>
</html>
```

（3）后台数据处理入库 ASP 程序清单：

* ZJ.ASP 程序代码

```
<%
dim xbie      // 定义服务器端变量
// 通过 Request.Form() 方法获取浏览器表单提交的数据
Select Case Request.Form("xbie")
  Case 1
  xbie="土木工程系"
  Case 2
  xbie="外语系"
  Case 3
  xbie="汽车系"
  Case 4
  xbie="信息工程系"
  Case 5
  xbie="机械系"
  Case 6
  xbie="交通工程系"
  Case 7
  xbie="经济系"
  Case 8
  xbie="管理系"
end Select
 bj=request.form("bj")
 xh=request.form("xh")
 xm=request.form("xm")
 if request.form("xb")="男" then
  xb="男"
 else
  xb="女"
 end if
```

```
Select Case Request.Form("xq")
 Case 1
  xq="2000-2001-1"
 Case 2
  xq="2000-2001-2"
 Case 3
  xq="2001-2002-1"
 Case 4
  xq="2001-2002-2"
end Select
Select Case Request.Form("kc")
 Case 1
  kc="市场营销"
 Case 2
  kc="社会心理学"
 Case 3
  kc="办公自动化"
 Case 4
  kc="书法"
 Case 5
  kc="音乐欣赏"
end Select
//利用 Server 对象的 CreateObject() 方法，建立与系统数据源（库）的连接
set conn=Server.CreateObject("ADODB.Connection") '与数据源（库）连接
conn.Open "dsn=xk1"    //打开系统数据源
set rs=server.CreateObject("ADODB.recordset")   //与数据表（记录集对象）连接
rs.open "xkb",conn,3,3    //打开数据表（记录集）
rs.addnew    //增加新记录
rs.fields("xbie")=xbie    //用变量的值替换记录集中的域（field）
rs.fields("bj")=bj
rs.fields("xh")=xh
rs.fields("xm")=xm
rs.fields("xb")=xb
rs.fields("xq")=xq
rs.fields("kc")=kc
//也可用下面括号内的写法替换记录集中的域（field）
(rs("xbie").value=xbie
rs("bj").value=bj
rs("xh").value=xh
rs("xm").value=xm
rs("xb").value=xb
rs("xq").value=xq
rs("kc").value=kc)
//用 response.write() 方法向浏览器发送 HTML 标记，建立一个表格
response.write"<br>"
response.write"<table align='center' border=1 width=28% cellspacing=2>"
response.write "<tr>"
//建立显示追加结果的连接，在浏览器上将显示该连接
response.write"<td align= 'center'><font size=4 color='#FF3333'><b>数据
追加成功 <a href=xs.asp? xsbj=" &bj& ">显示</a></b></font></td>"
response.write "</tr>"
response.write "</table>"
```

```
//更新数据表（由内存中的记录集（recordset）写入数据库），关闭数据源
rs.update
rs.close
conn.close
set conn = nothing     //清除内存变量
%>
<html>
<head>
<title>追加结果显示</title>
<meta http-equiv="Content-Type" content="text/html; charset=gb2312">
</head>
<body bgcolor="#FFFFFF">
</body>
</html>
```

数据提交后，在浏览器出现提示信息，如图 15-25 所示。

图 15-25　显示数据提示

（4）数据显示程序（按班显示），代码如下：

```
* XS.ASP   显示数据程序代码
<html>
<head>
<title>数据显示</title>
<meta http-equiv="Content-Type" content="text/html; charset=gb2312">
</head>
<body bgcolor="#FFFFFF" vlink="#0000FF" text="#3333FF">
<%
tj=request("xsbj")
set conn=Server.CreateObject("ADODB.Connection")
conn.Open "dsn=xk1"
// 利用 SQL 查询语句，建立对数据库的查询
SQL="select * from xkb where bj='"&tj&"'"
set rs=conn.Execute(SQL)
// 建立查询显示表格
response.write "<table border=1  width=100% cellspacing=0>"
response.write "<tr>"
response.write "<td align='center'><font size=2>系  别</a></font></td>"
response.write "<td align='center'><font size=2>班  级</a></font></td>"
response.write "<td align='center'><font size=2>姓  名</a></font></td>"
response.write "<td align='center'><font size=2>学  号</a></font></td>"
```

```
response.write "<td align='center'><font size=2>性    别</a></font></td>"
response.write "<td align='center'><font size=2>学    期</a></font></td>"
response.write "<td align='center'><font size=2>课    程</a></font></td>"
//通过循环语句从数据源获得数据，发向浏览器
while not rs.eof
response.write "<tr>"
response.write "<td><font size=2>" & rs("xbie") & "</a></font></td>"
response.write "<td><font size=2>" & rs("bj") & "</a></font></td>"
response.write "<td><font size=2>" & rs("xm") & "</a></font></td>"
response.write "<td><font size=2>" & rs("xh") & "</a></font></td>"
response.write "<td><font size=2>" & rs("xb") & "</a></font></td>"
response.write "<td><font size=2>" & rs("xq") & "</a></font></td>"
response.write "<td><font size=2>" & rs("kc") & "</a></font></td>"
response.write "</tr>"
rs.moveNext
wend
response.write "</table>"
rs.close
conn.close
set conn=nothing
%>
</body>
</html>
```

15.6.2 查询功能的实现

（1）建立查询前台页面（输入查询条件），如图 15-26 所示，程序代码如下：

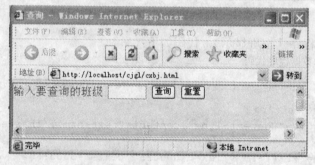

图 15-26 查询表单

```
* cxbj.html  程序代码
<html>
<head>
<title>查询</title>
<meta http-equiv="Content-Type" content="text/html; charset=gb2312">
</head>
<body bgcolor="#FFFFFF">
<div id="Layer1" style="position:absolute; left:170px; top:53px; width:471px;
height:95px; background-color:#CCFFFF; layer-background-color: #CCFFFF; z-index:1;
border: 1px none #000000">
<form name="form1" method="post" action="cxbj.asp" >
<p><font color="#FF3333" size="4">输入要查询的班级</font>
<input type="text" name="cx" size="7">
```

```
<input type="submit" name="Sub1" value="查询">
<input type="reset" name="Sub2" value="重置">
</p>
<p> </p>
</form>
</div>
</body>
<html>
```

（2）按班级显示查询结果的程序代码：

```
* cxbj.ASP
<html>
<head>
<title>班级查询</title>
<meta http-equiv="Content-Type" content="text/html; charset=gb2312">
</head>
<body bgcolor="#FFFFFF" text="#3333FF" vlink="#0000FF">
<%
tj=request.form("cx")      //获取查询条件
set conn=Server.CreateObject("ADODB.Connection")      //连接数据源
conn.Open "dsn=xk1"      //打开数据源
//建立查询，按学号排序输出
SQL="select * from xkb where bj='"&tj&"' order by xh"
set rs=conn.Execute(SQL)      // 执行查询
i=0
while not rs.eof
i=i+1
rs.moveNext
wend
rs.movefirst
response.write ""&tj&"" & "<font size='4' color='#FF3333'> 记录数:
</font>"
response.write ""& i &""
response.write "<table border=1 width=100% cellspacing=0>"
response.write "<tr>"
response.write "<td align='center'><font size=2>系　别</a></font></td>"
response.write "<td align='center'><font size=2>班　级</a></font></td>"
response.write "<td align='center'><font size=2>姓　名</a></font></td>"
response.write "<td align='center'><font size=2>学　号</a></font></td>"
response.write "<td align='center'><font size=2>性　别</a></font></td>"
response.write "<td align='center'><font size=2>学　期</a></font></td>"
response.write "<td align='center'><font size=2>课　程</a></font></td>"
response.write "<td align='center'><font size=2>成　绩</a></font></td>"
response.write "</tr>"
while not rs.eof
response.write "<tr>"
response.write "<td><font size=2>" & rs("xbie") & "</a></font></td>"
response.write "<td><font size=2>" & rs("bj") & "</a></font></td>"
response.write "<td><font size=2>" & rs("xm") & "</a></font></td>"
response.write "<td><font size=2>" & rs("xh") & "</a></font></td>"
response.write "<td><font size=2>" & rs("xb") & "</a></font></td>"
response.write "<td><font size=2>" & rs("xq") & "</a></font></td>"
```

```
response.write "<td><font size=2>" & rs("kc") & "</a></font></td>"
response.write "<td><font size=2>" & rs("cj") & "</a></font></td>"
response.write "</tr>"
rs.moveNext
wend
 response.write "</table>"
rs.close
conn.close
set conn=nothing
%>
</body>
</html>
```

显示执行结果如图 15-27 所示。

图 15-27 查询结果显示

各程序编写完成后存入一个站点文件夹中，就可以将该站点发布到测试服务器上调试应用程序。

15.6.3 ASP 程序的调试与纠错

编写 ASP 程序时，不可避免会出错，所以程序编写完，一定要进行调试，以便纠正出现的运行错误。一般来说，在程序中出现的错误不外乎数据源或数据库错误、数据类型错误和脚本代码错误这几种。程序在运行时出现的错误，浏览器一般会出现提示。

引起数据源或数据库错误发生的几种情况如下：

（1）当刚刚建立的 Access 数据库还未关闭时，建立的数据源没有响应。

（2）数据库引擎没有启动，例如：SQL Server 未启动。

（3）数据库文件位置发生移动，与建立数据源时的位置不符。

（4）数据库及其表文件名改变了。

数据类型错误比较难找原因，有时数据库表中明明有符合条件的纪录，但是程序的运行却没有结果，并且页面没有错误提示。比如将代码"Delete from　newsb where news_id ="&newid 命令写成了："Delete from newsb where news_id=' "&newid&" ' "，后一句是把 newsb 表中字段 news_id 当作字符型了，而变量 newsid 接受的数值为数字，这样命令语句中的两个单引号所起的标示字符变量的作用就错了。

脚本代码错误大致分为语法、运行和逻辑错误。语法错误（如命令拼写或传递给函数的参数值错误）会阻止脚本的运行。由于试图执行不可能的操作命令所引起的脚本错误发生在脚本开始执行之后，运行错误会中断脚本的执行，如执行除法时除数为零。脚本中的代码本身是合法的，而且能够执行，但执行结果不正确，脚本未按照预期方式运行，这样的错误是逻辑错误，如：该用"<"却使用了">"。

本章小结

　　本章系统讲述了 ASP 技术基础、VBScript 脚本语言、数据库的基本操作、数据源的建立和模拟服务器的建立等，建设服务器端动态交互站点的基础知识。这些知识可以帮助我们比较全面地理解动态网站的工作原理。在学习过程中，要注意发现各部分知识之间的联系，不能将他们孤立对待。

思考练习

　　1．依据 ASP 的工作流程，描述动态网页的数据交互原理。
　　2．常见的 ASP 的运行环境有哪些？
　　3．VBScript 的控制结构有几种？分别写出其语法规则。
　　4．在 Access 2003 中建立一个学生成绩数据库，数据表的结构自行设计。
　　5．在本地机上练习安装 IIS 服务管理程序。

第16章 服务器动态网页的制作

前面已经了解了服务器动态网页制作和 Dreamweaver CS5 的基本应用。实际上 Dreamweaver CS5 最强大的功能是应用其可视化的操作环境进行服务器端动态网页开发的能力。在可视环境下，即使是对网页程序设计不太熟悉的用户也能够快速设计出专业的动态网页，可大大提高工作效率。本章将结合学生成绩管理实例讲解在 Dreamweaver CS5 可视环境下进行与数据库相关的动态网页的设计过程。通过本章的学习，读者应掌握以下内容：

- 动态站点的建立
- 数据库设计与连接
- 记录集的建立
- 数据的维护（添加、更新和删除等）

16.1 动态站点的建立

应用 Dreamweaver CS5 进行动态网页的开发，首先要分析动态网页的工作流程和程序结构，然后根据需要建立一个动态站点，协助设计者对本地和远程站点进行有效的组织管理和网页应用程序的调试。

16.1.1 工作流程和程序结构

一个成绩管理系统应包括成绩的录入、显示、查询、修改和删除等功能，体现了动态网页的一般工作流程。如图 16-1 所示显示了站点工作的程序结构。

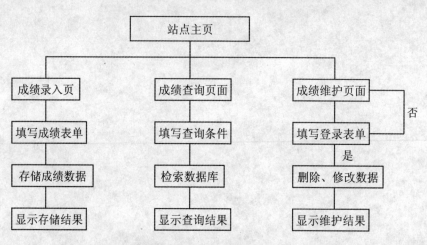

图 16-1 站点工作程序结构

16.1.2　建立、发布站点

1. 建立站点文件夹

根据站点的需要，我们在本地机的 D 盘上建立如图 16-2 所示结构的文件夹。其中 Connections 和_notes 文件夹是建立数据库连接时系统自动生成的，用来放置连接文件和其他的说明文档，不需要我们自己建立。

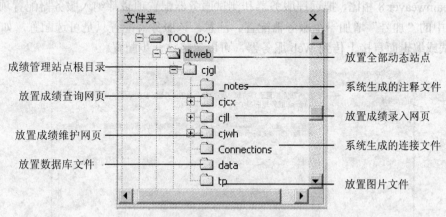

图 16-2　站点结构

2. 在 IIS 中发布站点（设置站点虚拟路径）

站点发布前，先确定在本地机上已安装了 IIS 管理程序。在"控制面板→管理工具"中双击"Internet 信息服务"图标，启动服务器管理程序 IIS。设置站点的虚拟目录名（别名）为"cjgl"。具体操作过程参见第 15 章的内容。

16.1.3　在 Dreamweaver CS5 中定义本地站点

将新建的站点在 IIS 中发布之后，为了在 Dreamweaver CS5 中方便地开发、调试 ASP 应用程序，应定义本地站点和设置测试服务器环境。选择"站点→新建站点"命令，启动站点设置窗口。如图 16-3 所示，Dreamweaver CS5 在站点配置窗口上已经做了归类，总体分成站点、服务器、版本控制、高级设置四个类别。对普通用户而言，只需要配置站点、服务器即可。

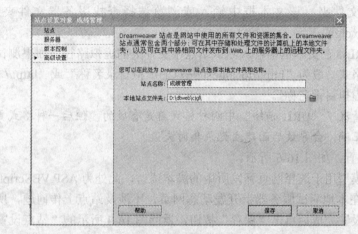

图 16-3　设置站点信息

1. 设置站点信息

单击"分类"列表中的"站点"选项，在右侧对话框中设置如下信息：

- 站点名称：在文本框中输入站点的名称"成绩管理"。
- 本地站点文件夹：在文本框中输入或浏览查找站点的物理路径。

2. 设置服务器信息

单击左侧的"服务器"选项，出现如图 16-4 所示界面，开始设置服务器信息，Dreamweaver CS5 跟 Dreamweaver 8 相比，把远程服务器和测试服务器配置项目都纳入服务器配置项目，单击图 16-4 中的"加号"增加一个服务器配置。注意，该服务器配置只是可选配置，如果不需要本地测试或编辑而直接上传到 Web 服务器，可以忽略这一步配置。

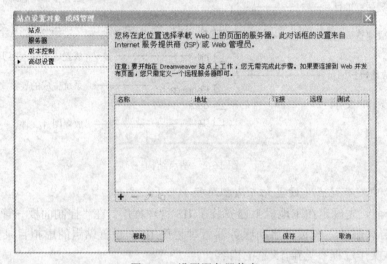

图 16-4　设置服务器信息

此处我们需要建立测试服务器，单击"加号"，在随后出现的对话框中分别进行"基本"和"高级"选项卡的设置。

（1）基本设置：如图 16-5 所示。

- 服务器名称：在文本框中输入服务器的名称。与先前版本不同，Dreamweaver CS5 允许用户为一个站点定义多个服务器。因此，这标识了定义属于哪个服务器。
- 服务器文件夹：该文本框中输入或浏览选择查找服务器文件夹路径，此处为 D:\dtweb\cjgl\。
- Web URL：在文本框中输入测试站点根文件夹的虚拟路径，如果测试服务器在本地机上，格式一般为"http://localhost/站点的虚拟目录名称"或"http://本地机 IP 地址/站点的虚拟目录名称"。

说明：一般情况下"URL 前缀"中两种格式都是有效的，但后一种格式更稳定。如果测试服务器设置不正确，会导致后面建立记录集时失败。

（2）高级设置：如图 16-6 所示。

- 服务器模型用于选择网页开发所用的脚本语言，此处为 ASP VBScript。

现在我们只在本地测试服务器上开发动态网页，不涉及站点上传问题，所以只需设置服务器模型即可。设置完成后单击"保存"按钮，返回图 16-4 所示的"站点设置"对话框。

3. 单击"保存"关闭"站点设置"对话框

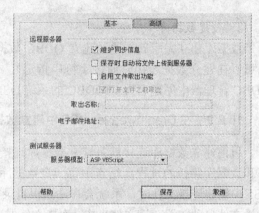

图 16-5　服务器基本选项卡的设置　　　　　图 16-6　服务器高级选项卡的设置

16.2　后台数据库的设计

数据库是动态网页设计的核心，在建立动态网页之前要先进行数据库的设计与连接。数据库的基本操作参见第 15 章的内容。

16.2.1　设计库结构及创建数据源

1. 设计库结构

在 Access 2003 中建立名为 xscj.mdb 的数据库，数据库放置在站点内的 data 文件夹中。该数据库包含 xscj 和 login 两个数据表，结构分别如图 16-7 和图 16-8 所示。在 xscj 表中主要放置学生成绩信息；login 表中主要放置用户登录信息（用户名、密码等）。

图 16-7　xscj 数据表结构

图 16-8　login 数据表结构

说明：xscj 数据表是一个为讲述应用程序的设计而建立的模拟数据表，实际数据表应更为详细。为避免初学者在数据提交时产生错误，数据表设计时字段属性中的"必填字段"设为"否"；"允许空字符串"设为"是"。

2. 创建数据源

数据库建立完成后，通过建立 ODBC 数据源可指定数据库驱动程序和数据库路径（当然也可以在建立数据连接时通过字符串指定），为通过数据源建立数据库的连接创造条件。在 ODBC 管理器中创建名为 CJODBC 的系统 DSN。具体过程参照第 15 章的内容。

16.2.2　在 Dreamweaver CS5 中建立数据库连接

所谓建立数据库连接就是建立数据库连接文件（.asp），在连接文件中指明数据库驱动程序和数据库路径的过程。站点中每一个数据库都对应一个独立的连接文件。在 Dreamweaver CS5 中创建连接文件时，系统会在站点根目录中自动生成一个 Connections 文件夹，将所有的连接文件自动放置在该文件夹中。连接文件保证了 ASP 应用程序通过 ADO 接口程序，正确地访问数据库。

创建数据库连接有两种基本方式，一种是通过字符串进行连接，另一种通过数据库名进行连接。如果在 Web 服务器上开发应用程序，可以通过 DNS 的数据源名进行连接，这也是设置简单、应用广泛的一种方法；如果把开发的 ASP 程序上传到另一台 Web 服务器运行，一般通过字符串进行连接。下面讲述在 Dreamweaver CS5 中连接数据源的两种方法。

1. 通过系统 DSN 名创建连接

创建 ODBC 数据源后，使用该方法建立数据库连接的具体过程如下：

（1）选择"窗口→数据库"命令，单击"+"按钮，弹出下拉菜单，如图 16-9 所示。

（2）在弹出菜单中选择"数据源名称（DSN）"，弹出如图 16-10 所示的对话框。

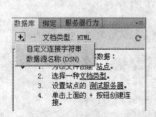

图 16-9　数据源连接

图 16-10　连接参数设置

参数设置如下：

- 连接名称：为将要生成的连接文件命名，此处命名为：cjgl。
- 数据源名称（DSN）：从下拉列表中选择我们创建的数据源 cjodbc。如果前面没有创建数据源，可通过右侧的"定义"按钮进行创建。
- 用户名：填写建立数据库时设定的用户名，如未设定用户名，可不填。
- 密码：填写建立数据库时设定的密码，如未设定用密码，可不填。
- 如果在 Web 服务器上开发调试 ASP 应用程序应选"使用本地 DSN"，如果用另一台服务器进行测试程序，应选择"使用测试服务器上的 DSN"。

（3）完成设置后单击右侧的"测试"按钮，检验数据源连接是否成功。

（4）单击"确定"按钮完成。

连接建立完成后，在站点根目录下会出现 Connections 文件夹，里面包含刚建立的连接文件：cjgl.ASP。打开该文件，显示的连接代码为：

```
Dim MM_cjodbc_STRING
MM_cjodbc_STRING = "dsn=cjodbc;"
```

说明： 这种链接方式有一个非常大的弊端，就是当你完成了 ASP 应用程序将它上传到服务器上时，由于服务器上没有建立相应的系统 DSN 数据源而 ASP 文件无法正确执行。所以这种链接方式一般在本地调试中较多采用，如果要在远程服务器上使用还要更改链接字符串。

2. 通过字符串创建连接

如果采用字符串进行数据库连接，则不需要创建 DNS 数据源，具体过程如下：

（1）选择"窗口→数据库"命令，在弹出的数据库面板中，单击"+"按钮，在弹出的下拉菜单中选择"自定义连接字符串"，弹出设置对话框，如图 16-11 所示。

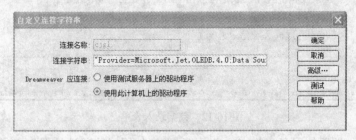

图 16-11　通过字符串创建连接

（2）对话框参数设置。

- 连接名称：为将要生成的连接文件命名，此处命名为 cjgl。
- 连接字符串：根据使用数据库的类型和路径填写下列内容：
  "Provider=Microsoft.Jet.OLEDB.4.0;Data Source=d:\dtweb\cjgl\data\xscj.mdb"。该字符串包含了 Web 应用程序与数据库连接的全部信息，其中"Provider="后说明连接数据库的驱动程序类型，"Data Source ="后面内容是数据库在站点中的物理路径。在将本地站点上传到远程 Web 服务器上时，应先测试获得数据库在服务器上的物理位置，修改连接字符串后才能上传。否则应用程序将找不到数据库。
- 如果在 Web 服务器上开发调试 ASP 应用程序，应选择"使用此计算机上的驱动程序"，如果用另一台服务器进行程序测试，应选择"使用测试服务器上的驱动程序"。

（3）完成设置后单击右侧的"测试"按钮，检验数据源连接是否成功。

（4）单击"确定"按钮完成。

连接建立完成后，在站点根目录下会出现 Connections 文件夹，里面包含刚建立的连接文件 cjgl.ASP。打开该文件，显示的连接代码为：

```
Dim MM_cjgl_STRING
MM_cjgl_STRING="Provider=Microsoft.Jet.OLEDB.4.0;Data Source=d:\dtweb\cjgl\
data\xscj.mdb"
```

16.3　数据提交功能的实现

16.3.1　表单网页的建立

表单是用户与数据库之间进行数据交互的窗口。表单网页建立完成后才能建立针对该网页的记录集并绑定控件，即建立表单和记录集之间的连接。

建立如图 16-12 所示的数据录入表单页面，页面名称为 cjll.asp，放在 cjll 文件夹下。

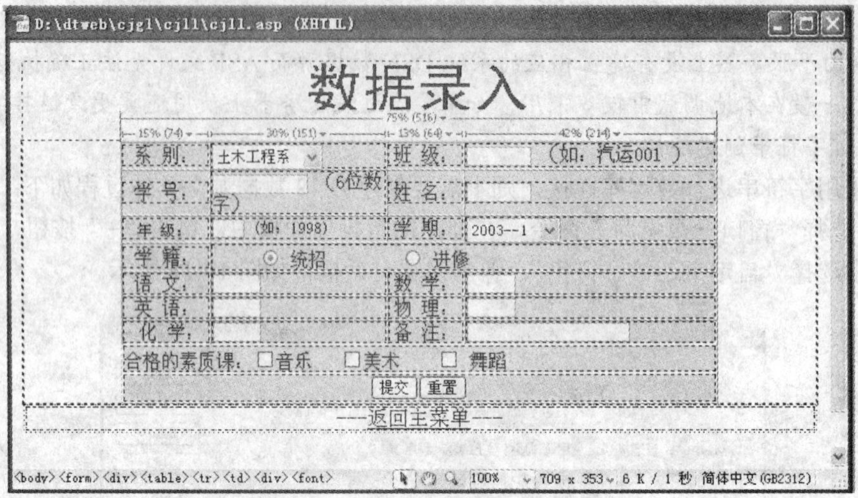

图 16-12 数据录入表单

其中，系别、学期使用了"列表→菜单"，学籍使用了"单选按钮"，合格的素质课使用了"复选框"，其他各项使用"文本域"。为保证填写数据的准确性，在表单中加入了一些提示信息，并为表单加上了"提交检查"行为。表单和表单元素的具体建立过程参见第 12 章。

表单的具体属性参见下面表单代码：

```
<form    action="<%=MM_editAction%>"    method="POST"    name="form1"    onSubmit=
"MM_validateForm('bj','','R','xh','','R','xm','','R','nj','','R','yw','','RinR
ange0:100','sx','','RinRange0:100','yy','','RinRange0:100','wl','','RinRange0:
100','hx','','RinRange0:100');return document.MM_returnValue">
    <p  align="center"><font  size="4"  face=" 黑 体 "><font  color="#FF0000"
size="5">  
           
     <br>
<strong>数据录入</strong></font></font></p>
<table width="89%" border="1" cellpadding="1" cellspacing="0">
<tr bgcolor="#CCCCCC">
<td  width="15%"  height="20">  <div  align="center"><font  color="#0000FF"
size="3">系别: </font></div></td>
<td width="30%"> <font color="#0000FF" size="3">
<select name="xb" id="xb">
<option value="汽车系">汽车系</option>
<option value="土木工程系">土木工程系</option>
<option value="信息工程系">信息工程系</option>
<option value="机械系">机械系</option>
<option value="外语系">外语系</option>
</select>
</font></td>
<td width="13%"><font color="#0000FF" size="3">班 级: </font></td>
<td width="42%"> <font color="#0000FF" size="3">
<input name="bj" type="text" id="bj" size="8" maxlength="8">
（如: 汽运 001 ) </font></td>
</tr>
```

```
    <tr bgcolor="#CCCCCC">
    <td> <div align="center"><font color="#0000FF" size="3">学 号: </font></div>
</td>
    <td> <font color="#0000FF" size="3">
    <input name="xh" type="text" id="xh" size="6" maxlength="6"> (6位数字) </font>
</td>
    <td><font color="#0000FF" size="3">姓 名: </font></td>
    <td> <font color="#0000FF" size="3">
    <input name="xm" type="text" id="xm" size="8" maxlength="8"> </font></td>
    </tr>
    <tr bgcolor="#CCCCCC">
    <td height="21"><font color="#0000FF"> 年 级</font><font color="#0000FF"
size="3">: </font></td>
    <td><font color="#0000FF">
    <input name="nj" type="text" id="nj" size="4" maxlength="4"> (如: 1998) </font>
</td>
    <td><font color="#0000FF" size="3">学 期: </font></td>
    <td><font color="#0000FF">
    <select name="xq" id="xq">
    <option value="2003--1">2003--1</option>
    <option value="2003--2">2003--2</option>
    <option value="2004--1">2004--1</option>
    <option value="2004--2">2004--2</option>
    </select>
    </font></td>
    </tr>
    <tr bgcolor="#CCCCCC">
    <td><div align="center"><font color="#0000FF" size="3">学 籍: </font></div></td>
    <td colspan="3"><font color="#0000FF" size="3">
    <input name="xj" type="radio" value="统招" checked> 统招
    <input type="radio" name="xj" value="进修"> 进 修</font></td>
    </tr>
    <tr bgcolor="#CCCCCC">
    <td><div align="center"><font color="#0000FF" size="3">语 文: </font></div></td>
    <td> <font color="#0000FF" size="3">
    <input name="yw" type="text" id="yw" size="6" maxlength="6"></font></td>
    <td><font color="#0000FF" size="3">数 学: </font></td>
    <td> <font color="#0000FF" size="3">
    <input name="sx" type="text" id="sx" size="6" maxlength="6"> </font></td>
    </tr>
    <tr bgcolor="#CCCCCC">
    <td><div align="center"><font color="#0000FF" size="3">英 语: </font></div></td>
    <td> <font color="#0000FF" size="3">
    <input name="yy" type="text" id="yy" size="6" maxlength="6"></font></td>
    <td><font color="#0000FF" size="3">物 理: </font></td>
    <td> <font color="#0000FF" size="3">
    <input name="wl" type="text" id="wl" size="6" maxlength="6"> </font></td>
    </tr>
    <tr bgcolor="#CCCCCC">
    <td><font color="#0000FF" size="3"> 化 学: </font></td>
    <td> <font color="#0000FF" size="3">
    <input name="hx" type="text" id="hx" size="6" maxlength="6"> </font></td>
```

```
<td><font color="#0000FF" size="3">备 注: </font></td>
<td> <font color="#0000FF" size="3">
<input name="bz" type="text" id="bz" size="20" maxlength="20"> </font></td>
</tr>
<tr bgcolor="#CCCCCC">
<td colspan="4"><font color="#0000FF" size="3">合格的素质课:
<input name="yin" type="checkbox" id="yin" value="checkbox">音乐
<input name="mei" type="checkbox" id="mei" value="checkbox">美术
<input name="wu" type="checkbox" id="wu" value="checkbox"> 舞蹈 </font> </td>
</tr>
<tr align="center" valign="middle" bordercolor="#FFFFFF" bgcolor= "#CCCCCC">
<td colspan="4">
<div align="center">
<input name="tj" type="submit" id="tj" value="提交">
<input name="cz" type="reset" id="cz" value="重置">
</div></td>
</tr>
</table>
<input type="hidden" name="MM_insert" value="form1">
</form>
```

16.3.2　数据记录集的建立

在一个站点中可能不止一个数据库，一个数据库中往往又包含多个结构不同的数据表。因此当一个动态网页（ASP 程序）在引用数据（查询、更新）时，应为其指定所需要的数据库、数据表和表中的有效数据，即建立数据记录集。数据记录集相当于一个临时数据表，用于存放从数据库的一张数据表或多张数据表中所取得的满足条件的有效数据，它是动态网页的直接数据来源。数据记录集建立完成后，在动态网页代码中会添加一个文件包含语句，指定网页所使用的数据库连接文件。

记录集是针对具体的数据库和动态网页进行工作的，所以在建立记录集前应确定与之关联的动态网页和数据连接。数据连接的建立过程在 16.2 节中已经讲述，下面通过表单网页 cjll.asp，来讲述记录集的建立过程。

（1）在 Dreamweaver CS5 中打开 cjll.asp 网页。

（2）选择"窗口→绑定"命令，选择"服务器行为"面板，如图 16-13 所示。单击"+"按钮，从弹出的菜单中选择"记录集"命令，弹出记录集设置窗口，如图 16-14 所示。

（3）设置记录集。

- 名称：输入自定义的记录集名称为 cj（一般加一个 rs 前缀以区别其他对象）。
- 连接：在下拉框中选择需要的数据库连接名称，如果没有出现要选择的连接，则单击"定义"按钮。
- 表格：在下拉列表框中选择所需的数据表。
- 列：用于设置所需字段。选中"全部"单选按钮，表示选取数据表的所有字段；选中"选定的"单选按钮，可对数据表字段进行选择。
- 筛选：左边下拉列表框可选定字段名称，右边下拉列表框选择通过比较运算符设置筛选条件。"URL 参数"下拉列表框，可选择"URL 参数"、"表单变量"、cookie、"应用程序变量"、"输入值"等，其右边下拉列表框可填写变量值。

图 16-13　绑定面板

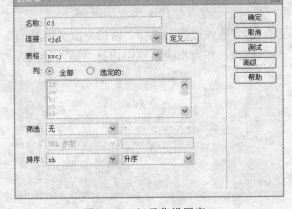

图 16-14　记录集设置窗口

- 排序：可选择记录集的记录按什么条件排序，是升序还是降序。
- 测试：单击"测试"按钮对所定义的数据记录集进行测试。

数据集建立完成后可在绑定面板中浏览其内容，如图 16-15 所示。

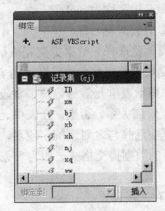

图 16-15　浏览记录集

查看 cjll.asp 网页代码会发现在顶端出现如下包含文件代码：

```
<%
Dim cj
Dim cj_cmd
Dim cj_numRows
Set cj_cmd = Server.CreateObject ("ADODB.Command")
cj_cmd.ActiveConnection = MM_cjgl_STRING
cj_cmd.CommandText = "SELECT * FROM xscj ORDER BY xh ASC"
cj_cmd.Prepared = true
Set cj = cj_cmd.Execute
cj_numRows = 0
%>
```

如果记录集有问题，选中记录集，单击"-"按钮将其删除，重新建立记录集。

16.3.3　记录集与表单的绑定（建立插入记录行为）

网页表单数据是通过记录集引用数据库内容的，因此要实现表单与数据库的数据交互，应设置表单控件与记录集（字段）的绑定关系。下面以数据提交表单（Form1）为例，讲述建立表单控件与记录集（字段）绑定的过程。

（1）建立插入行为。选择"窗口→服务器行为"命令，启动服务器行为面板。单击面板中的"+"按钮，在弹出的菜单中选择"插入记录"，弹出插入记录对话框，如图 16-16 所示。

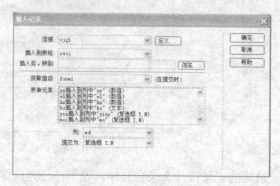

图 16-16　建立插入行为

（2）参数设置。

- 连接：选定所用的数据库连接名称为 cjgl。
- 插入到表格：选择数据库中数据表名称。
- 插入后，转到：输入（或浏览选择）数据提交完成后要转到的网页 URL。
- 获取值自：选择用于提交数据的表单名称（默认为 form1）。
- 表单元素：在此列表框中显示表单元素与记录集字段的对应关系。如果表单元素与字段名称相同，则自动建立对应关系。否则，在表单元素名后出现"忽略"字样，可在下面的"列"下拉列表框中选择与之对应的字段名，在右侧的"提交为"下拉框中选择提交数据格式。复选框的数据提交格式一般为"复选框 Y，N"，即选中时提交"Y"，否则提交"N"。

（3）单击"确定"按钮，保存连接设置。

（4）测试应用程序。选择"文件→在浏览器中预览"命令或单击文档栏中的浏览图标，测试表单的工作过程。如出错请检查连接名称和字段属性值是否正确。另外测试应用程序时应把 Access 数据库等其他的系统关闭。

16.4　数据显示功能的实现

数据提交完成后，如果要将数据库的记录动态显示在网页上，只要将记录集中的内容绑定到网页的相应位置，即可实现数据库内容在网页上的显示。

16.4.1　记录的显示

通过成绩管理例子来讲述数据库中的记录在网页上的显示方法：

（1）在 Dreamweaver CS5 中建立一个名为 cjxs.asp 的网页，保存在 cjll 文件夹中。

（2）在网页中建立如图 16-17 所示的表格（不是表单）。

（3）为该页面建立记录集，过程参见图 16-13 和图 16-14。也可以将其他页面的记录集复制到该页面。

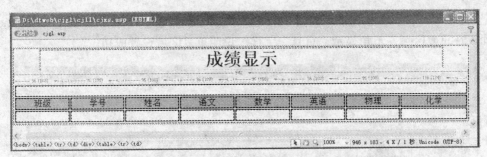

图 16-17　数据显示页

（4）网页数据绑定。选择"窗口→绑定"命令，启动"绑定"面板，选中记录集下相关字段拖入表格的相应位置，或选中相应单元格和绑定窗口中记录集字段名称，单击绑定窗口右下角的"插入"按钮。如图 16-18 所示。

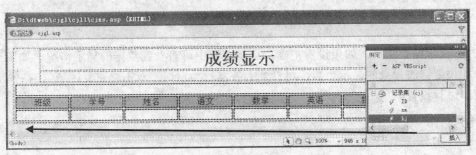

图 16-18　数据绑定

（5）测试显示效果。通过"文件"菜单或工具栏中的预览图标来测试应用程序在浏览器中的显示情况，如图 16-19 所示。

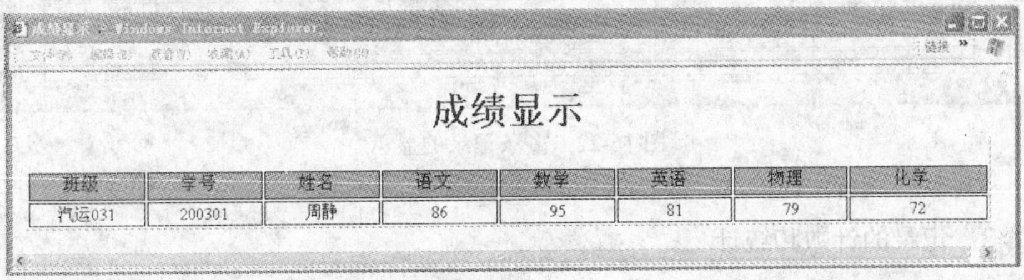

图 16-19　数据显示

16.4.2　动态显示多条记录

在页面上显示一条记录是非常简单的，但在实际应用中并不实用，往往需要在一个页面上显示多条记录。在 Dreamweaver CS5 中应用"重复区域"数据库行为可以很容易地实现在一页中显示多条记录，而且可以很好地控制每页显示记录的个数。

（1）选中页面中希望重复显示的部分，这里选中图 16-19 所示的第二行，启动服务器行为面板，单击"+"按钮，在弹出菜单中选中"重复区域"，如图 16-20 所示。

（2）在弹出的"重复区域"对话框中，从记录集列表中选择记录集 cj，然后选择每页显

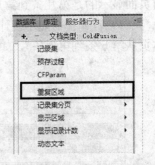

图 16-20　选择重复区域

示的记录数，默认为 10 条记录，如图 16-21 所示。此处设置为 5，单击“确定”按钮返回设计页面，在重复区域左上角显示“重复”字样，说明重复区域设置成功。

成绩显示
班级
学号
物理
化学
{cj.bj}
{cj.xh}
{cj.wl}
{cj.hx}
重复区域
记录集：cj
显示：10 记录
所有记录
确定
取消
帮助

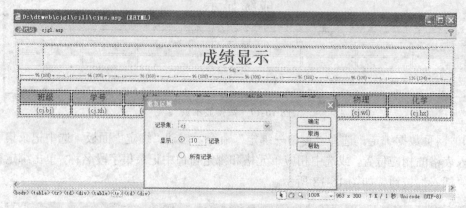

图 16-21　重复区域设置

（3）显示结果测试。如果设置正确，从浏览器中可查看到数据的显示情况，如图 16-22 所示。如果要修改记录的显示个数，可打开服务器行为窗口，双击“重复区域”，在弹出重复区域窗口进行设置。

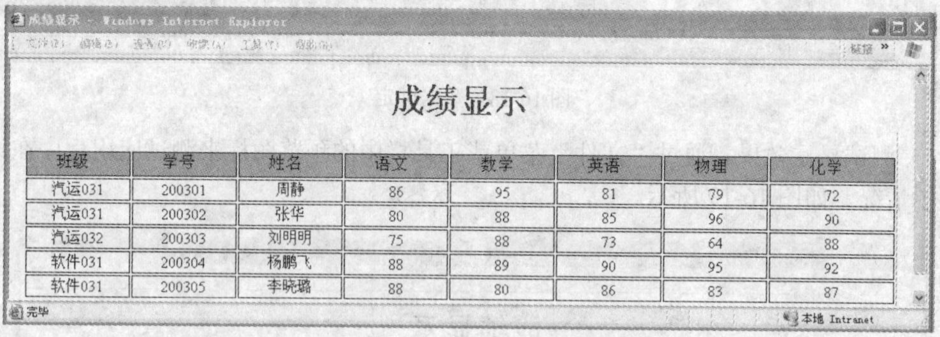

成绩显示
班级 学号 姓名 语文 数学 英语 物理 化学
汽运031 200301 周静 86 95 81 79 72
汽运031 200302 张华 80 88 85 96 90
汽运032 200303 刘明明 75 88 73 64 88
软件031 200304 杨鹏飞 88 89 90 95 92
软件031 200305 李晓璐 88 80 86 83 87
完毕
本地 Intranet

图 16-22　多条记录的显示

16.4.3　记录的计数和统计

在图 16-22 中我们可以查看到数据库中的 5 条记录，那么数据库中总共有多少记录呢？当前页面显示的是第几条到第几条记录？下面讲述其显示过程：

（1）首先在需显示统计信息的页面写下显示格式，比如希望显示为“总共有 a 条记录，本页从第 b 条到第 c 条”，如图 16-23 所示。

成绩显示
班级 学号 姓名 语文 数学 英语 物理 化学
{cj.bj} {cj.xh} {cj.xm} {cj.yw} {cj.sx} {cj.yy} {cj.wl} {cj.hx}
总共有a条记录，本页从第b条到第c条

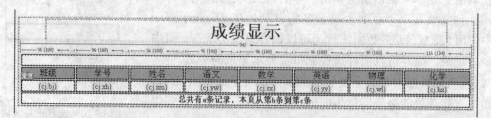

图 16-23　统计信息格式

（2）选择"窗口→绑定"命令，打开绑定数据窗口，如图 16-24 所示。记录集最后 3 项分别为"第一个记录索引"、"最后一个记录索引"和"总记录数"，将它们分别拖入页面中，取代 a、b、c 三个占位符。

说明：这里的"第一个记录索引"指显示页面中第一个记录在整个记录集中的位置，"最后一个记录索引"指本显示页面中最后一个记录在整个记录集中的位置，"总记录数"指记录集中记录总数。

完成上述操作后，网页中的信息变为"总共有{cj_total}条记录，本页从第{cj_first}条到第{cj_last}条"。调整布局使界面美观。

图 16-24　绑定统计数据

（3）显示结果测试。从浏览器中查看数据显示情况。显示结果为：总共有 23 条记录，本页从第 1 条到第 5 条，如图 16-25 所示。这些数据表明，记录集中总共有 23 条记录，本页显示的是第 1 条到第 5 条。那么第 6 条至第 10 条记录如何查看呢？必须通过构建记录导航链接才能实现，该内容将在下一节中讲述。

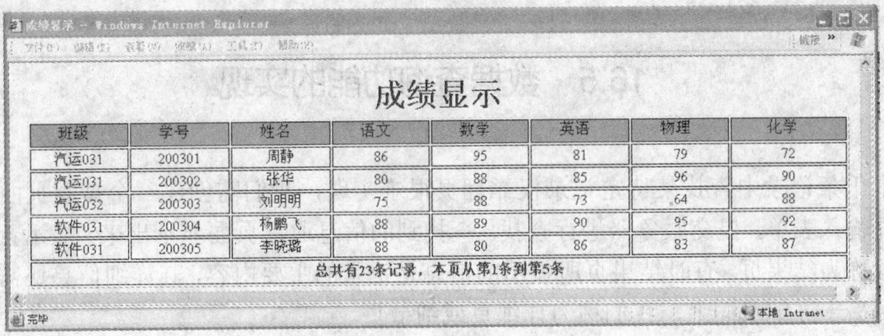

班级	学号	姓名	语文	数学	英语	物理	化学
汽运031	200301	周静	86	95	81	79	72
汽运031	200302	张华	80	88	85	96	90
汽运032	200303	刘明明	75	88	73	64	88
软件031	200304	杨鹏飞	88	89	90	95	92
软件031	200305	李晓璐	88	80	86	83	87

总共有23条记录，本页从第1条到第5条

图 16-25　统计显示结果

16.4.4　记录集导航条的建立

在一个页面上可以显示记录集中的所有记录，但如果记录集中的数据很多，比如有几千条记录，会造成 HTML 文档过大，不仅难于下载，更不便于阅读。这种情况下，我们一般采用建立记录集导航条的办法分页显示数据，具体方法如下：

（1）在页面相应位置写入静态文本内容，一般为"首页"、"末页"、"上一页"和"下一页"。

（2）设置导航链接。选中"首页"，选择"窗口→服务器行为"，启动服务器行为面板，单击"+"按钮，在弹出菜单中选择"记录集分页"中的"移动至第一条记录"，弹出对话框，如图 16-26 所示。

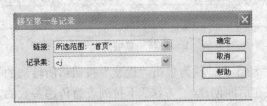

图 16-26　记录导航

　　（3）如果页面中没有其他链接，在"链接"中只有一个选项；"记录集"一项选记录集名 CJ，单击"确定"按钮，"首记录"的导航连接设置好。其他各项导航连接按上述办法依次设定。

　　（4）修改各导航连接，可双击服务器行为面板中的对应项，从对话框中进行修改。

　　（5）显示结果测试。从浏览器中可查看数据显示情况，如图 16-27 所示。

成绩显示

首页 上一页 下一页 末页 返回

班级	学号	姓名	语文	数学	英语	物理	化学
汽运031	200301	周静	86	95	81	79	72
汽运031	200302	张华	30	88	85	96	90
汽运032	200303	刘明明	75	88	73	64	83
软件031	200304	杨鹏飞	88	89	90	95	92
软件031	200305	李晓璐	88	80	36	83	87

总共有23条记录，本页从第1条到第5条

图 16-27　记录导航显示效果

16.5　数据查询功能的实现

　　在上千条记录中查找某特定记录仅靠翻页很难实现，我们需创建一个搜索页面，将要查找的条件输入表单，提交服务器进行查找。查找到的信息通过页面显示出来，显示查询结果的页面一般称为结果页。有时结果页所显示的信息是记录的主要内容，其详细信息还需通过结果页链接到另一详细页面上，我们称为详细页或细节页。

16.5.1　创建查询页面

　　查询页面主要是为了让人们输入查询条件，一般由几个表单构成，实际应用中可据情况不同设置各种样式。本例首先建立一个单条件简单查询（仅以班级为查询条件）的实例。

　　（1）建立一个名为 tjcx.htm 的文档，存在 cjcx 文件夹下。

　　（2）按照图 16-28 所示的样式，建立一表单。表单中文本域用来输入查询条件，名称为 txt，字符宽度为 15。

图 16-28　查询条件表单

　　表单的属性设置："动作"一栏为单击"提交"按钮后所转向的页面，即结果页面，这里填入 tjcx.asp，该页面将在后面创建。"方法"下拉列表为传递参数的方式，可以采用 get 方式，也可以采用 post 方式。这里我们采用 get 方式。

16.5.2　构建结果页面

前面我们已经学习过如何构建记录显示页面，实际上结果页就是根据一定条件来显示记录的页面。只需将用于查询记录集的 SQL 语句设定好，结果页便可完成。这里利用已做好的 cjxs.asp 页面来构建结果页面。

（1）建立如图 16-29 所示的查询显示结果页 tjcx.asp，存在 cjcx 文件夹下。建立过程参见前面数据显示页 cjxs.asp 的建立操作。也可以将 cjxs.asp 页面另存为 tjcx.asp。

图 16-29　查询显示结果页

（2）选择"窗口→绑定"，启动"绑定"面板，双击 cj 记录集，弹出记录集设置窗口，如图 16-30 所示。

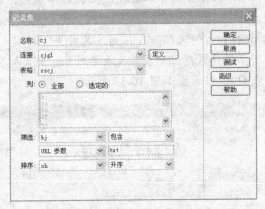

图 16-30　查询条件设置

窗口中参数的设置：
- 名称：选择前面建立的记录集的名称为 cj。
- 连接：选择前面建立的数据库连接名称为 cjgl。
- 表格：包含查询数据的数据表 xscj。
- 列：选定全部字段（也可单击"选定的"单选按钮，用鼠标涂抹选择部分字段）。
- 筛选：此处设置查询条件。左上角下拉列表中选择记录集中查询关键字段 bj；右上角下拉列表中选择比较运算符"包含"；左下角下拉列表中选择数据的传递方式"URL 参数"（如果查询表单属性中的"方法"应用 post，则此处应选用"表单变量"）；右下角下拉列表中选择查询表单中文本域的名称 txt。

（3）为验证我们所写语句的正确性，单击"测试"按钮，在弹出的窗口中输入一个班级名称，则应显示出该班级的全部记录。单击"确定"按钮，查询应用程序设置完成。

（4）打开 tjcx.htm 查询页面，在预览窗口中，输入查询值"汽运 031"，提交后显示结果如图 16-31 所示。

成绩查询显示

首页 上一页 下一页 末页

班级	学号	姓名	语文	数学	英语	物理	化学
汽运031	200301	周静	86	95	81	79	72
汽运031	200302	张华	80	88	85	96	90
汽运031	200309	李明	72	80	79	85	89
汽运031	200345	王天来	98	86	85	66	78
汽运031	2004	张丰硕	87	78	99	77	68

总共有5条记录，本页从第1条到第5条

图 16-31　查询结果显示

说明：如果查询结果页出现乱码，请将 tjcx.htm 和 tjcx.asp 页面的编码格式改为一致。方法是，在要修改的页面文档中单击，选择"修改→页面属性"命令，在弹出的"页面属性"对话框中，选择左侧的"标题→编码"分类，在右侧的"编码"下拉列表框中选择"GB2312"或者"UTF-8"，单击"重新载入"，再单击"确定"按钮后保存该文档。

如果建立一个可选条件的综合查询（如通过下拉表选择系别、班级、姓名等作为查询条件），可按下面的过程进行。

（1）建立一个名为 tjcx1.htm 的文档，存在 cjcx 文件夹下。

（2）按照图 16-32 所示的样式建立一表单及表单对象。3 个表单元素的名字依次为：l1、l2、tj。其中两个下拉列表 l1 和 l2 设置如图 16-33 所示。

成绩信息查询

查询字段：　　　姓名▽

运算符：　　　　大于▽

输入值：

提交　　重置　（例如：软件031）

图 16-32　查询条件表单

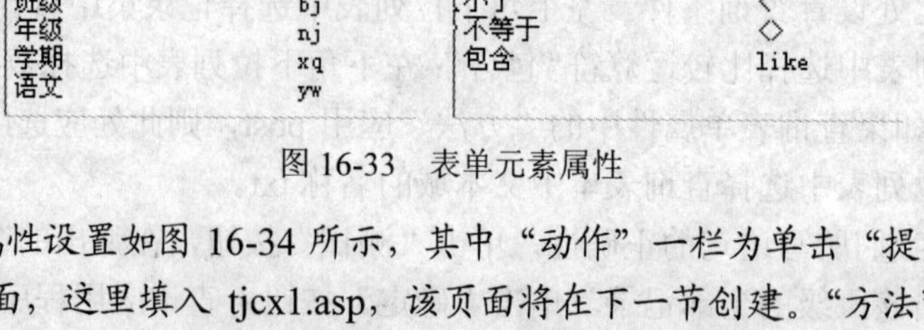

图 16-33　表单元素属性

（3）表单的属性设置如图 16-34 所示，其中"动作"一栏为单击"提交"按钮后所转向的页面，即结果页面，这里填入 tjcx1.asp，该页面将在下一节创建。"方法"下拉列表为传递参数的方式，可以采用 get 方式，也可以采用 post 方式。这里采用 get 方式。

图 16-34　表单属性

（4）建立显示结果页 tjcx1.asp，如图 16-29 所示，建立过程略。

（5）在图 16-30 中单击"高级"按钮，弹出图 16-35 所示的设置窗口。

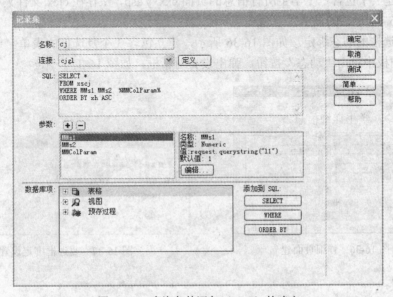

图 16-35　查询条件语句（SQL）的建立

　　窗口中"名称"与"连接"分别为前面设定的记录集名称和数据库连接名称，如果都是唯一的，系统自动添加。

　　SQL 区域我们先不考虑，先看"参数"一栏，通过单击"参数"区域中的加号（+）按钮并输入变量名、默认值（没有运行前值返回时变量应采用的值）和运行时的值（通常为含有浏览器发送的值的服务器对象，如请求变量），将搜索参数的值赋给 SQL 变量。这里增加 MMs1、MMs2 和 MMtxt 三个变量，默认值都为 1 或 like。3 个变量参数为搜索页表单中 3 个控件对象的名称。值得注意的是，如果搜索页表单使用 get 方法传递信息，就使用 Request.queryString() 获取数据；如果使用 post 方法，则必须使用 Request.form() 取得数据。返回来再看 SQL 区域，我们写入简单的 SQL 语句，将已定义好的 3 个变量代入 sql 语句中：

```
SELECT *
FROM xscj
WHERE MMS1 MMS2 '%MMtxt%'
ORDER BY xh ASC
```

为验证我们所写语句的正确与否，单击"测试"按钮，如果显示正确结果，说明我们写的语句是正确的。单击"确定"按钮返回。

（6）找到 SQL 语句"SELECT * FROM xscj WHERE ？？？ ORDER BY xh ASC"，将其改为"SELECT * FROM xscj WHERE " & cj__MMs1 & " " & cj__MMs2 & " '%" & cj__MMtxt & "%' ORDER BY xh ASC"。

（7）在预览窗口中，选择查询条件，提交后显示查询结果。

16.5.3 建立查询显示详细页面

在上面生成的结果页面中，仅显示了"班级"、"姓名"、"学号"等几个主要字段的内容，有时人们还需要了解记录集中存在但没有显示出的其他字段的内容。比如找到某个同学后，单击列表的某一项内容能显示出其更详细的信息，即显示出"详细页"或"细节页"。步骤如下：

（1）构建一个包含一个学生所有信息的页面 cxxxy.asp，保存在 cjcx 文件夹中。具体操作过程参见"16.4.1 记录的显示"。

（2）复选框的动态绑定。如图 16-36 所示，建立包含 3 个复选框的表单。选定音乐复选框，在属性面板中单击"动态"按钮，弹出设置对话框，如图 16-37 所示。

图 16-36　详细页面建立

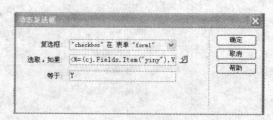

图 16-37　复选框绑定设置

参数设置：

- 复选框：采用默认值。
- 选取，如果：单击右侧按钮 ，在弹出的窗口中选取记录集中的对应字段。
- 等于：输入复选框选中状态时数据表字段中对应的数值。

依次完成 3 个复选框的参数设置。

（3）打开结果页 tjcx.asp，选中某个绑定字段，比如这里我们选择"姓名"字段，然后选择"窗口→服务器行为"命令，在弹出的窗口中单击 按钮，然后在弹出的菜单中选择"转到详细页面"，如图 16-38 所示。

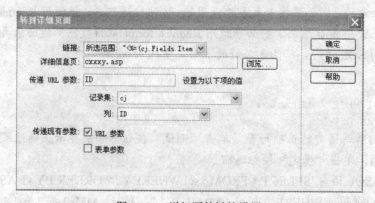

图 16-38　详细页的链接设置

详细页的链接设置：

- 链接：采用默认值。
- 详细信息页：浏览选择前面建立的详细页 cxccy.asp。
- 传递 URL 参数：输入数据表中唯一的索引字段 ID。
- 记录集：选择我们所建的记录集 cj。
- 列：详细页中与结果页面传递值对应的值 ID。
- 传递现有参数：选择参数传递的方式，此处选"URL 参数"。

（4）单击"确定"按钮，详细页面和结果页（主页面）的链接完成。在浏览器中测试显示结果如图 16-39 所示。

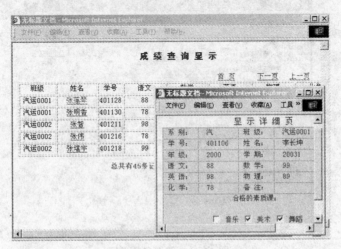

图 16-39　结果页与详细页的显示

16.6　数据维护功能的实现

一般来讲，网页所显示数据不是任何人都可以维护的，只有站点管理人员或指定专门人员对数据进行维护。为保证数据安全，用户必须输入自己的账号和密码才能对数据进行访问。这一节讲述管理人员的登录以及对数据的修改和删除等页面的制作。

16.6.1　创建登录页面

为了方便用户对账户和密码的修改，一般把账户和密码放在前面建立的 login 数据表中。数据表的创建过程在前面已讲过，这里不再赘述。

（1）创建登录页面 login.ASP，保存在 cjwh 文件夹下，如图 16-40 所示。两个文本域的名字分别为 txt1 和 txt2。

（2）选择"窗口→服务器行为"菜单，启动"服务器行为面板"，单击"+"号按钮，选择"用户身份验证→登录用户"，弹出如图 16-41 所示的对话框。

参数设置：

- 从表单获取输入：采用默认值。
- 用户名字段：选择表单中填写账户的文本域名为 txt1。
- 密码字段：选择表单中填写密码的文本域名为 txt2。

图 16-40　登录表单

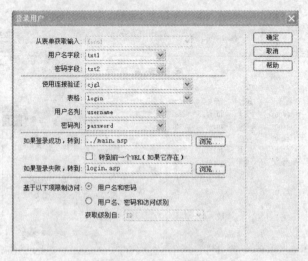

图 16-41　登录参数设置

- 使用连接验证：选择记录集连接名为 cjgl。
- 表格：数据库中的表名为 login。
- 用户名列和密码名列：指建立数据库时设定的用户和密码，如果没有设定此处采用默认值。
- 如果登录（成功）失败，转到：填写如果登录成功和登录失败后转到的页面，这里我们分别填写 main.asp（将在后面建立）和 login.asp。
- 为了防止未授权的用户访问某一页，可以在该页上添加"限制对页的访问"服务器行为。如果用户试图通过在浏览器中键入受保护页的 URL 来绕过登录页，或者用户已登录但试图访问不具有正确访问特权的受保护页，该服务器行为就会将用户重定向到另一页。

（3）单击"确定"按钮，用户登录页 login.asp 编辑完成。

16.6.2　数据维护

用户登录后，就可以对学生的成绩数据进行维护了，数据维护的基本内容包括记录的更新（修改）、删除等。利用服务器行为可以很方便地实现这些功能，下面分别讲述这些页面的制作及连接关系。

1. 数据更新行为的建立

（1）建立更新页 cjgx.asp，存放在 cjwh 文件夹下（本页面可由图 16-12 成绩录入表单修改完成）。更新网页的表单设置如图 16-42 所示。

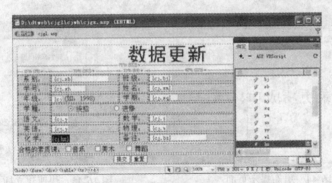

图 16-42 数据绑定

（2）建立记录集。这里我们可以将前面 cjll.asp 页面建立的记录集复制过来，复制方法像复制文件一样，即先选中 cjll.asp 页面的记录集，右击"拷贝"，打开 cjgx.asp，右击"粘贴"。

（3）选择"窗口→绑定"命令，启动绑定面板，绑定表单控件，如图 16-42 所示。具体操作参见图 16-18 所示的数据绑定。

（4）建立更新行为。选择"窗口→服务器行为"命令，启动服务器行为面板。单击面板中"+"按钮，在弹出的菜单中选择"更新记录"，弹出"更新记录"对话框，如图 16-43 所示。

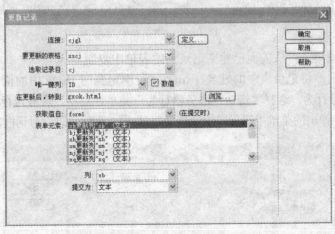

图 16-43 建立更新行为

具体参数设置参见图 16-14 中的插入行为。其中"在更新后，转到"中浏览选择一个更新过程提示页面 gxok.htm，如图 16-44 所示，用于指示更新数据后所应作的操作。页面中"返回"字符链接到后面建立的数据维护页面 cjwh.asp，以便及时显示更新结果，进行其他的更新操作。

（5）测试应用程序。选择"文件→在浏览器中浏览"命令或单击文档栏中的浏览图标，测试表单的工作过程。如出错请检查连接名称和字段属性值是否正确。

说明：在建立插入、更新服务器行为时，可应用"插入"面板中"数据"选项中的更新记录表单或插入记录表单，快速建立表单，如图 16-45 所示。

快速建立插入或更新服务器行为具体参数设置参见 16.3.3 节中的建立插入行为。插入完成后可对表单进行简单修改，以满足我们的具体需要。

2. 数据删除行为的建立

（1）建立删除表单页面，如图 16-46 所示，名为 cjsc.asp，存在 cjwh 文件夹下。

图 16-44　更新提示页面　　　　　　　图 16-45　快速建立插入或更新表单

图 16-46　删除表单

（2）建立记录集。可从前面已建立记录集的表单中复制。

（3）数据绑定。将记录集中的姓名（xm）字段绑定到图 16-46 中的位置。

（4）建立删除行为。选择"窗口→服务器行为"菜单，启动"服务器行为"面板。单击面板中"+"按钮，在弹出的菜单中选择"删除记录"，弹出"删除记录"对话框，如图 16-47 所示。

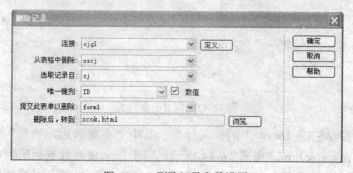

图 16-47　删除记录参数设置

对话框参数设置：

- 连接：建立记录集时所用的连接为 cjgl。
- 从表格中删除：选择包含要删除数据的数据表为 xscj。
- 选取记录自：选择数据来源的记录集名称为 cj。
- 唯一键列：选择记录集中记录的唯一标识字段 ID。
- 提交此表单以删除：选择提交数据的表单名称为 form1。
- 删除后，转到：记录删除后要转到的操作提示页面，此处为 scok.htm，作用和内容与数据更新的提示页面 gxok.htm 相同。

（5）单击"确定"按钮返回，设置完成。测试删除效果。

3. 建立数据维护页面

前面我们已经实现了数据的更新和删除的维护功能，下面建立一个维护页面把上述功能链接起来。

（1）建立数据维护页面，如图 16-48 所示，名为 cjwh.asp，存放在 cjwh 文件夹下。具体建立过程参见前面的内容，此处不再赘述。

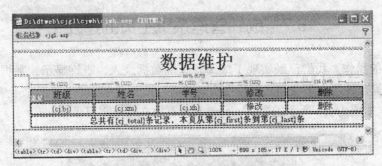

图 16-48　成绩维护页面

（2）建立记录集。可从前面已建立记录集的表单中复制，也可以重新建立。

（3）数据绑定。将记录集中的姓名（xm）、学号（xh）、班级（bj）等绑定到如图 16-48 所示的位置。

（4）建立详细页链接。此处的详细页包括维护操作详细页和显示详细页。此处链接要进行参数传递，不能用属性面板进行链接。

1）维护操作详细页的链接：页面中选中链接热点文字"修改"或"删除"，启动"服务器行为"面板，单击"+"号按钮，选择"转到详细页"，弹出设置对话框，如图 16-49 所示。

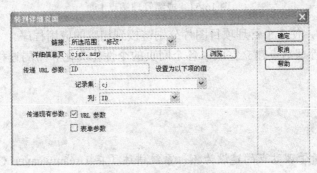

图 16-49　设置详细页链接

参数设置如下：

- 链接：显示链接热点文本"修改"。
- 详细信息页：浏览选择 cjgx.asp。
- 传递 URL 参数：修改时以记录的 ID 号作为记录搜索的参数。
- 记录集：页面记录集 CJ。
- 列：记录集中对应传递参数的字段 ID。
- 传递现有参数：选择传递方式，此处为"URL 参数"

2）显示详细页的链接：具体设置过程如图 16-38 所示，此处不再重复。详细页记录集具体参数如图 16-50 所示。

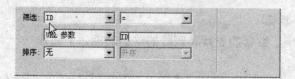

图 16-50　ID 传递参数设置

16.7　成绩管理系统主页的建立

通过上面的操作，我们已经实现了成绩管理的数据录入、查询显示、数据维护等功能。为了便于用户操作使用，下面建立管理主页，将各功能集成起来。

（1）建立如图 16-51 所示的主页 main.asp，存放在站点根目录下。

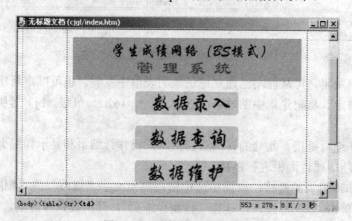

图 16-51　成绩管理站点主页

（2）建立链接，使 3 个管理项目图片分别链接到相应的应用程序。

至此整个成绩管理站点建立完成。各个网页的个性化美化和布局过程由读者根据自己的情况完成。

本章以学生成绩管理站点的建设为例，系统讲述了在 Dreamweaver CS5 可视环境下建设动态站点的一般步骤和数据提交、显示、查询、修改、删除等交互功能实现的基本方法。学习本章内容时，应结合第 15 章的知识理解每一步操作的原理和意义，有利于提高应用程序调试和开发的效率。

1．在 Dreamweaver CS5 可视环境下建设动态网站一般分为几个步骤？

2．在实现数据查询显示功能时，详细页的作用是什么？如何实现详细页与结果页的链接。

3．参照本章的实例，建设一个成绩查询的动态站点。实现如下功能：考生在网页中输入自己的准考证号后能够显示出考生成绩。

第 17 章 动态网页设计实例

在上一章中，我们通过一个实例详细讲述了利用 Dreamweaver CS5 可视环境设计数据库相关的动态网页的一般过程。本章将再通过"网上新闻发布"、"网上投票"和"在线考试" 3 个设计实例，进一步学习动态网页设计的思路和技巧。通过本章的学习，读者应掌握以下内容：

- 网上动态信息发布的一般方法
- 网上投票与数据分析的一般过程
- 在线考试系统的一般实现方法

17.1 网上新闻发布

网上新闻发布是将新闻信息发布到网页上供用户浏览。网上新闻发布一般有两种方式：一种是手工方式，即管理员将新闻内容制成网页文件后发布到 Web 服务器中；另一种是动态方式，即管理员先将新闻内容通过网页提交到数据库中。当用户请求网页时，Web 服务器负责从数据库中提取数据并利用它们动态地生成网页展示给用户。

以手工方式发布新闻内容，效率低且容易出错，同时对管理员的要求也高；而动态发布信息相对地要简单和可靠得多。无特别说明，我们所说的信息发布均指信息的动态发布。

17.1.1 工作流程图

新闻发布的工作流程如图 17-1 所示，由显示新闻、添加新闻、修改新闻和删除新闻等功能模块构成。新闻内容的维护还需要验证用户身份，只有被授权的用户才享有对数据库内容进行更新和维护的权力，在此通过用户登录模块来实现。

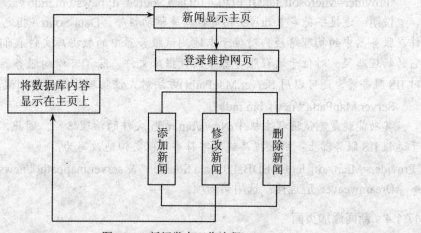

图 17-1　新闻发布工作流程

17.1.2　数据表的结构

在 Access 2003 中创建一个名为 bm 的数据库。在库中设计两个数据表。news 数据表用来存放要发布的新闻数据，其表结构如图 17-2 所示；dl 数据表用来存放系统登录验证信息，其结构如图 17-3 所示。

图 17-2　news 数据表的结构

图 17-3　dl 数据表的结构

17.1.3　建立数据库连接

网页文件若需与数据库进行数据交互，必须首先建立到数据库的连接。建立到数据库的连接有多种方式，本例中采用字符串方式创建。

选择"窗口→数据库"命令。在启动的数据库面板中单击按钮弹出下拉菜单，选择"自定义连接字符串"，弹出如图 17-4 所示的设置对话框。

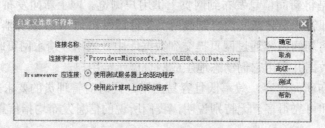

图 17-4　建立字符串连接

各参数设置如下：

- 连接名称：czxnews
- 连接字符串：

"Provider=Microsoft.Jet.OLEDB.4.0;Data Source=d:\news\bm.mdb "

说明：连接字符串中 driver 指定数据库驱动程序。Data Source 指定 Access 数据库文件在服务器中的物理路径。对位于本地测试服务器中的数据库文件我们可以很容易获知它的物理路径。对位于远程服务器中的数据库文件，除了可以向服务器管理员咨询外，对 IIS 服务器，还可以用 Server.MapPath()方法对文件物理路径进行测试，如

Server.MapPath("/news/bm.mdb")

其功能就是测试远程主机中/News/bm.mdb 文件的物理路径。因此，若数据库文件位于远程 IIS 服务器上，则数据库连接字符串可以类似地改写为：

"Provider=Microsoft.Jet.OLEDB.4.0;Data Source=" & server.mappath("/news/bm.mdb")

- Dreamweaver 应连接：选用第一项。

17.1.4　新闻添加页面

动态发布新闻，首先要通过一个动态页面将新闻内容提交给数据库，然后才能在需要时

将数据库的内容更新到显示页面中。下面讲述新闻提交页面的设计过程：

（1）在 Dreamweaver CS5 中建立名为 xwtj.asp 的页面。

（2）建立记录集。打开新建的 xwtj.asp 网页，选择"窗口→服务器行为"命令，在弹出的"服务器行为"面板中单击 按钮，弹出如图 17-5 所示的下拉菜单，执行其中的"记录集（查询）"命令，并在弹出"记录集"对话框（如图 17-6 所示）中进行必要的参数设置，具体参数设置如下：

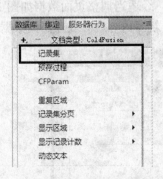
图 17-5　启动记录集面板

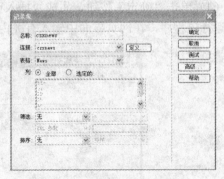
图 17-6　设计记录集窗口

- 名称：czxnews。
- 连接：czxnews（记录集的名称与数据库连接的名称可以相同，也可以不同）。
- 表格：选择数据表 news。
- 列：默认选择全部。
- 筛选：默认。
- 排序：默认。

图 17-7　启动插入记录窗口

参数设置完成后，单击"测试"按钮，检验记录集的建立是否成功。如果没有出现错误，单击"确定"按钮，完成记录集的创建工作。

（3）选择"插入"面板"数据"分类下的"插入记录表单向导"按钮，如图 17-7 所示。

弹出的"插入记录表单"设计窗口如图 17-8 所示。

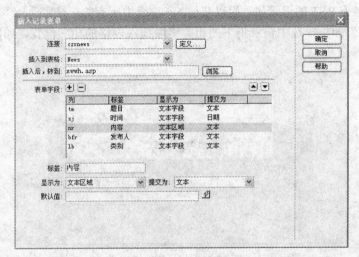
图 17-8　插入记录窗口

具体参数设置如下：

- 连接：czxnews。
- 插入到表格：News。
- 插入后，转到：默认不填。
- 表单字段：保留 tm、sj、nr、bfr 和 lb 字段，并分别设置对应属性。

（4）单击"确定"按钮，生成"插入记录"页面，经适当调整页面数据如图 17-9 所示。运行该程序，在网页界面中输入有关内容并提交，新闻内容就会被存储到数据库中。

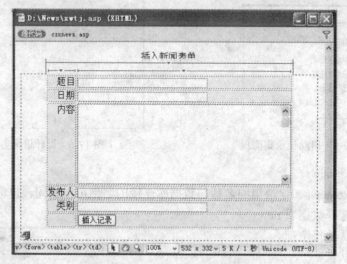

图 17-9　"插入记录"页面

17.1.5　新闻列表页面

1. 创建显示单个新闻的显示页面

（1）选择"文件→新建"命令，建立名为 index.asp 的网页。因为服务器采用的是 ASP 技术，网页名称的后缀必须为.asp，否则不能被服务器解释执行。

（2）创建一个合适的表格，经过必要的调整，生成如图 17-10 所示的页面。

（3）创建名为 RST 的记录集，用以获得 News 表中所有的记录；选择"窗口→绑定"命令，打开"绑定"面板，选中记录集下的相关字段拖入表格的相应位置，如图中的{RST.tm}以及{RST.sj}。

图 17-10　记录集的绑定

2. 动态显示多条记录

前面生成页面中只能显示一条记录信息，而实际应用中往往需要在页面中显示一个新闻列表，在 Dreamweaver CS5 中可以利用设置"重复区域"的功能实现。

（1）在图 17-10 中选中需要被重复显示的区域。打开"服务器行为"面板。单击"+"按钮，在弹出菜单中执行"重复区域"命令，将打开如图 17-11 所示的重复区域设置窗口。

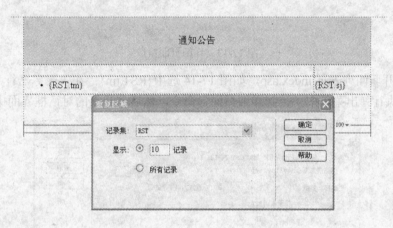

图 17-11　重复区域设置窗口

参数设置如下：

- 记录集：RST
- 显示：设置 10 条记录。

（2）设置完毕后，单击"确定"按钮。按 F12 键预览生成的页面，如图 17-12 所示。

注意：页面中并没有按我们的预期显示 10 条记录，这是由于数据表中记录不足造成的。

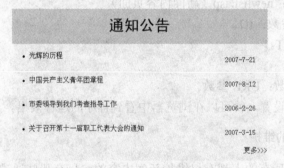

图 17-12　多条新闻的显示页面

3. 新闻详细页面

在新闻列表页面中，仅显示了"题目"、"时间"等几个有限的字段内容，实际上用户有时还需要了解更详尽的新闻信息，这在 Dreamweaver CS5 中可以通过"转到详细信息页"功能实现。实现的操作过程如下：

（1）构建包含一个新闻所有信息的详细页面 newlist.asp，在页面上设计详细页显示表格。建立记录集 RST 与显示页面的绑定关系，如图 17-13 所示。具体操作过程参照前面的相关内容进行。

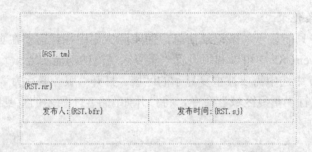

图 17-13　详细页面窗口

（2）打开新闻列表页 index.asp，如图 17-14 选中{RST.tm}；在"服务器行为"面板中单击![按钮，执行弹出菜单中"转到详细页面"命令，然后在弹出的对话框界面中进行设置。

图 17-14　转到详细页设置窗口

参数设置如下：
- 链接：默认。
- 详细信息页：newlist.asp（新闻内容页面）。
- 传递 URL 参数：ID。
- 记录集：RST。
- 列：ID。
- 传递现有参数：URL 参数。

确认并保存上述设置，就可以在浏览器中看到程序的运行效果。

17.1.6　新闻表的维护

一般地，并不是所有的人都有权维护新闻内容的，只有那些通过授权并通过身份验证的用户才有机会管理和维护新闻内容。最常用的身份验证方式是账号/密码验证法。

创建一个新闻维护面板，规定只有经过身份验证的用户才有权利用该面板对新闻数据进行维护，如添加、修改和删除数据等。

1. 新闻维护面板

如图 17-15 所示是我们创建的新闻维护面板（xwwh.asp）。简要的创建步骤如下：

（1）创建如图 17-15 所示的界面。

（2）创建名为 News 的记录集，用以从 news 表中获取 ID、TM 和 SJ 的值，并利用"绑定"面板分别将 TM 和 SJ 绑定到页面中。

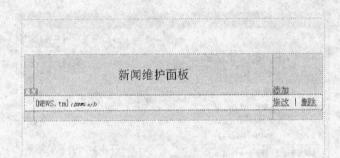

图 17-15 新闻维护面板

（3）如图中所示，为"添加"创建指向新闻添加页面（xwtj.asp）的链接，利用"服务器行为"面板分别为"修改"和"删除"创建转到详细页面的链接，并分别对应新闻修改页面（xwxg.asp）和新闻删除页面（xwsc.asp）。

（4）选中需要重复的行，创建重复区域，要求显示所有的记录。

（5）执行"服务器行为"面板中"用户身份验证→限制对页的访问"命令，要求验证用户名和密码，设置页面如图 17-16 所示。如果访问被拒绝，要求继续登录。

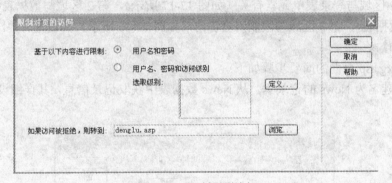

图 17-16 限制页面访问

2. 创建登录页面

我们要事先把用户的账户和密码存入 DL 数据表中，请读者自行加入自己需要的测试账户。在数据表中分别用 usename 和 password 代表账户和密码。

（1）创建如图 17-17 所示的用户登录页面（denglu.asp），其中帐号所对应的文本框被命名为 UserName，密码所对应的文本框被命名为 Password。

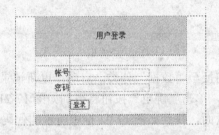

图 17-17 用户登录界面

（2）选择"窗口→服务器行为"命令，打开"服务器行为"面板，选择"用户身份验证→用户登录"命令，弹出如图 17-18 所示的对话框。

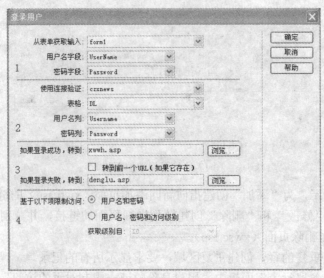

图 17-18　登录用户设置界面

　　图中第 1 区域与登录表单元素有关（如图 17-17 所示），第 2 区域与数据表中用户信息有关（如 DL 数据表），第 3 区域与限制网页访问（如图 17-16 所示）的设置有关。

　　3.　新闻修改

　　创建 xwxg.asp 页面的简要步骤如下：

　　（1）创建名为 News 的记录集，从 News 数据表中获取记录信息，其详细设置如图 17-19 所示。

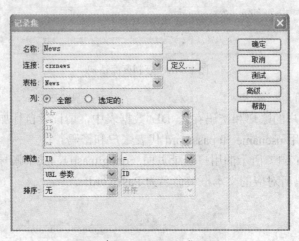

图 17-19　News 记录集设置

　　（2）将"插入"面板切换至"数据"分类，启动"更新记录表单"向导，如图 17-20 所示。参照向导界面设置完毕，单击"确定"按钮将得到如图 17-21 所示的界面。

　　（3）切换到代码视图页面，找到如图 17-22 框中所示的代码，并将其从文件中删除。

　　4.　新闻删除

　　创建新闻删除程序（xwsc.asp）的简要步骤如下：

　　（1）利用"服务器行为"面板，在页面内创建一个删除类型的命令，其设置如图 17-23 所示。

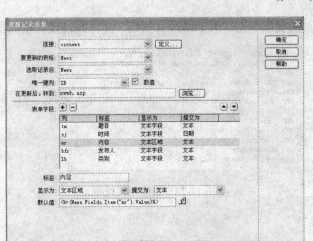

图 17-20　更新记录表单向导界面

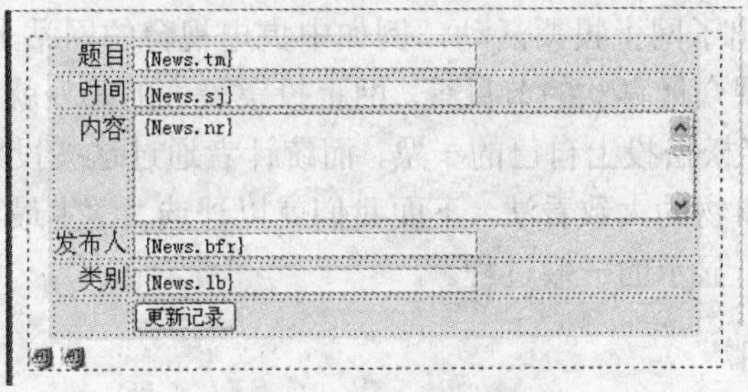

题目　[News.tm]
时间　[News.sj]
内容　[News.nr]

发布人　[News.bfr]
类别　[News.lb]
更新记录

图 17-21　更新新闻页面

```
46    If (Request.QueryString <> "") Then
47     If (InStr(1, MM_editRedirectUrl, "?", vbTextCompare) = 0) Then
48       MM_editRedirectUrl = MM_editRedirectUrl & "?" & Request.QueryString
49     Else
50       MM_editRedirectUrl = MM_editRedirectUrl & "&" & Request.QueryString
51     End If
52    End If
```

图 17-22　将框中代码移除

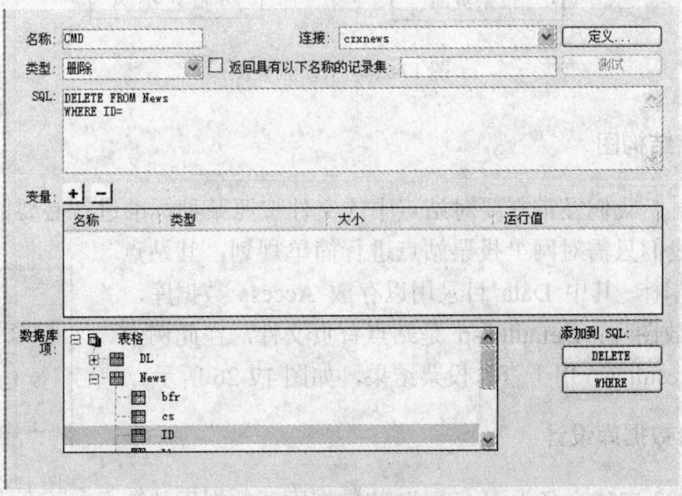

图 17-23　删除命令设置

（2）切换到网页的代码视图，手工修改其代码，文件最终仅保留如图 17-24 所示的代码。

```
1    <%@LANGUAGE="VBSCRIPT" CODEPAGE="65001"%>
2    <!--#include file="Connections/czxnews.asp" -->
3    <%
4    Set CMD = Server.CreateObject ("ADODB.Command")
5    CMD.ActiveConnection = MM_czxnews_STRING
6    CMD.CommandText = "DELETE FROM News WHERE ID=" & Request.QueryString("ID")
7    CMD.CommandType = 1
8    CMD.CommandTimeout = 0
9    CMD.Prepared = true
10   CMD.Execute()
11   set CMD=nothing
12   response.Redirect("xwwh.asp")
13   %>
```

图 17-24　删除新闻程序

17.2　网上投票系统的设计

现在很多网站都推出了网上投票活动，例如中央电视台的网站上就通过网上投票选出年度最受欢迎的主持人和观众最喜欢的节目等。网上投票最大的好处就是方便、快捷和直观。每个人可以呆在家里，轻轻松松投上自己的一票，而统计者通过这些投票得到数据，可以很快分析出目前访问者对某一事物的大致看法。下面我们就以评选"学生最喜欢的选修课"为例，来说明网上投票及数据分析显示的一般过程。

17.2.1　工作流程图

该投票系统包括投票页面和以柱状图形式显示的投票结果页面。投票系统的工作流程如图 17-25 所示。

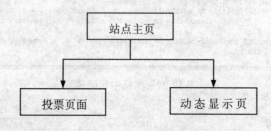

图 17-25　工作流程图

17.2.2　站点结构图

在设计站点时，我们经常需要对站点中的文件按照某种标准进行必要的规划，以方便管理和维护。比如我们只需对网上投票站点进行简单规划，其站点结构就变得比较清晰。其中 Data 目录用以存放 Access 数据库，Picture 目录中存放图片；Default.asp 是站点首页文件，在此例中作为投票页面；Result.asp 用于查看投票结果，如图 17-26 所示。

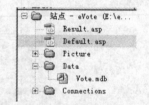

图 17-26　站点结构图

17.2.3　后台数据库设计

在 Access 2003 中建立名为 Vote.mdb 的数据库，数据库放置在站点内的 data 文件夹中。该数据库包含 KeMing 数据表，此表中主要放置 id 号、公选课课名和投票数，结构如图 17-27 所示，其中 id 号是自动编号的，记录公选课的数目。

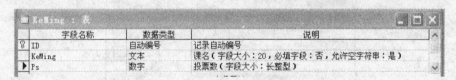

图 17-27　KeMing 表窗口

数据库创建完毕，手工向 KeMing 数据表中录入需要被调查的课程信息。

17.2.4　建立数据库连接

如图 17-28 所示，以自定义连接字符串的方式创建名为 eVote 的数据库连接，其中连接字符串设置如下：

`"Provider=Microsoft.Jet.OLEDB.4.0;Data Source=e:\eVote\Data\Vote.mdb"`

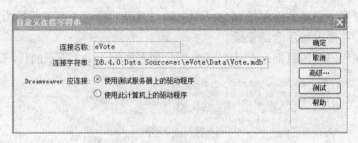

图 17-28　自定义连接字符串窗口

17.2.5　投票页面

我们想要创建的投票表单页面如图 17-29 所示。如前面规划中所述，该文件名为 Default.asp。

创建投票表单页面的简要步骤如下：

（1）先创建如图 17-30 所示的基本界面。其中表格嵌套在表单内，表格内又嵌有表单元素，如命令按钮及单选按钮等。

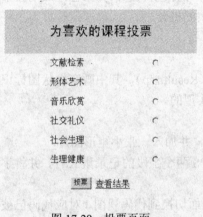

图 17-29　投票页面

图 17-30　投票页面设计

（2）创建名为 RST 的记录集，其参数设置如图 17-31 所示。设置完毕将 KeMing 字段绑定到单元格中，将 ID 字段与单选按钮的值绑定在一起，其中单选按钮被命名为 KID。

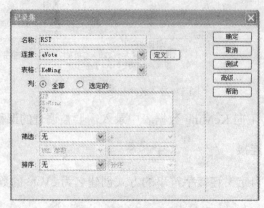

图 17-31　RST 记录集设计

（3）选中表格中需要被重复的部分（图中第 2 行），利用"服务器行为"面板将其设置为"重复区域"，并要求显示全部记录。

（4）切换到代码视图页面，在代码开头部分加入如图 17-32 所示的代码。

```
1  <%@LANGUAGE="VBSCRIPT" CODEPAGE="936"%>
2  <!--#include file="Connections/eVote.asp" -->
3  <%If not isEmpty(Request.Form("KID")) then
4      set CMD = Server.CreateObject("ADODB.Command")
5      Kid=Request.Form("KID")
6      CMD.ActiveConnection = MM_eVote_STRING
7      CMD.CommandText = "UPDATE KeMing  SET Ps =PS+1  WHERE ID =" & KID
8      CMD.CommandType = 1
9      CMD.CommandTimeout = 0
10     CMD.Prepared = true
11     CMD.Execute()
12     Session("Voted")=True
13 end if
14 if Session("Voted") then
15     Response.Redirect("Result.asp")
16 end if
17 %>
```

图 17-32　手式添加代码

图中代码第 3～13 行的作用是判断本页面是否有表单提交的 KID 的值，若有则表示用户提交了投票结果，所以要对应更新相关课程的投票数据。为防止重复投票，在计票的同时，还将用户的投票状态进行标记。第 14～16 行就检查用户的投票状态，如果已经成功投票，则直接转到投票结果查看页面，而不给用户提供重复投票的机会。

17.2.6　投票结果查看页面

我们希望得到如图 17-33 所示的投票结果界面（Result.asp），其中既有柱状图标识，又有数值标识。柱状图效果是通过改变矩形图片的宽度实现的。

投票结果页面文件的创建过程简要描述如下：

（1）如图 17-34 所示，先设计投票页面的布局，并加入一张小矩形图片。

（2）如图 17-35 所示，创建仅包含 KeMing 和 PS 两个字段的记录集 RST，并将字段对应绑定到如图 17-34 所示的单元格中。

（3）选中表格需要重复的部分（第 2 行），将页面切换到代码视图（对应代码已被选中）。用如图 17-36 中所示的新代码替代原对应代码。新代码的功能相当于实现重复区域设置。

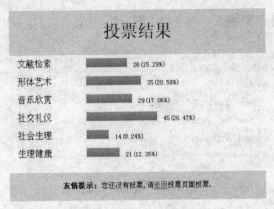

图 17-33 投票结果页面效果

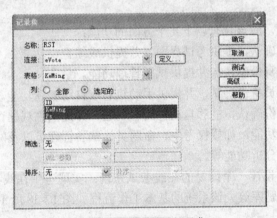

图 17-34 投票结果页面设计

图 17-35 投票结果记录集

```
37        <%
38    dim sum,iStr,Recs,p
39    sum=0
40    Recs=RST.getRows()          '将记录集暂存在二维数组Recs中
41    for c=0 to uBound(recs,2)
42      sum=sum+recs(1,c)         '统计总投票数
43    next
44    for c=0 to uBound(recs,2)
45      p=round(Recs(1,c)*100/sum,2)
46      iStr=("<tr>" _
47        &"<td height='32'>  " & Recs(0,c) & "</td>" _
48        &"<td style='font-size:12px'>" _
49        &   "<img src='Picture/bar.gif' width='" & 5*p & "' height='16' />  " _
50        &   Recs(1,c) & "(" & p & "%)" _
51        &"</td> " _
52        &"</tr>")
53      Response.Write(iStr)
54    next
55    %>
```

图 17-36 手工定制"重复区域"

（4）在"友情提示"后插入如图 17-37 所示的代码，用以提示用户的选票状态。

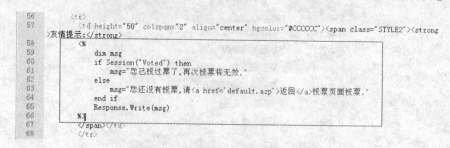

图 17-37　友情提示部分

至此，网上投票程序已被设计完成，请读者自行验证程序运行效果；我们也希望读者在本例的基础上，结合自己对动态网页技术的掌握情况和对投票系统的理解，对本例中程序进一步改进和完善。

17.3　在线考试系统

在线考试系统已在社会各类考试和认证中得到广泛应用。本节设计制作一个简易的在线考试系统。

17.3.1　系统分析

作为在线考试系统，应该具有以下几个方面的功能：

- 进行考生身份确认，提供考试界面，并提供成绩查询功能。
- 进行命题人员身份确认，并提供试题管理功能。
- 进行试卷管理员身份确认，并提供手动组卷或自动组卷功能。
- 进行阅卷员身份确认，能够自动评阅客观题，并提供主观题评阅功能。
- 具有用户管理功能，如授权考生、命题员、试卷管理员以及阅卷员等。
- 具有其他统计分析功能等。

为简化问题，我们设计一个简易的在线考试系统：实现考生在线考试，自动阅卷并报告考试成绩，允许管理试题库等。该系统的基本工作流程如图 17-38 所示。

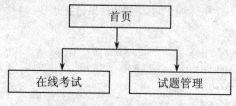

图 17-38　在线考试系统流程

17.3.2　数据库设计

我们利用一个名为 Demo.mdb 的 Access 数据库存放系统数据。在数据库中创建名为 Questions 的数据表，用来存放试题，其表结构如图 17-39 所示。创建名为 TESTing 的数据表用于为考生分配考题并存储考生答案，其表结构如图 17-40 所示。

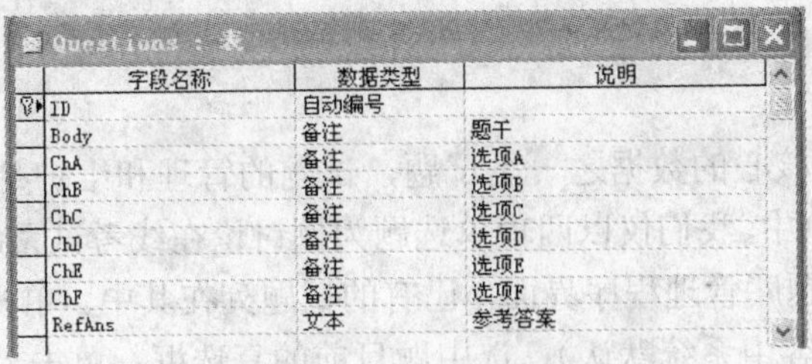

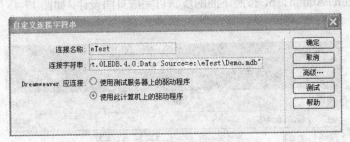

字段名称	数据类型	说明
ID	自动编号	
Body	备注	题干
ChA	备注	选项A
ChB	备注	选项B
ChC	备注	选项C
ChD	备注	选项D
ChE	备注	选项E
ChF	备注	选项F
RefAns	文本	参考答案

图 17-39　系统试题表

字段名称	数据类型	说明
Id	自动编号	
QstId	数字	试题号
UsrId	数字	考生号，以SessionID表示
UsrAns	文本	考生答案

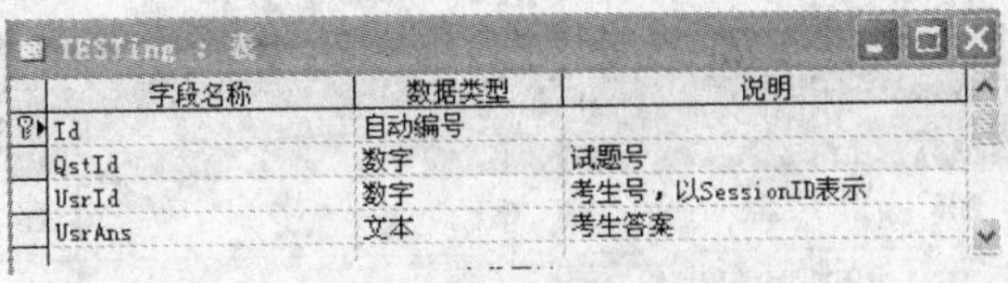

图 17-40　考生考题表

17.3.3　系统文档结构

打开 Dreamweaver 程序，在 IIS 服务器根目录下新建名为 eTest 的站点，服务器端采用 ASP VBScript 技术。将 Demo.mdb 数据库文件移动到该站点中，假设该数据库的物理路径为 E:\eTest\Demo.mdb。利用 Dreamweaver 程序创建站点到 Demo.mdb 数据库的连接，如图 17-41 所示。

图 17-41　数据库连接 eTest

为方便规划和说明问题，可以先为系统创建必要的空白网页，以便更好地描绘各网页之间的相互关系。该站点文档结构如图 17-42 所示。其中 Connections 文件夹是在创建数据库连接时由 Dreamweaver 程序自动创建的，其中包含一个名为 eTest.asp 的连接文件（与站点名相关）。Demo.mdb 是 Access 数据库文件。

Default.htm 为站点首页文件。编辑该网页，并将该页面设计成如图 17-43 所示的效果。

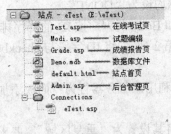

图 17-42　站点文档结构

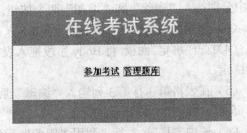

图 17-43　首页效果图

17.3.4 题库管理

在线考试系统中最核心的数据之一是试题，试题的管理和维护是考试系统最基本的也是最重要的任务之一。本例中，我们仅以四项单选题为例讨论在线考试系统中题库的管理和使用。

如图 17-44 所示是题库管理程序界面，已有的试题列在其中。单击"增加"按钮，将向题库中增加新题（题目内容由系统默认）；选中题目前的复选框，单击"删除"按钮，即可将它们对应删除；单击试题尾部的超链接可以编辑对应的试题内容。

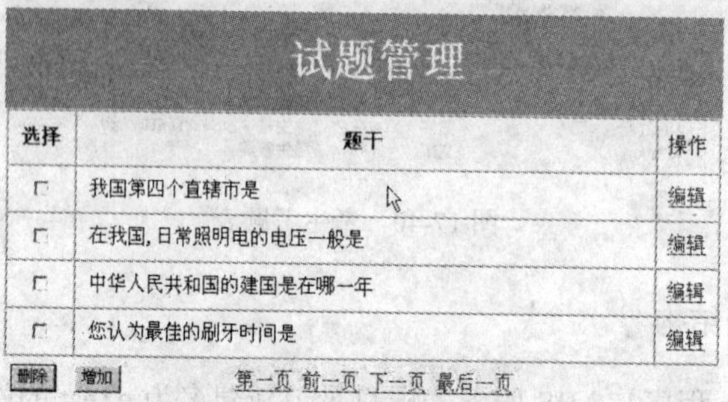

图 17-44 题库管理界面

1. 页面设计

打开前面创建的 Admin.asp，按照下面的步骤可完成页面设计，如图 17-45 所示是该页面设计结果。

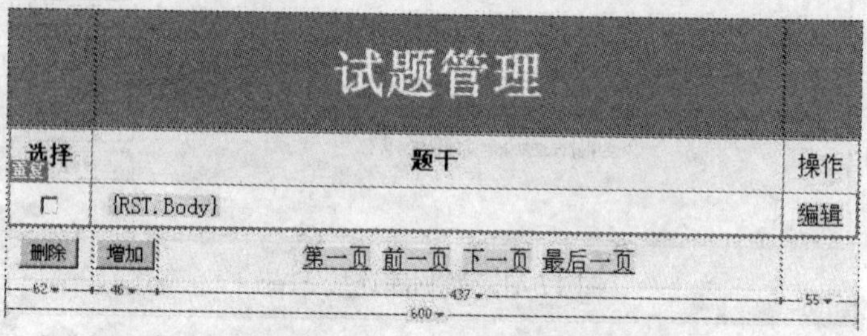

图 17-45 题库管理设计效果

（1）为方便对页面定位，在页面中插入一行一列的表格；表格宽度和高度均设为 96%，边框宽度为 0；在单元格内插入一个表单并命名为 form1。

（2）在表单内插入 4 行 3 列的表格。将第 1 行合并后输入"试题管理"，在第 2 行中分别输入"选择"、"题干"和"操作"；在第 3 行第 1 列插入一复选框并命名为 checkbox；在第 4 行中分别插入"删除"和"增加"两个按钮，按钮名称均设为"DONE"。

（3）创建如图 17-46 所示的记录集 RST，选定 ID 和 Body 两列，按 ID 的降序排列。

（4）打开"绑定"面板，将 Body 字段拖入表格第 3 行第 2 列，并将 ID 字段与 checkbox.value 进行绑定。

（5）在表格第 3 行第 3 列输入"编辑"后并选中，利用"服务器行为"面板添加"转到详细页面"，如图 17-47 所示进行设置。

（6）选中表格第 3 行，利用"服务器行为"面板将其设置为"重复区域"，要求显示所有记录。

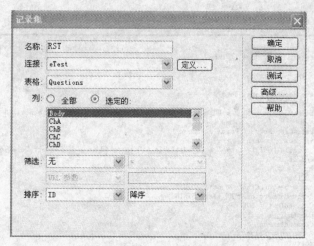

图 17-46　新建记录集

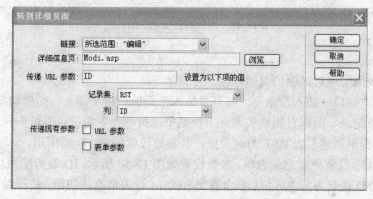

图 17-47　创建超链接，转向详细页面

（7）将光标置于"增加"按钮后，利用"服务器行为"面板分别添加"第一页"、"前一页"、"下一页"和"最后一页"等记录集分页操作。

2．添加和删除记录

在前面的实例中，我们曾经采用单独的插入页面向数据表中插入数据，本例中先插入具有默认内容的记录，必要时再利用编辑页面对其进行修改。这样做一方面可以减少页面文件数量；另一方面也可以充分利用试题编辑页面，达到代码重用的目的。

在设计本例页面时，在表单中加入了"增加"和"删除"两个功能按钮，利用它们可以对 Questions 表中的记录进行添加和删除操作。下面继续完善 Admin.asp 程序。

（1）打开"服务器行为"面板，添加一个命令对象 CMD，对象类型设为删除，其他参数采用默认设置。

（2）切换到代码视图，将 CMD 命令对象对应代码移至 Include 指令后，并按如图 17-48 所示的内容更改代码。

代码第 5 行中isEmpty(Request.Form("Done"))的含义是判断Request.Form("Done")的值是否为 Empty，如果不是 Empty，则意味着该页面是通过单击名为 Done 的表单按钮提交的，将执行第 7～27 行的程序代码，以实现增加或删除记录的功能。

注意： 我们在设计页面时已将表单中的两个命令按钮都统一命名为 Done。

```
1  <%@LANGUAGE="VBSCRIPT" CODEPAGE="936"%>
2  <!--#include file="Connections/eTest.asp" -->
3  <%
4  '增加和删除记录
5  If isEmpty(Request.Form("Done")) Then
6  else
7      MM_editTable = "Questions"
8      sql=""
9      select case Request.Form("Done")
10         case "增加"
11            sql=("Insert into " & MM_editTable & " ( body) values ('新题目[" & now() & "]')")
12         case "删除"
13            recs=Cstr(Request.Form("checkbox"))
14            if recs<>"" then
15               sql=("delete from " & MM_editTable & " where id in ("& Request.Form("checkbox") & ")")
16            end if
17      end select
18      if sql<>"" then
19         set cmd = Server.CreateObject("ADODB.Command")
20         cmd.ActiveConnection = MM_eTest_STRING
21         cmd.CommandText = SQL
22         cmd.CommandType = 1
23         cmd.CommandTimeout = 0
24         cmd.Prepared = false
25         cmd.Execute()
26         set cmd=nothing
27      end if
28  End If
29  %>
```

图 17-48　增加和删除记录的代码

3. 编辑记录

用一个新页面实现对试题的编辑修改，步骤如下：

（1）选择"窗口→插入"命令，打开"插入"面板，将"插入"面板切换至"数据"分类，单击"更新记录"图标右侧箭头展开下拉菜单，执行"更新记录表单"向导。

（2）根据提示创建名为 RST 的记录集，其参数设置如图 17-49 所示。

（3）根据提示设置更新记录表单，参数设置如图 17-50 所示。ID 设为隐藏域，Body、ChA、ChB、ChC 和 ChD 均设为文本区域；参考答案 RefAns 设为单选按钮组，其详细设置如图 17-51 所示。关闭所有向导设置界面，将得到如图 17-52 所示的页面设计效果。

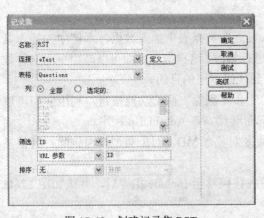

图 17-49　创建记录集 RST

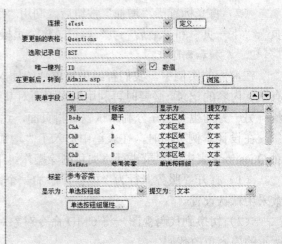

图 17-50　设置更新参数

（4）将图 17-52 中的 4 个单选按钮组成员分别拖动到相应位置，并将原位置处的表格删除；添加重置按钮；添加无动作按钮，并设置标题为"返回"，右击该按钮执行"编辑标签"，为按钮设置 onClick 事件，如图 17-53 所示。

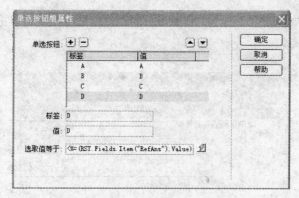

图 17-51　定义单选按钮组

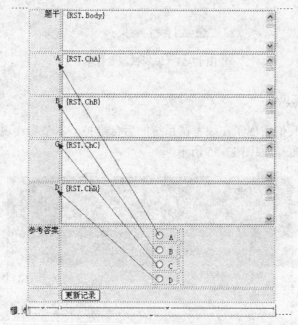

图 17-52　重新布局单选按钮组

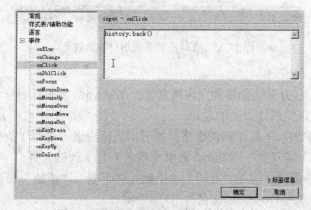

图 17-53　设置"返回"按钮的单击事件

（5）适当调整页面，使其更符合人们的审美要求。

本例的运行效果如图 17-54 所示，利用该页面，管理员用户既可以更改题干和选项，也可以直接修改选择题答案。

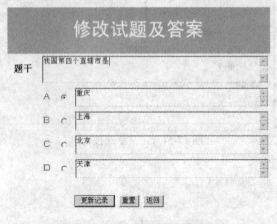

图 17-54　编辑试题及答案

17.3.5　用户考试页面

在上一小节中，我们实现了在线考试系统的后台维护，本节将实现系统的前台应用（即在线考试系统用户界面），如图 17-55 所示。

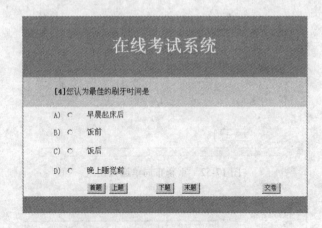

图 17-55　在线考试系统用户界面效果

实现步骤如下：

（1）设计界面。打开前面创建的空白网页文件 Test.asp，其设计目标如图 17-56 所示，在下面步骤的帮助下可以完成该页面的设计。

1）向页面文件中加入 1 行 1 列的表格；接着向表格内嵌入 3 行 1 列的表格，再向该第 2 行中添加一名为 form1 的表单；向 form1 表单中嵌入 6 行 5 列的表格。

2）在最内层表格的尾行添加"首题"、"上题"、"下题"、"末题"和"交卷" 5 个提交表单按钮，按钮名称均改为 Done。添加名为 ID 的隐藏域。

3）在 4 个选项所在行中分别添加一个单选按钮，标签分别为 A、B、C、D，选定值分别为 A、B、C、D，名称均为 usrAns。

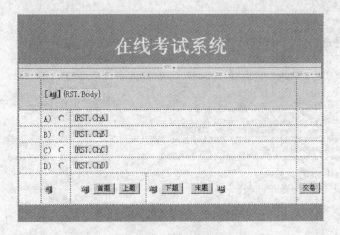

图 17-56　在线考试系统用户界面设计

（2）显示内容。

1）打开 Access 数据库，创建名为 Items 的查询。

其设计视图如图 17-57 所示，SQL 代码如下：

```
SELECT T.Id, Q.Body, Q.ChA, Q.ChB, Q.ChC, Q.ChD, T.UsrAns, T.UsrId
FROM TESTing AS T INNER JOIN Questions AS Q ON T.QstId = Q.ID;
```

2）如图 17-58 所示，创建名为 RST 的记录集，其中表格中设置的 Items 即为前面创建的 Items 查询。

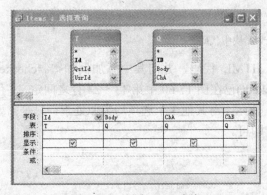

图 17-57　创建 Items 查询

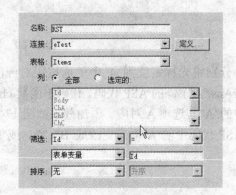

图 17-58　创建记录集

3）打开绑定面板，拖动题干（Body）和 4 个选项（ChA~ChD）分别绑定到对应的单元格中。

（3）改写代码。在线考试系统用户界面较为复杂，既要浏览试题，又要导航试题；既要保存用户答案，又要重现用户答案。Dreamweaver 傻瓜式的设计功能已经不能很好地适应这种工作需要，在此采用手工方式对前面生成的页面代码进行改造。

切换到代码视图，得到如图 17-59 所示的 ASP 程序代码，图中用框线标出了 A 和 B 两个代码块。

将 A 框中现有代码改造为如图 17-60 所示的代码。其中第 4～第 9 行是对原代码的直接改造，第 11～23 行是新加入的，用以判断对应的选项单选按钮是否要被选中，目的是为了重现用户答案。

```
4    <%
5    Dim RST__MMColParam                                                    A
6    RST__MMColParam = "1"
7    If (Request.Form("ID") <> "") Then
8      RST__MMColParam = Request.Form("ID")
9    End If
10   %>
11   <%
12   Dim RST
13   Dim RST_cmd                                                            B
14   Dim RST_numRows
15
16   Set RST_cmd = Server.CreateObject ("ADODB.Command")
17   RST_cmd.ActiveConnection = MM_eTest_STRING
18   RST_cmd.CommandText = "SELECT * FROM Questions WHERE ID = ?"
19   RST_cmd.Prepared = true
20   RST_cmd.Parameters.Append RST_cmd.CreateParameter("param1", 5, 1, -1, RST__MMColParam)   adDouble
21
22   Set RST = RST_cmd.Execute
23   RST_numRows = 0
24   %>
```

图 17-59 改写前的 ASP 代码

```
4    Dim RST__MMColParam
5    If (Request.Form("ID") <> "") Then
6      RST__MMColParam = cInt(Replace(Request.Form("ID"), "'", "''"))
7    Else
8      RST__MMColParam=1   '必须是数据库中有的ID
9    End If
10
11   dim userAns
12   userAns=""
13   Function checked(usrAns, refAns)
14     '判断单选钮是否被选中,若选中则加入选中标志
15     dim iStr
16     iStr=""
17     if isEmpty(usrAns) then
18     elseif uCase(usrAns)=uCase(refAns) then
19       iStr=" checked=""checked"" "
20     else
21     end if
22     checked=iStr
23   End Function
```

图 17-60 修改 A 块中代码

分别将光标定位到 4 个单选按钮对应的 HTML 代码，并向其中添加例如<%=checked
(userAns,"A")%>的 ASP 代码。代码中函数 checked()已在图 17-60 中第 13～23 行之间定义，代
码中的"A"与选项 A 对应。添加效果如图 17-61 所示。对其他 3 个选项均类似处理，只是需要
将 ASP 代码中的"A"对应更改成"B"、"C"或"D"即可。

```
70   <tr>
71     <td height="25"> </td>
72     <td width="60">A)
73       <input name="usrAns" type="radio" value="A"  <%=checked(userAns,"A")%> /></td>
74     <td colspan="2"><%=(RST.Fields.Item("ChA").Value)%></td>
75     <td> </td>
76   </tr>
```

图 17-61 更改单选按钮 HTML 代码

继续向 A 框中添加如图 17-62 所示的代码。第 32～41 行用于为考生分配考题，即将考题
号及用户标志（Session.SessionID）批量添加到 TESTing 数据表；第 43～55 行用于将用户答
案更新到 TESTing 数据表中。

为了实现记录导航，继续向 A 框中添加如图 17-63 所示的代码。通过执行代码可以获得
考题数量、首题、上题、下题、末题以及当前题的记录位置，并可根据要求自动导航到指定的
记录。

分析代码第 72～83 行可知，变量 P 与分配给考生的各考题序号有关。在页面视图中，将
光标置于选择题干前，如图 17-64 所示，将"插入"面板切换到"ASP"分类，单击"输出"
按钮，接着输入"P+1"得到如图 17-65 所示的效果。

```
21      end if
22      checked=iStr
23  End Function
24
25  set CMD = Server.CreateObject("ADODB.Command")
26  CMD.ActiveConnection = MM_eTest_STRING
27  CMD.CommandTimeout = 0
28  CMD.CommandType = 1
29  CMD.Prepared = true
30
31  If Cstr(Request.form)="" Then
32      CMD.CommandText=("Select top 1 * from TESTing where usrid=" & Session.SessionID )
33      set rst=CMD.Execute()
34      if rst.eof then
35          SQL= "INSERT INTO TESTing ( QstId, UsrId ) " _
36              &"SELECT ID, " & Session.SessionID & " FROM Questions"
37          CMD.CommandText=SQL
38          CMD.Execute()
39      end if
40      rst.close()
41      set rst=nothing
42  else        '提交数据们
43      usrAns=CStr(Request.form("usrAns"))
44      if usrAns="" then usrAns=null
45      id=RST_MMColParam
46      '更新数据
47      if isNUll(usrAns) or id=0 then
48      else
49          CMD.CommandType = 1
50          SQL=("UPDATE TESTing  SET UsrAns='" & usrAns & "' " _
51              &"WHERE ID=" & id )
52          CMD.CommandText = SQL
53          'Response.write(SQL)
54          CMD.Execute()
55      end if
56  End If
```

图 17-62　考题初始化和答案更新代码

```
57  '记录导航
58
59  SQL=("Select id from Testing where usrId = " & Session.SessionID)
60  CMD.CommandText = SQL
61  set RST=CMD.execute()
62  dim rows
63  rows=RST.getRows()
64  RST.Close()
65  set RST=nothing
66  set CMD=nothing
67
68  eCount=uBound(rows,2)
69  for i=0 to eCount
70      if rows(0,i)=CInt(id) then exit for
71  next
72  Select case Request.Form("Done")
73      case "首题"
74          p=0
75      case "上题"
76          if i>0 then p=i-1 else p=0
77      case "下题"
78          if i<eCount then p=i+1 else p=eCount
79      case "末题"
80          p=eCount
81      case else
82          p=0
83  end select
84  eCurr=rows(0,p)
85  eFirst=rows(0,0)
86  if p>0 then ePrev=rows(0,p-1) else ePrev=rows(0,0)
87  if p<eCount then eNext=rows(0,p+1) else eNext=rows(0,eCount)
88  eLast=rows(0,eCount)
```

图 17-63　记录导航代码

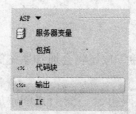

图 17-64　插入输出代码

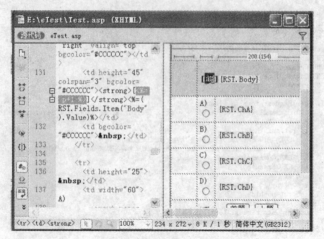

图 17-65　加入考题序号

下面再来改写 B 块中的代码，新的代码如图 17-66 所示，其中第 95～103 行是新添加的代码。

```
90   <%
91   Dim RST
92   Dim RST_cmd
93   Dim RST_numRows
94
95   RST__MMColParam=eCurr
96   Set RST_cmd = Server.CreateObject ("ADODB.Command")
97   RST_cmd.ActiveConnection = MM_eTest_STRING
98   RST_cmd.CommandText = "SELECT * FROM Items WHERE Id = ?"
99   RST_cmd.Prepared = true
100  RST_cmd.Parameters.Append RST_cmd.CreateParameter("param1", 5, 1, -1, Replace(RST__MMColParam, "'", "''"))  ' adDouble
101  Set RST = RST_cmd.Execute
102  RST_numRows = 0
103  userAns=RST.Fields.Item("usrAns").Value
104  %>
```

图 17-66　更改 B 块代码

当展现首题时，"首题"和"上题"等按钮将无需出现，同理当展现末题时，"下题"和"末题"按钮也没必要出现。我们分别找到这两组按钮对应的 HTML 代码，并对代码作如图 17-67 所示的修改。

```
168    <td width="200"> :
169    <%if eCurr<>eFirst then %>
170    <input name="DONE" type="submit" id="DONE" value="首题" />
171    <input name="DONE" type="submit" id="DONE" value="上题" />
172    <%end if%>
173    </td>
174
175    <td width="360" align="left">
176    <%if eCurr<>eLast then%>
177    <input name="DONE" type="submit" id="DONE" value="下题" />   :
178    <input name="DONE" type="submit" id="DONE" value="末题" />
179    <%end if%>
180    </td>
```

图 17-67　修改代码，决定按钮的隐现

17.3.6　成绩报告单

在用户考试页面中，单击"交卷"按钮将会通知系统阅卷并报告成绩。为实现此目的，我们需要做两项工作。

首先，编辑 Test.asp 页面，在代码第 56～58 行之间添加如下代码：

```
If  Request.form("Done")="交卷"  Then
```

```
    Response.Redirect("Grade.asp")
End If
```

其次，编辑阅卷页面 Grade.asp。

阅卷就是以参考答案与用户答案进行比对，如果两者相同则视为答题正确，否则视为错误。我们假定其功能效果如图 17-68 所示。其中"得分"列要视具体的得分标准进行核算，请读者考虑自行实现。

成绩报告

题号	参考答案	考生答案	结论	得分
1	B	B	✓	
2	D	D	✓	
3	A	A	✓	
4	A	C	✗	
5	B	B	✓	
6	D	D	✓	
7	C	A	✗	
8	B	B	✓	

关闭

图 17-68　成绩报告

成绩报告的实现步骤如下：

（1）打开 Access 数据库，如图 17-69 所示创建名为 Grade 的查询。

（2）如图 17-70 创建名为 RST 的记录集，选定 RefAns 和 UsrAns 两个字段列。

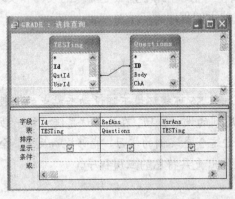

图 17-69　设计 Grade 查询

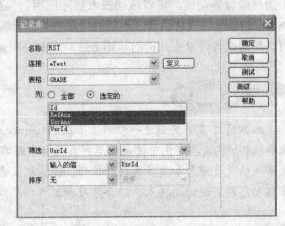

图 17-70　为成绩报告创建记录集

（3）在页面中添加 3 行 5 列的表格：分别填写大标题和列标题等。

（4）选定内层表格中需要重复出现的部分；利用"服务器行为"面板将其设置为重复区域，要求显示所有记录。

（5）选中"服务器行为"面板中的重复区域，切换到代码视图，并将它们修改为如图 17-71 所示的代码。

（6）选中"服务器行为"面板中的记录集 RST，在代码视图中修改其对应代码，新代码如图 17-72 所示。

```
53    <%
54    dim iTR, id, refAnw, usrAns, iResult, row
55    row=1
56    While ((Repeat1__numRows <> 0) AND (NOT RST.EOF))
57        id=RST.Fields.Item("QId").Value
58        rAns=RST.Fields.Item("refAns").Value
59        uAns=RST.Fields.Item("usrAns").Value
60        if not isNull(uAns) and rAns=uAns then iResult="√" else iResult="×"
61        iTR=(iStr & "<tr>" _
62            &"<td> " & row & "</td>" _
63            &"<td> " & rAns & "</td>" _
64            &"<td> " & uAns & "</td>" _
65            &"<td> " & iResult & "</td>" _
66            &"<td> </td>" _
67            &"</tr>")
68        Response.write iTR
69        row=row+1
70        RST.MoveNext()
71    Wend
72    %>
```

图 17-71　修改重复区域代码

```
10    <%
11    Dim RST
12    Dim RST_cmd
13    Dim RST_numRows
14
15    Set RST_cmd = Server.CreateObject ("ADODB.Command")
16    RST_cmd.ActiveConnection = MM_eTest_STRING
17    RST_cmd.CommandText = "SELECT Q.ID as QID, Q.refAns, T.usrAns, T.ID From Questions as Q " _
18                        & "Right Join Testing as T on Q.ID=T.qstId " _
19                        & "Where T.UsrId=" & Session.SessionID
20    RST_cmd.Prepared = true
21    Set RST = RST_cmd.Execute
22
23    RST_numRows = 0
24    %>
```

图 17-72　修改记录集代码

本节我们设计了一个在线考试系统，能够实现试题管理和提供在线考试功能，如果再加上用户验证等功能，可以考虑投入实际应用。当然鉴于大部分读者只是初学 ASP 技术，而 Dreamweaver 可视化设计又不能胜任复杂的逻辑编程，因此在此不宜做更深入的设计和实现，有兴趣的读者可以在此例的基础上进一步改进和完善本例程序。

 本章小结

本章通过 3 个实例进一步阐述了在 Dreamweaver CS5 可视环境下建设动态站点的一般步骤和技巧。在投票实例中讲述动态网页设计中经常用到的设计技巧，在线考试系统又进一步涉及常用的设计理念和更多的设计技巧。希望大家通过这 3 个实例的学习，能够举一反三，全面掌握动态网页设计的技术，结合学习和工作实际设计出更具特色的应用程序。

思考练习

1．参考新闻发布系统的设计原理，设计一个个性化的留言板系统，包括留言、回复和维护功能。

2．设计一个网上信箱，包含写信、复信和阅信等内容。它与留言板的不同在于，只有信件的回复内容一般用户才能看到，而信件的内容只有管理员才有权阅读，从而有效过滤不良信息的传播。

3．某博客系统的简易工作流程如图 17-73 所示，请利用 Dreamweaver 设计该博客工作系统。

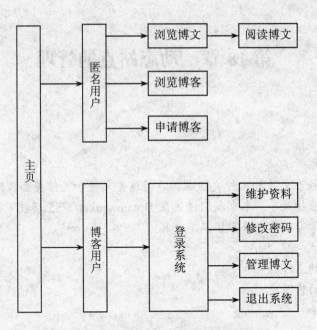

图 17-73　某博客系统的简易工作流程

第 18 章　动态站点的管理

本章导读

　　一个站点是由许多文件和文件夹组成的，将这些文件和文件夹合理地组织起来，可大大提高站点的建设和维护效率。本章我们讲述在 Dreamweaver CS5 环境下进行站点管理的具体过程。通过本章的学习，读者应掌握以下内容：

- 站点的测试
- 站点文件的上传
- 站点文件的管理
- 站点的宣传

18.1　测试本地站点

　　在建立远端站点并将其声明为可浏览之前，应在本地机上对本地站点进行完整的测试，使网页在浏览器中显示出预期的效果。测试的主要内容包括：检验网页与目标浏览器的兼容性、在浏览器中浏览网页、检验下载的时间和网页文件的大小等。

18.1.1　测试站点网页与目标浏览器的兼容性

　　目前 Internet 上存在着各种各样的浏览器，它们都有各自的标准，要让网页在所有的浏览器中都能被正确地浏览是不现实的。通常只需测试当前最流行的两种浏览器——Internet Explorer 和 Netscape Navigator 就可以了。事实上，Internet Explorer 和 Netscape Navigator 浏览器认识的只是一种简单的控制语言——HTML，它指示浏览器按一定的显示格式显示文字和图形、播放声音和动画等。随着 Internet 的迅猛发展，HTML 也不断地快速升级，加入了更多的标记，增加了更多的功能。要支持 HTML 的新功能，就必须升级浏览器。问题在于，Internet Explorer 和 Netscape Navigator 版本众多，而由于种种原因，很多用户并没有使用最新版本的浏览器。因此，设计出能同时兼顾各种浏览器的网页，就显得非常重要了。

　　Dreamweaver CS5 "浏览器兼容性检查"（BCC）功能取代了以前版本的"目标浏览器检查"功能，但是保留该功能中的 CSS 功能部分。也就是说，新的 BCC 功能仍测试文档中的代码，以查看是否有目标浏览器不支持的任何 CSS 属性或值。

　　下面以检查一个单独的网页为例介绍其操作步骤。

　　（1）在 Dreamweaver CS5 中打开一个网页文件，并选择"文件→检查页→浏览器兼容性"命令。

　　（2）在页面左下角会显示浏览器兼容性的检查结果，如图 18-1 所示。

　　（3）选择 Dreamweaver 将进行检查的浏览器。

　　1）在"结果"面板（"窗口"→"结果"）中，选择"浏览器兼容性"选项卡。

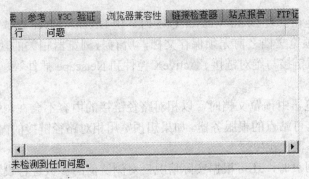

图 18-1　检查目标浏览器

2）单击"结果"面板左上角的绿色箭头，然后选择"设置"命令。

3）在弹出的如图 18-2 所示的"目标浏览器"窗口中选中每个用户要检查的浏览器前的复选框。

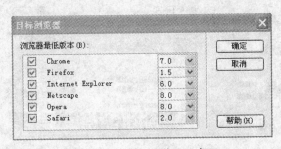

图 18-2　"目标浏览器"窗口

4）对于每个选定的浏览器，从相应的弹出菜单中选择要检查的最低版本。

例如，若要查看 CSS 呈现错误是否会出现在 Internet Explorer 5.0 及更高版本和 Netscape Navigator 7.0 及更高版本中，请选中这些浏览器名称前的复选框，并从 Internet Explorer 弹出菜单中选择 5.0，从 Netscape 弹出菜单中选择 7.0。

18.1.2　预览自己的网页

站点设计和管理人员在将站点发布到服务器上之前，通常都要在浏览器中预览自己所作的网页，以确保网页预览的效果与自己设想的效果一致。由于在 Dreamweaver CS5 文档窗口中制作出来的网页并不总是与在浏览器中浏览到的网页有相同的效果，因而在浏览器中预览网页是站点测试中不可缺少的。

在浏览器中预览文件有两种操作方法：

（1）在 Dreamweaver CS5 文档窗口中打开要浏览的网页，选择"文件→在浏览器中预览→IExplorer"命令，或按下 F12 键，在主浏览器中预览当前网页。

（2）按下 Ctrl+F12 组合键，会出现如图 18-3 所示的提示，在次级浏览器中预览当前网页。

图 18-3　在次级浏览器中预览当前网页

　　主浏览器一般是在安装 Dreamweaver CS5 时，由 Dreamweaver CS5 根据本机上所安装的浏览器进行设置。预览文档之前无须保存文档，所有与浏览器相关的功能，包括 JavaScript Behaviors、文档相对链接与绝对链接、ActiveX 控件和 Netscape 插件等，都由浏览器决定是否能够实现。

　　在一个本地浏览器中预览文档时，以相对路径链接的内容不会在浏览器中显示出来。这是因为浏览器并不认可站点的根服务器。如果想预览用相对路径链接的内容，可将文件上传至远程服务器，在服务器上预览。

　　在预览自制的网页时，还可根据实际情况，对浏览器的参数进行设置。选择"文件→在浏览器中预览→编辑浏览器列表"命令，打开"首选参数"面板中的"在浏览器中预览"选项组，如图 18-4 所示。

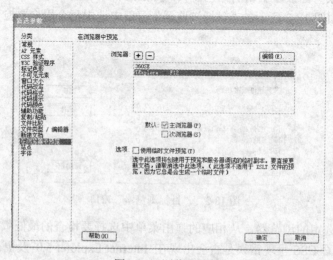

图 18-4　浏览器设置

该选项组中各选项的含义如下：

- "+"按钮：用于添加一个新浏览器。
- "−"按钮：用于将列表框中选定的浏览器删除。
- "编辑"按钮：用于修改已选定的浏览器的设置。
- "主浏览器"复选框：用于将选定的浏览器定义为主浏览器，快捷键为 F12。
- "次浏览器"复选框：用于将选定的浏览器定义为次浏览器，组合键为 Ctrl+F12。

　　安装 Dreamweaver CS5 时，根据本机上安装的浏览器默认一种主浏览器。如果要添加一种次级浏览器，可以在"首选参数"面板中单击"+"按钮来添加。

　　如果要对某种浏览器进行编辑，可在"浏览器"列表框中选定该浏览器，并单击"编辑"按钮，对其进行编辑。

18.1.3　检验文件的大小及下载时间

　　当前网页文件大小及下载时间长短也是网页制作过程中需要考虑的因素。现在，各类站点层出不穷，Internet 上的用户早已眼花缭乱，他们没有时间也觉得没有必要花较长时间等待某个网页的下载。如果网页下载时间过长（超过 15s 或 20s），浏览者会失去耐心而不去等待，并有可能再也不会回来。减小网页文件的大小，提高下载速度是网页设计人员的一项重要工作。

在 Dreamweaver CS5 文档窗口的状态栏中，有一个方格显示了当前页面的大小及预计的下载时间。如图 18-5 所示的首页，其状态栏的一个方格中显示了 "81K /2 秒"，表明当前页面的全部内容为 81KB，预计下载时间为 2s。

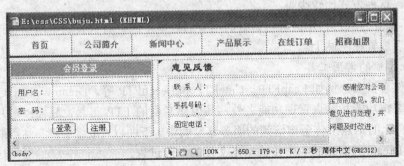

图 18-5　文件大小及下载时间的显示

Dreamweaver CS5 根据当前页面中的全部内容计算文件的大小，包括链接的对象，如图片及插件等。实际上，文件的下载时间完全依赖于计算机与 Internet 连接的实际速度。设计人员应根据下载时间的指示，适当调整网页内容，以求获得较好的下载效果。

18.2　站点文件的上传

18.2.1　文件传输的基础知识

1. 文件传输的概念

建立好一个完整的站点后，下面要做的就是将其传输到 Internet 服务器上，让 Internet 用户可以访问到我们的网页。

文件传输是指计算机网络上主机之间传送文件，它是在网络通信协议 FTP（File Transfer Protocol，文件传输协议）的支持下进行的。用户一般不希望在远程联机情况下浏览存放在计算机上的文件，更乐意先将这些文件取回到自己的计算机中，这样不但能节省时间和费用，还可以从容地阅读和处理这些取来的文件。Internet 提供的文件服务 FTP 正好能满足用户的这一需求。因特网上的两台计算机在地理位置上无论相距多远，只要两者都支持 FTP 协议，网上的用户就能将一台计算机上的文件传送到另一台。使用 FTP 服务，首先要登录到对方的计算机上，与远程登录不同的是，用户只能进行与文件搜索和文件传送等有关的操作。使用 FTP 可以传送任何类型的文件，如文本文件、二进制文件、图像文件、声音文件和数据压缩文件等。普通的 FTP 服务要求用户在登录到远程计算机时提供相应的用户名和口令。

2. 文件传输的一般方式

把本地站点的文件传输到远程服务器上一般有以下 3 种方式：

（1）FTP 方式：指使用 FTP（文件传输协议）方式将网页上传至网站。使用该方式首先应获得登录 FTP 服务器的用户名和密码，即申请服务器空间。

在网易、搜狐、新浪、虎翼网、中国学生网、天虎网和西陆网等大型网站的主页上都有申请服务器空间的表单。按照要求填写表单就可获得免费或收费空间，免费空间的使用权限受到一定的限制。服务器管理员一般会用电子邮件通知用户登录远程 FTP 服务器的用户名和口令。当然，如果想把站点文件传输到本地的局域网服务器上，可直接与服务器管理员联系，获得登录 FTP 服务器的用户名和口令。

（2）Browser 方式：指通过浏览器直接将网页上传至网站，有的也允许申请者直接在网上编辑网页。这种方式比较少见。

（3）E-mail 方式：指申请者将做好的网页通过电子邮件方式发送给网站管理员，经网站管理员审查后放置在网站上。

3．站点传输的常用工具

FTP 软件有很多，例如 LeapFTP、CuteFTP 和 LeechFTP 等。Dreamweaver CS5 除了具有强大的网页编辑功能和站点管理功能之外，其内建专用的 FTP 工具，只需经过几步简单的设置，就能将自己的站点上传至申请到的服务器空间中。下面以"成绩管理"站点的上传过程为例，讲述在 Dreamweaver CS5 中传输站点文件的一般过程。

18.2.2　在 Dreamweaver CS5 中传输站点

在 Dreamweaver CS5 中传输站点一般分 4 步进行：申请服务器空间、定义站点本地信息、定义站点远程信息和连接服务器上传站点文件。

1．申请服务器空间

申请服务器空间的操作可参照 18.2.1 节"文件传输的基础知识"进行。

2．定义站点基本信息

（1）在 Dreamweaver CS5 文档窗口中选择"站点→管理站点"命令，如图 18-6 所示，打开"管理站点"对话框，如图 18-7 所示。

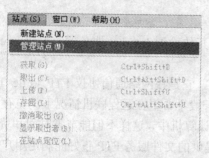

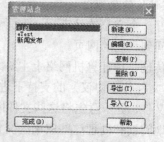

图 18-6　站点菜单　　　　　　　　　　　　　图 18-7　管理站点

（2）单击该对话框中的"新建"按钮可以定义一个新站点或者选定一个已存在的站点，然后单击"编辑"按钮进行编辑。出现"站点设置对象"对话框。

（3）在"站点设置对象"对话框中选择"站点"选项。在右侧设置站点的基本信息。站点基本信息的设置在第 16 章已详细讲述，此处不再重复。

3．定义站点远程信息

（1）在"站点设置对象"对话框的"服务器"选项中单击"+"按钮，或者双击已有服务器名，打开"服务器设置"对话框，如图 18-8 所示。"连接方法"下拉列表中有 FTP、SFTP 等选项，其意义分别如下：

● FTP：表示以 FTP 传输方式将网页文件上传到远程服务器站点。

● SFTP：即安全 FTP（SFTP），它使用加密密钥和共用密钥来保证指向测试服务器的连接的安全。注：若要选择此选项，服务器必须运行 SFTP 服务。

- FTPS（FTP over SSL）：与 SFTP 仅支持加密相比，FTPS（FTP over SSL）既支持加密，又支持身份验证。
- 本地/网络：表示将文件传送到本地局域网的共享文件夹下。
- WebDAV：表示使用 Dreamweaver CS5 连接 WebDAV 服务器。
- RDS：表示使用远程服务器资源管理。

此处选择"FTP 方式"，弹出服务器的设置界面如图 18-9 所示。

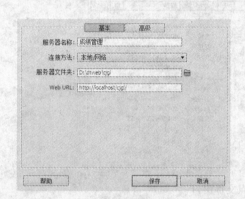

图 18-8　服务器设置　　　　　　　　　　图 18-9　FTP 连接方法设置

（2）FTP 连接的设置如下：

- "服务器名称"文本框：指定新服务器的名称。该名称可以是所选择的任何名称。
- "FTP 地址"文本框：输入要将网站文件上传到其中的 FTP 服务器的地址。FTP 地址是计算机系统的完整 Internet 名称，如 ftp.mindspring.com。
- "端口"：21 是接收 FTP 连接的默认端口。可以通过编辑右侧的文本框来更改默认端口号。
- "用户名"文本框：输入用于连接到 FTP 服务器的用户名。
- "密码"：文本框：输入用于连接到 FTP 服务器的密码。

单击"测试"按钮，测试 FTP 地址、用户名和密码。默认情况下，Dreamweaver 会保存密码。如果用户希望每次连接到远程服务器时 Dreamweaver 都提示输入密码，请取消对"保存"选项的选择。

- "根目录"文本框：输入远程服务器上用于存储公开显示的文档的目录（文件夹）。
- "Web URL"文本框：输入 Web 站点的 URL（例如，http://www.mysite.com）。

如果仍需要设置更多选项，请展开"更多选项"部分。

（3）完成设置后，单击"保存"按钮，完成设置。

4. 站点文件的传输

（1）打开站点文件窗口。选择"窗口→文件"命令，弹出如图 18-10 所示的站点文件窗口。左侧窗口显示远端站点信息，右侧窗口显示本地站点信息。如果窗口没有分成左右两栏，可单击工具栏中最右侧的按钮 □，将窗口分成两栏。

站点文件窗口中工具栏上各按钮的功能如下：

- "连接到远端主机/从远端主机断开"按钮 ：只有在"远程信息"选项组中选中 FTP 传输方式后，"连接"按钮才可用。当"连接"按钮上的指示灯变为绿灯时，"连接"按钮变为"断开"按钮，表示已经成功连上远程站点，可以开始上传了。此时再单击该按钮，便中断连接。默认状态下，如果闲置 30min 以上，系统会自动切断与远程站点的链接。可在"站点"窗口内选择"编辑→首选参数"命令，在"首选参数"对话框中的"分类"列表框中选择"站点"项，然后在对话框右侧的"完成后空闲"框中更改时间限制。

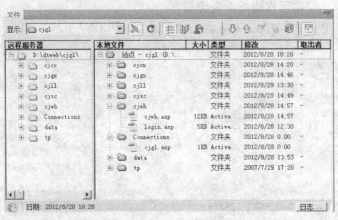

图 18-10　站点文件窗口

- "刷新"按钮 C：该按钮用于刷新本地和远程目录列表。如果在"站点定义"对话框中没有选中"自动刷新本地文件列表"复选框，就能使用"刷新"按钮手工刷新目录列表。
- "站点文件"按钮：该按钮用于显示远程或本地在窗口可变区域中的文件结构。它是"站点"窗口的默认视图。
- "测试服务器"视图：显示测试服务器和本地站点的目录结构。
- 存储库视图：显示 Subversion（SVN）存储库。
- "获取"按钮：该按钮用于将选定的文件从远程站点复制到本地站点（如果该文件有本地副本，则将其覆盖）。如果已启用了"启用存回和取出"，则本地副本为只读，文件仍将留在远程站点上，可供其他用户取出。如果已禁用"启用存回和取出"，则文件副本将具有读写权限。
- "上传文件"按钮：该按钮用于将本地站点上选定的文件复制到远程站点。
- "取出"按钮：该按钮用于将远程服务器上的文件复制并传送到本地站点（如果本地站点存在被复制的文件，就将该文件覆盖），同时将服务器上的这些文件锁定。只有选中了"启用文件取出"复选框之后，才能使用该按钮。
- "存回"按钮：单击该按钮，可将本地站点的文件复制并传送到服务器上，并且使这些文件也可以被小组中的其他成员编辑修改，本地站点中的文件变为只读文件。只有选中了"启用文件取出"复选框之后，才能使用该按钮。
- "同步"按钮：可以同步本地和远程文件夹之间的文件。

（2）选定要上传的文件。如图 18-11 所示，在选定上传的文件时，可以借助键盘上的辅助键，如 Ctrl 键和 Shift 键，协助选中多个文件。本例中由于是第一次上传网页文件，所以可以在该窗口内激活本地站点区域，然后按下 Ctrl+A 键选中全部文件。

（3）单击"上传"按钮，上传网页文件。上传结束后，在"站点"窗口的远程站点区（即窗口左边的区域）显示出远程站点文件，如图 18-12 所示。

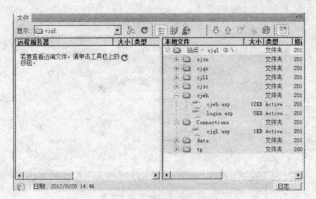

图 18-11　选定上传文件

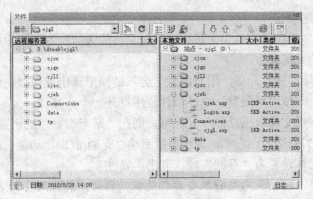

图 18-12　文件上传

18.2.3　存回/取出功能简介

"存回/取出"功能是 Dreamweaver CS5 中一项非常重要的功能。因为当一组设计人员合作进行网页设计时，经常会发生多人同时修改同一个文件，而谁也不知道哪一个文件才是正确的。此时，只要应用 Dreamweaver CS5 的"存回/取出"功能，即可有效地控制文件的修改权限，进而维持整个站点的正常运作与最新状态。

存回：当文件设置为"存回"后，该文件就可被他人编辑。

取出：当文件设置为"取出"后，别人就只能读该文件，而不能进行写操作。

默认情况下，Dreamweaver CS5 不预设"存回/取出"功能，用户必须自己设置以便利用该功能。设置方法如下：

（1）选择"站点→管理站点"命令。

（2）在"站点设置"对话框中，选择"服务器"类别并执行下列操作之一：

● 　单击"添加新服务器"按钮，添加一个新服务器。

● 　选择一个现有的服务器，然后单击"编辑现有服务器"按钮。

（3）根据需要指定"基本"选项，然后单击"高级"按钮。出现如图 18-13 所示对话框。

（4）选中"启用文件取出功能"前的复选框，启用"存回/取出"功能。

（5）如果要在"文件"面板中双击打开文件时自动取出这些文件，请选中"打开文件之前取出"前的复选框。注意，选择该选项，使用"文件→打开"命令打开文件不会取出文件。

图 18-13　服务器高级设置

（6）设置其余选项。

1）取出名称：显示在"文件"面板中已取出文件的旁边；方便用户在其需要的文件已被取出时可以和相关的人员联系。

2）电子邮件地址：输入此项，用户的姓名会以链接形式出现在"文件"面板中的该文件旁边。单击该链接，则使用系统默认电子邮件程序打开一个新邮件。

如果选中了"启用文件取出功能"复选框，则在"站点"窗口的上部就会多出两个按钮："存回"按钮 ⬆ 和"取出"按钮 ⬇，表示可以启动"存回/取出"功能。选中文件，单击这两个按钮，就可以将文件设置为"存回"或"取出"属性。

说明：必须先将本地站点与远程服务器相关联，然后才能使用存回/取出系统。如果没有设置远程服务器，将看不到"存回/取出"选项。"存回"表示文件编辑完后再存放回去，让别人也可以进行编辑；"取出"表示将文件取出来进行编辑，此时别人不能对它进行编辑。

18.2.4　"设计备注"功能介绍

定义站点时，展开左侧列表的"高级设置"分类，其下有一个"设计备注"选项，如图 18-14 所示。单击该项，窗口右侧出现图中所示的设置信息。它用于在网页文件中插入"设计备注"。

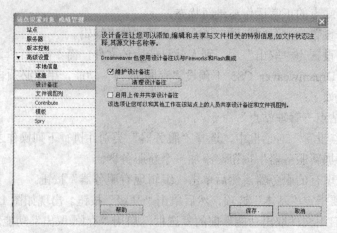

图 18-14　设计备注对话框

在图 18-14 所示的"设计备注"设置中，选中"维护设计备注"复选框，可以让设计制作人员向网页中添加设计注释；选中"启用上传并共享设计备注"复选框，可以上传设计注释，并与其他设计人员共享。只有先选中了"维护设计备注"复选框，才能选中"启用上传并共享设计备注"复选框。

向网页文件中添加设计注释的操作如下：

（1）如图 18-14 所示，选定"设计备注"设置界面中的"维护设计备注"和"启用上传并共享设计备注"复选框，以便能向网页文件中添加设计注释。

（2）在如图 18-15 所示的"站点文件"窗口中，选定要添加备注的文件，然后右击，在弹出式菜单中选择"设计备注"命令，弹出如图 18-16 所示的"设计备注"对话框。

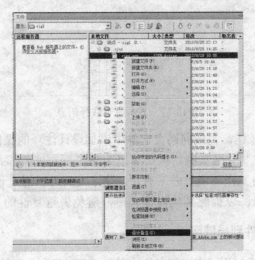

图 18-15　选定要设计备注的文件

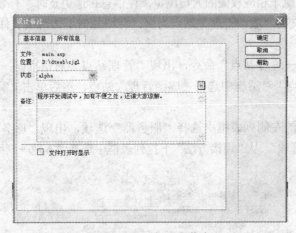

图 18-16　添加注释信息

（3）在"设计备注"对话框中，首先看到的是"基本信息"选项卡的内容。设置如下：

1）从"状态"下拉列表框中选择一个表示所选网页文件目前工作状态的选项，例如 alpha，它表示该网页文件正处于开发阶段。

2）在"备注"文本框中输入设计注释，如图 18-16 所示的"程序开发调试中，如有不便之处，还请大家谅解"。

3）选中"文件打开时显示"复选框，以便在打开网页文件时显示添加给它的设计注释。

（4）单击"所有信息"标签，弹出"所有信息"选项卡，如图 18-17 所示。该选项卡中显示了该网页文件所有的设计注释，用户也可以在该选项卡中自行编辑和设计注释。

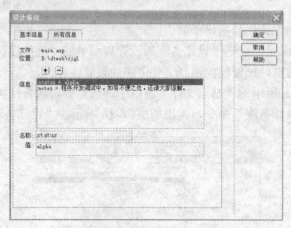

图 18-17　显示所有注释信息

（5）单击"确定"按钮，完成向网页文件中添加设计注释的操作。

在 Dreamweaver CS5 里，网页制作人员可以为每个网页文件添加一段设计注释。这项功能在一个设计制作小组的工作环境里非常有用。设计人员可以通过设计注释标记网页文件的工作进度及其他重要信息，以提醒其他设计人员，避免做重复性的工作，从而提高效率。

18.2.5　上传网页文件到局域网

现在局域网越来越普遍，为了交流和宣传的方便，可以把制作好的网页传送到共享的计算机中，让整个局域网内被赋予相应权限的人员浏览，使信息传递更及时、有效，方法也更多样化。

以 18.2.2 节中定义的"成绩管理"站点为例，介绍如何上传网页文件到局域网，操作步骤如下：

（1）选择"站点→管理站点"命令，出现"管理站点"对话框。

（2）在"管理站点"对话框中选择"成绩管理"站点，然后单击"编辑"按钮，出现"站点设置对象"对话框。

（3）在该对话框的左侧列表框中选择"服务器"选项，出现"服务器"设置界面。

（4）双击"成绩管理"，从"连接方法"下拉列表框中选择"本地→网络"，如图 18-18 所示。

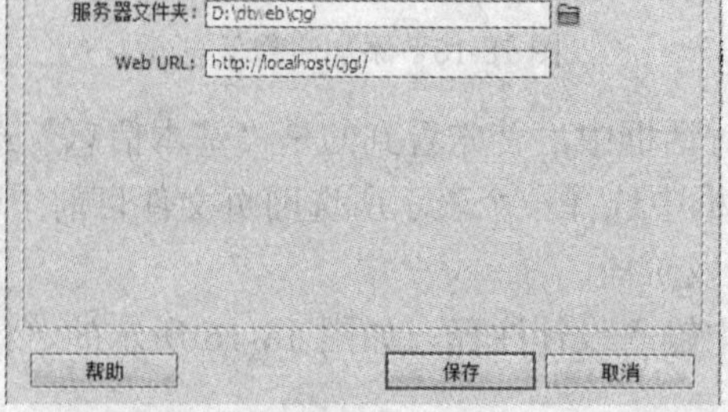

图 18-18　文件传输到局域网

（5）单击"服务器文件夹"文本框旁边的按钮，浏览并选定上传网页到局域网站点的文件夹。

（6）高级选项卡中的选项可以根据需要自行设置。

（7）在该对话框中，单击"保存"按钮，完成设置。

（8）选择"窗口→文件"命令，启动"站点文件"窗口，单击"上传"按钮，上传网页到局域网。上传网页到局域网时，"连接"按钮不可用。

网页文件上传到局域网指定的共享文件夹中后，有访问该共享文件夹权限的成员，都可以容易地浏览到该站点所包含的全部网页文件。

18.3　站点的维护与管理

站点上传后，就要对站点进行维护与管理了。站点管理不像上传站点那样一下子就能完成，它涉及站点文件的许多方面，是一个长期而烦琐的过程，专业站点管理人员几乎每天都要去做这些工作。Dreamweaver CS5 提供了许多优秀的管理与维护站点的功能，从而使用户能方便地进行站点维护与管理。

18.3.1　站点文件管理

在制作网页文件时，总是将所有的网页文件都存放在同一个文件夹下，该文件夹下包含一个站点中所有的文件夹和文件。由于在"文件"面板的本地站点文档窗口区中显示了所有的网页文件和文件夹，所以在该区域中可以很方便地对文件进行管理。

1. 添加文件

任何站点的建立都不可能一步到位。站点建好后，随着业务量的不断扩大，站点中需要包含的信息也会越来越多。单纯依靠原有的文件无法较好地组织这些信息，这时就需要向站点中添加文件或文件夹以容纳这些信息。其操作步骤如下：

（1）在"文件"面板的"本地文件"窗口中选中要添加文件的文件夹，并选择面板右上角的"文件→新建文件"命令，也可以右击该文件夹，从弹出的快捷菜单中选择"新建文件"命令。

（2）在选中的文件夹下出现一个新文件，其默认文件名处于可修改状态，输入新建文件的文件名，如 new.htm。

说明：输入新建的文件名时，其后一定要带有网页文件的扩展名，如 htm、html 或 asp 等。

这样就向站点中添加了一个新的网页文件。双击该新建的文件，就会在 Dreamweaver CS5 文档窗口中打开该文件，并可以向其中添加内容。同样对于已存在的文件，也可以双击将其打开进行编辑。新建文件夹的方法与新建文件的方法类似。

2. 删除文件

有时，随着站点内容的逐步更新，有些网页文件成了多余的文件，这时就可视情况将其删除。删除网页文件的方法很简单。下面就以刚才新建的文件为例，介绍删除文件的操作方法。

（1）选中要删除的文件，选择面板右上角的"文件→删除"命令，或在要删除的文件上右击，选择弹出菜单中的"编辑→删除"命令。

（2）弹出提示对话框，询问用户是否确实要删除所选文件。单击"确定"按钮，删除所选文件；单击"取消"按钮，则取消删除操作。

删除文件的最简单的方法是：选定要删除的文件后，按 Delete 键，然后在弹出的对话框中单击"确定"按钮即可将其删除。如果要删除某个文件夹下的全部文件，只需选中该文件夹，然后按照删除文件的方法操作即可。

说明： 如果要一次删除多个文件或文件夹，可以在单击文件时按下 Ctrl 键或 Shift 键协助选中多个文件。按住 Shift 键，可连续选中多个文件；按住 Ctrl 键，可以选中不连续的多个文件。选定文件后，再按 Delete 键即可删除。

3．重命名文件

在站点维护过程中，站点管理员有时为了让网页文件的名称更有说明意义，或更能反映出网页内容的变化，就需要对文件重命名，其操作如下：

（1）选定要重命名的文件，并选择"文件→重命名"命令。

（2）选定的文件名呈待修改状态，直接输入新名称即可。

18.3.2　远程与本地站点同步

第一次上传站点之后，如无意外，远程与本机的网页文件应该是一样的。但由于站点内容也许不只由一个人编辑和维护，这样就容易造成两处文件不一致的情况。即使是完全由自己编辑和维护的网页，在过了一段时间之后，也可能会由于网页制作人自己的疏忽，将本不该删去的网页删掉，而由于文件众多，难以一一进行核对。这时就可用 Dreamweaver CS5 的站点同步功能进行修正。它能使远程文件和本机的文件完全相同，方便地进行站点内容更新，其操作如下：

（1）在"文件"面板中上传站点后，选择右上角的"站点→同步"命令，如图 18-19 所示，弹出如图 18-20 所示的"同步文件"对话框。

图 18-19　选择同步命令

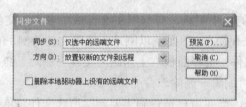

图 18-20　设置同步参数

（2）同步参数设置：

1）同步：从下拉列表框中选择"整个'成绩管理'站点"选项，以对整个站点进行同步。如果选择"仅选中的本地文件"选项，则表示只同步选定的站点文件。

2）方向：从下拉列表框中选择"放置较新的文件到远程"选项，将较新的文件复制到远程站点。

"方向"下拉列表框中的 3 个选项的含义如下：

● 放置较新的文件到远程：将更新一些的文件复制到远程站点。

● 从远程获得较新的文件：将更新一些的文件从远程站点复制到本地站点。

● 获得和放置较新的文件：将本地站点上更新一些的文件复制到远程站点，同时将过程站点上更新一些的文件复制到本地站点。

3）选中"删除本地驱动器上没有的远端文件"复选框，表示将本地站点上不存在的远程站点上的文件删除。然后单击"预览"按钮，显示出更新设置预览对话框，如图 18-21 所示。

若没有需要更新的文件，则显示如图 18-22 所示的同步对话框。

　图 18-21　更新预览对话框　　　　　图 18-22　无更新文件的同步对话框

（3）对话框中显示要更新的文件有 2 个。选中要更新的文件旁边的"上传"复选框，然后单击"确认"按钮。如未选中"上传"复选框，则不会将该文件复制到远程站点上去。

（4）更新完成后，自动关闭该对话框。

至此，远程与本机文件的同步就完成了。采用 Dreamweaver CS5 同步功能更新站点文件非常方便，并且准确无误。

18.3.3　检查与修正超级链接

1．检查超级链接

通常，一个站点制作下来，超级链接的项目非常多，对于大型站点来说更是如此。逐一检查，不仅效率低，还容易出错。利用 Dreamweaver CS5 所提供的检查超级链接的工具，可以在极短的时间内掌握站点内所有超级链接的状态，其操作步骤如下：

（1）选择"窗口→文件"命令，启动"文件"面板。在"文件"面板中选择右上角的"站点→检查站点范围的链接"命令，如图 18-23 所示。

（2）检查超级链接完成后显示检查结果窗口，如图 18-24 所示。在该窗口的下半部分显示了有关文件和链接情况的统计。

（3）单击窗口左侧的"磁盘"图标，可以把检查的超级链接的情况以文件形式保存起来。

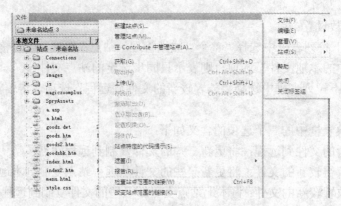

图 18-23   选择检查链接命令

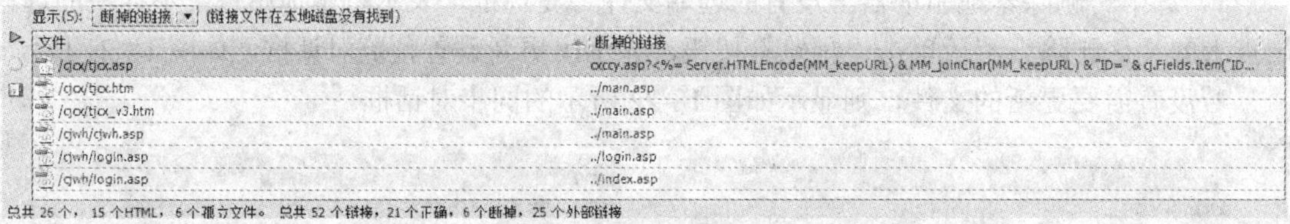

图 18-24   超级链接检查结果报告

2. 修正超级链接

检查完超级链接后，就可以根据检查的情况对错误或断开的超级链接进行修正。Dreamweaver CS5 提供了强大的修正超级链接的功能，其操作步骤如下：

（1）选择"窗口→文件"命令，启动"文件"面板。在"文件"面板的右上角选择"站点→改变站点范围的链接"命令，弹出对话框，如图 18-25 所示。该对话框用于设置把某个文件上的全部超级链接都转换成另一个文件的超级链接。

（2）单击对话框中的文件夹图标，浏览选定要修正超级链接的文件，然后单击下面的文件夹图标，浏览选定修正后的超级链接文件，并单击"确定"按钮。

（3）在弹出的"更新文件"对话框中，单击"更新"按钮，开始更新超级链接；若单击"不更新"按钮则不会进行更新，如图 18-26 所示。

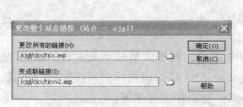

图 18-25   更改链接对话框

图 18-26   更新确认对话框

18.4   宣传自己的网站

在完成自己的网站建设之后，如何让更多的人知道和访问自己的网站？下面介绍常见的宣传自己站点的几种方法。用 Internet 特有的方式去宣传自己的网站——登录网站，将自己的网站提交给比较有名的搜索引擎站点。

18.4.1　注册好记的域名

宣传站点最重要的一步可能就是注册一个好记的域名了。爱上网或对网络有兴趣的朋友可能都有这样的切身体会：当行走在大街上时，到处都有".com"的广告，有些看一眼就能记住，有些则不然。当然，它们的广告效应也会有差别。可见注册一个好记的域名非常重要。

对于公司站点来说，把公司名称注册为域名是一个较好的选择。这样让用户在记住公司名称的同时，也记住了公司站点的域名。这是业界一条不成文的做法，也是非常行之有效的方法。

18.4.2　在各大搜索引擎上注册自己的站点

1. 搜索引擎的基本原理

我们知道，Internet 上拥有成千上万个网页，每个网页中都有一些"链接"指向其他网页，从而形成了一个由网页和链接构成的巨大的网。这个网并没有一个专门的机构去管理。每个与 Internet 相连接的人都可以设计自己的网页，而更多的人则只是浏览别人的网页，这样就形成了当今世界上最大的信息库。由于它太大、太广了，一个最基本的问题就是怎样找到用户感兴趣的网页。网页搜索引擎就是帮助用户去找到各种各样的网页，给它们建立数据库的计算机系统，以后去找感兴趣的网页时，计算机就会很快在它的数据库中帮用户找到。下面介绍一下搜索引擎是如何去查找网页的。

由于"链接"把各个网页连成了一个巨大的网，只要给搜索引擎一个起始的网页，搜索引擎就会沿着"链接"把所有的网页都找到。当然，一个搜索引擎通常不会把所有的网页都收录到自己的数据库中，它都有一些倾向。比如说，如果一个网页中没有多少内容，或与搜索引擎数据库的内容不相关，则就不会被收录。搜索引擎通常每隔一定时间还要去查看一个网页的作者是否修改了网页，或者某些网页是否已经被删除了。搜索引擎都会根据情况更新自己的数据记录。所以，要想被搜索引擎找到一个网页，则必须是有用的网页，也就是说它里面要有内容。这里的内容是指可显示的文字内容。目前很多人都喜欢使用图片，以为多放入一些图片并在图片中写上一些文字，这样就算内容丰富了。但这是对人而言的，这些图片对绝大多数的文字搜索引擎来说是毫无意义的，因为让计算机把图片中的文字识别出来，或者让计算机理解图片中的内容，在技术上还未实现。所以，一个网页中可以使用图片，但必须有足够的文字来解释。但这还不够。用户的网页还必须被其他已被搜索引擎找到的网页连起来，否则，搜索引擎仍然找不到它们。解决这个问题的方法有两种：第一，只要告诉朋友们自己的网址，使大家相互连接，就可以很容易地编织出一张巨大的网，一旦这个网中有一个网页被搜索引擎找到，大家的网页迟早都会被找到；第二，如果实在着急，可以直接向搜索引擎注册，一般搜索引擎都提供这种叫做 ADDURL 的功能。

2. 注册站点的技巧

网站登录的关键步骤是选定最合适自己的网站类别，这样可以加快处理网站登录的速度，登录成功后可以方便他人查询。

一般搜索网站会限制每个网站最多只能登录一次，也就是网站在搜索网站中只能被收录一次。若想提高被搜索到的机会，就要掌握网站注册的技巧。但应注意，在同一类别中登录同一个网站，有可能登录的网站被全部取消。

站点注册的技巧：

（1）向不同的搜索网站登录：网站建成之后，向各个搜索网站注册，而且只登录一次。

（2）在同一个网站中重复登录：设法使自己的网站同时拥有数个不同的网址，用不同的网址分别登录。

（3）网址服务：为网站申请网址服务，每申请一个服务就可以获得一个网站的间接网址。

3．推荐使用的搜索引擎站点

百度：http://www.baidu.com

谷歌：http://www.google.com

新浪：http://www.sina.com.cn

雅虎中文网站：http://cn.yahoo.com/

网易163：http://www.163.com

21cn：http://www.21cn.com

TOM：http://www.tom.com

搜狐：http://www.sohu.com

首都在线：http://www.263.com

上海热线：http://online.sh.cn

北大天网：http://www.tianwang.com/

4．免费登录网站举例

免费登录一些知名网站，将自己的网站信息输入到它们的搜索引擎的数据库，是目前宣传网站的经济有效的方法，下面通过登录搜狐网站的实例讲述登录的一般步骤。

（1）输入网址 http://www.sohu.com，进入搜狐主页，单击"网站登录"链接进入"搜狐网站登录、修改页面"，如图18-27所示。

图18-27　免费登录搜狐网站

（2）如果自己的网站没有被搜狐收录，可单击"没有，建议登录"提示后面的符号，其他操作则点击相应的选项。

（3）确定网站的登录类别，分为"推广型登录"、"普通型登录"和"免费型登录"，其服务内容可阅读相应条款。此处选择"免费型登录"，如图18-28所示。

（4）选择用户网站类别，选择完成后会出现登录信息填写网页。按照提示要求如实填写登录信息。

（5）申请成功后，系统会给出登录成功的提示信息，如需要可进一步修改登录信息。

18.4.3　在电子邮件签名中添加站点地址

在当今的信息化时代，随着网络的普及，电子邮件因其便捷、迅速和廉价的优点，正被越来越多的人用作主要的通信方式，成为现代人生活中不可缺少的一种工具。因此将自己制作的站点通过 E-mail 告知亲朋好友，也是一种非常好的宣传手段。一般情况下，当好友看到你留下的网址，肯定会去浏览一番。经过 E-mail 的不断转发之后，站点的知名度就会提高。

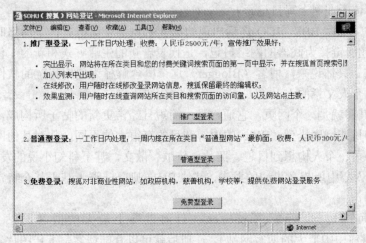

图 18-28　登录类型选择

18.4.4　到 BBS 上公布站点信息

上 BBS 聊天、发布或查看信息，已成为当今网虫们网上生活的一部分。同样，如果自己的站点确实能够提供有用的信息，也可以到与自己站点主题相关的论坛上发布"促销"广告，这样来访者会比较容易接受。并且如果碰到高手指点，也可以立即进行修正，经过不断地去粗取精，相信自己的站点会更完美。采用这种宣传方式时，千万不要到不相关的 BBS 发布信息。如果站点制作还不完善，等把它制作好了再发布也不迟。

当然采用这种方式公布信息一定要选择一个聊天者较多的 BBS，这样可以得到很多有益的意见。

18.4.5　与相关站点彼此链接

用户可以在 Internet 上查找与自己站点主题类似的站点，通过友好协商后可以与它们链接起来。随着链接站点的增多，形成类似"蜘蛛网"般的链接后，可以吸引大量的浏览者。彼此互相宣传，效果非常好。

由于这种合作方式一般是通过友好协商建立的，所以合作过程中可能出现很多问题。这就要求在寻找链接伙伴时，本着诚信、公平的原则建立合作关系。另外，不要单纯为了彼此链接的数量，而忽视了其他站点的质量，"宁缺毋滥"才是正确的选择。

除了上面介绍的几点外，还有很多种宣传方式，如做广告、有奖宣传和赠送小礼物等。不过这些都属于商业型站点的宣传范围，对于个人站点，还是以免费搞宣传为好。

当然，站点吸引人的基础还在于它良好的规划结构、富有美感的页面设计及生动丰富的内容。如果失去了这些，无论怎么宣传也起不了多大作用。有了好的基础之后，就有可能从个人站点走向商业型站点。现在，很多商业型站点都是这样发展而成的。

18.4.6　在博客上发布信息

什么是"博客"（Blog）？Blog 的全名应该是 Webblog，中文意思是"网络日志"，后来缩写为 Blog，而博客（Blogger）就是写 Blog 的人。从字面理解上讲，博客是"一种表达个人思想、网络链接、内容，按照时间顺序排列，并且不断更新的出版方式"。简单的说，博客是一类人，这类人习惯于在网上写日记。

Blog 是继 E-mail、BBS、ICQ 之后出现的第 4 种网络交流方式，是网络时代的个人"读者文摘"，是以超级链接为武器的网络日记，是代表着新的生活方式和新的工作方式，更代表着新的学习方式。具体说来，博客（Blogger）这个概念解释为使用特定的软件，在网络上出版、发表和张贴个人文章的人。

一个 Blog 其实就是一个网页，它通常是由简短且经常更新的帖子所构成，这些张贴的文章都按照年份和日期倒序排列。Blog 的内容和目的有很大的不同，从对其他网站的超级链接和评论，有关公司、个人构想到日记、照片、诗歌、散文，甚至科幻小说的发表或张贴都有。许多 Blogs 是个人心中所想之事情的发表，其他 Blogs 则是一群人基于某个特定主题或共同利益领域的集体创作。

建议读者可以访问 www.myspace.cn（目前世界上最大的博客网站）或者是访问 www.51.com（目前中国最大的博客网站），注册后就可以登陆博客，上传图片、写日记或者发布信息等。

随着博客的流行，越来越多的人开始在自己的博客上发表自己的观点等各种信息。虽然博客在形式上比较自由，不如搜索引擎或者门户网站那么正式，但是在博客上宣传自己的网站，往往更容易吸引年轻人的关注，因此比较适合面向网民中的年轻群体。

本章主要讲述了站点的测试、站点文件的上传、站点文件的管理和站点的宣传 4 个主要内容。本地站点设计完成后要在本地机上对本地站点进行完整的测试，使网页在浏览器中显示出预期的效果。测试的主要内容包括：检验网页与目标浏览器的兼容性、在浏览器中浏览网页、检验下载的时间和网页文件的大小等。站点测试完成后，下面要做的就是将其传输到 Internet 服务器上，让 Internet 用户可以访问到我们的网页。站点文件的传输常见的方式有 3 种，读者可根据具体情况选择合适的方式。如果是在 Dreamweaver CS5 环境下进行的网站建设，建议最好使用 Dreamweaver CS5 本身的 FTP 工具传输文件。站点文件的管理和维护是站点建设的日常化工作，应熟练掌握其原则和技巧。站点的宣传是推广站点、提高站点知名度的重要手段。但宣传应本着实事求是的原则，选择合适的宣传方式，达到事半功倍、经济实用的目的。

思考练习

1. 测试本地站点包含哪几部分内容？
2. 网站文件上传的方式有哪些？申请一个远程 FTP 服务器空间，将自己的网站利用 Dreamweaver CS5 工具上传。
3. 从网上下载 CuteFTP，并学习掌握其使用方法。
4. 站点维护的过程一般包括哪些内容。
5. 站点宣传的方式有哪些？在搜狐网站上免费登录自己的站点。

第 19 章　常用 Web 技术简介

前面已经分别学习了网页基础知识，掌握了利用 ASP 开发动态网页的基本技术；特别是通过几个应用实例的设计，读者应具备了一定的开发网页应用系统的综合能力。在前面学习的基础上，本章将和大家一起共同学习和探讨网页设计中常用的 Web 开发技术，以便读者了解常用技术，拓展视野，适应网络应用新时代的到来。

通过本章的学习，读者应该掌握以下内容：

- JavaScript
- DOM / DHTML
- XML+XSLT
- AJAX

19.1　认识 Web 程序开发

如前面章节所述，Web 应用是一种浏览器（Browser）/服务器（Server）结构的应用程序，即用户通过浏览器向服务器请求数据，服务器响应请求并向浏览器返回数据，这种应用程序结构被称为浏览器/服务器结构，简称 B/S 结构。

在 Web 应用中，B/S 两端通过超文本传输协议（HTTP）进行数据传递。Web 技术主要包括服务器端技术和浏览器端技术。

19.1.1　服务器端开发技术

在网页技术发展初期，网页存储在服务器端。当用户通过浏览器端请求数据时，服务器接到请求后就把存储的网页文件原样响应给浏览器端客户，即网页不能根据用户需要自动改变网页包含的内容。然而，前面我们学习的 ASP 等技术改变了这种情况，它可以根据用户的请求，在服务器端动态生成新的网页后再响应给浏览器端展示出来。这种新技术被称为动态网页技术，而之前的技术被称作静态网页技术。

现在动态网页技术有多种，常见的还有 JSP 和 PHP 等，这些技术主要运行在 Windows 和 UNIX 两类操作系统平台上，并且近年来都发生了一些深刻的变革。为了应对这种变革，微软推出了 ASP.NET 技术，且也已被如火如荼地热用开来。

由于 ASP 与 ASP.NET 名字相近，人们往往认为后者是前者的技术升级，实则不然。与 ASP 相比，ASP.NET 提升的不仅仅是技术，更重要的是编程思想的重大变革。虽然如此，但 ASP.NET 技术与 ASP 技术还将在未来的一段时间内继续并存，因为 ASP 技术的易用性是 ASP.NET 所暂时不能比拟的。

19.1.2　浏览器端开发技术

在以前 Web 应用程序是以服务器为中心的，浏览器端只是简单提交数据和展示数据，数据的复杂处理和运算都是在服务器端进行的，这种应用被称作瘦客户端 Web 应用。

随着互联网应用的普及，用户访问数量增大、应用程序变得复杂，这些都会对服务器的性能提出越来越高的要求。同时，随着计算机硬件制造成本的降低，普通用户计算机的配置越来越高，在 Web 应用中客户端计算机反而处于闲置状态。现在一个基本思路就是将本来应由服务器处理的运算迁移到客户计算机中处理。这就需要富客户端技术。

常用的富客户端技术有 Flash、Java Seb Start 和 AJAX 等。本章我们将围绕 AJAX 技术展开讨论。

19.2　JavaScript

JavaScript 语言是一种新型的脚本语言，它是由 Netscape 通信公司首创，并在其发行的 Netscape Navigator 2.0 及以后版本中予以支持。JavaScript 具有类似 C 语言和 Java 语言的语法，支持面向对象编程，功能比较丰富且强大。目前 JavaScript 语言基本得到了常用浏览器的普遍支持，它已经成为开发交互式 Web 页的通用编程语言。

JScript 语言是微软公司开发的基于 IE 浏览器的脚本语言，可以被认为是微软版的 JavaScript 语言。除了在细节上存在些许差别外，我们可以简单认为两者是一致的。

在 ASP 应用系统中，JavaScript 语言既可用于服务器端开发，也可用在客户端开发；一般用 JavaScript 开发客户端程序，用 VBScript 语言开发服务器端程序。

本节主要结合客户端编程来了解 JavaScript 语言。

19.2.1　Dreamweaver 与 JavaScript

利用 Dreamweaver 创建一个新的 HTML 网页文件，并命名为 Test.htm。切换到文件的代码视图，并观察该界面的 HTML 代码。

如前面章节所述，为该页面添加行为，使得当页面被加载时弹出一个信息窗口，其中显示"Hello,JavaScript!"的信息。

为 Test.htm 页添加如图 19-1 所示的 onLoad 行为事件，查看网页的代码视图可以发现网页代码中出现了两处 JavaScript 代码，如图 19-2 所示。

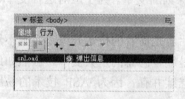

图 19-1　添加事件行为

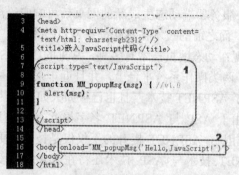

图 19-2　事件行为的 JavaScript 脚本

其中，第 7 行通过<script>声明脚本开始，并通过 type 属性指定脚本类型；第 13 行通过</script>声明脚本结束。第 9 行 function 关键字声明一个函数 MM_popupMsg()，并以 msg 接收参数；函数块以"{"开始，以"}"结束。函数块一般由若干语句命令或结构组成，JavaScript命令一般以分号结束。其中 alert()是一个内置函数，它的功能是弹出信息框，并在其中显示信息。本例中，alert()函数将 msg 接收到的信息显示在信息框中。

代码第 16 行是为 body 对象的 onLoad 事件指定事件代码：页面加载时调用 MM_popupMsg()函数，并向其传递"Hello,JavaScript"信息。

保存该页面并在浏览器中进行预览，Web 页面中弹出如图 19-3 所示的对话框。

可见在 Dreamweaver 中添加行为，实际上就是在 Web 页面中生成一段特殊的 JavaScript代码，以实现特定功能。通过这种方式，普通用户就可以在不具备编程技术的情况下制作具有一定水平的网页。

虽然 Dreamweaver 提供了强大的功能，能够帮助用户制作具有较好功能的网页，但这并不能总是满足用户的需要。若想制作功能更丰富，运行更高效的交互网页，还需要用户首先掌握 JavaScript 编程技术。将图 19-2 中"1"处的代码删除，并如图 19-4 所示更改"2"处的网页代码，再次保存并预览该网页，会得到同样的运行结果。这就意味着说明读者掌握了JavaScript 编程技术后，就可以根据项目需要自己编写简洁高效的应用程序了。

图 19-3 事件行为运行结果

图 19-4 改进后的 JavaScript 事件脚本

19.2.2 HTML 中加入 JavaScript

1. 直接输入代码

用户可以在<script>和</script>标签之间直接添加 JavaScript 代码。一般情况下，这对标签既可嵌入到<head>和</head>之间，也可以嵌入到<body></body>之间；实际上这对标签可以以任何有效的方式嵌入到网页中的任何位置，如图 19-5 的框线所示。

图 19-5 中所示的几个区域都嵌入了一段 JavaScript 代码。保存并预览该页面，程序将依次弹出"top"、"head"、"body"和"bottom"等信息。

当然，top 和 bottom 两处的代码不在网页根节点中（即不在<html>和</html>两个标签之间），不符合 XHTML 规范，不建议这样使用，虽然它们大多数情况下都可正常运行。

2. 引用外部代码

如果 JavaScript 程序代码已存储在一个单独的文件中，可以将这个文件引入到网页中来而直接使用其代码提供的功能，这有利于提高代码的重用性。如图 19-6 中所示为一个名为 func.js的独立文件，其中代码符合 JavaScript 规范。代码中定义了一个名为 showMsg 的函数，可以接收一个参数；函数中首先定义一个变量 s，存储"您提供的信息是:\n\n"，其中每个"\n"都代表一个换行符；用 alert()函数弹出信息窗口，显示 s 和 msg 两个数据的连接和。

```
<script type="text/javascript">
    alert("top");
</script>
<html>
<head>
<script type="text/javascript">
    alert("head");
</script>
</head>
<body>
<script type="text/javascript">
    alert("body");
</script>
</body>
</html>
<script type="text/javascript">
    alert("bottom");
</script>
```

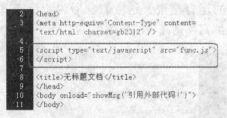

图 19-5　JavaScript 脚本的应用位置

```
// JavaScript Document
function showMsg(msg){
    var s="您提供的信息是:\n\n"
    alert(s+msg);
}
```

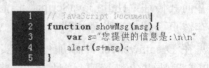

图 19-6　func.js 文件内容

在网页文件中，我们用<script>标签引用 JavaScript 项目文件，引用方式如图 19-7 所示。

设置页面的 onload 事件代码去调用 func.js 文件中定义的函数。保存并预览该页面，弹出的信息窗口如图 19-8 所示。

```
<head>
<meta http-equiv="Content-Type" content=
"text/html; charset=gb2312" />

<script type="text/javascript" src="func.js">
</script>

<title>无标题文档</title>
</head>
<body onload="showMsg('引用外部代码!')">
</body>
```

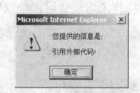

图 19-7　引用 func.js 文件

图 19-8　运行结果

本例中 func.js 文件应与网页处于同一个文件夹下，如果存储位置不同，应在<script>标签的 src 属性中指定其存储位置，否则程序将不能正常运行。

更奇妙的是，如果服务器端动态产生的文件代码能够符合 JavaScript 语言规范，网页文件依然可以引用它们。

如图 19-9 所示的是名为 func.asp 文件中的代码。代码第 1 行为注释行，第 2 行声明服务端脚本采用 JavaScript 语言。代码第 4 行、第 5 行中用到 JavaScript 语言中的 Date()函数，其功能是获取系统日期对象；前者被括在<%%>标签内，意味着它将在服务器端被执行，获取服务器端的系统时间；而后者直接在客户端浏览器中运行，获取客户端的系统时间。

```
1 // ASP文件
2 <%@LANGUAGE="JavaScript"%>
3 function showMsg(msg){
4     var sTime="服务器端时间:<%=(Date())%>";
5     var bTime="浏览器端时间:" + Date();
6     alert(sTime+"\n"+bTime);
7 }
```

图 19-9　func.asp 文件内容

假设该文件被上传到本地 IIS 服务器的根目录中，在浏览器地址栏中输入 http://localhost/func.asp 运行该 ASP 文件。执行浏览器中“查看→源代码”命令，可以得到如图 19-10 所示的文本代码，该代码符合 JavaScript 语言规范，可以被当作独立的 JavaScript 文件被网页引用。

打开 Test.htm 文件，将其中对 func.js 文件的引用改为对 func.asp 文件的引用。Test.htm 文件的运行效果如图 19-11 所示。

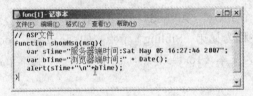

图 19-10　func.asp 运行后的网页代码　　　　图 19-11　Test.htm 引用 func.asp 后的运行结果

19.2.3　调用 JavaScript

JavaScript 内置了一定数量的函数，同时又允许用户自定义更多的函数。

在 JavaScript 脚本中，如果 JavaScript 命令独立于函数之外，则在页面加载过程中将被执行，相反，自定义函数内的命令只有函数被调用时才被执行。

调用 JavaScript 函数的方式一般有以下几种：

1. 事件驱动

为对象指定事件代码，当事件被触发时自动调用指定的函数。前面的几个实例中我们都是采用这种方式进行函数调用的。

2. 独立调用

在函数体外的 JavaScript 命令直接调用特定的函数。

3. 函数调用

在自定义函数内部调用 JavaScript 的内置或用户自定义函数。

JavaScript 语言功能非常强大，是网页客户端开发中使用最广泛的脚本语言。同时 JavaScript 还具备网页开发中粘合剂的功能，它可以把多种网页技术有机的结合起来，共同完成一个 Web 应用。因此 JavaScript 语言是 Web 爱好者进行 Web 应用开发的不二选择。

由于篇幅限制，在此我们只能对它作一个简要介绍。对 JavaScript 有兴趣的读者可自行参考其他相关资料。在后面的小节中我们还会经常用到它。

19.3　DHTML

DHTML 是 Dynamic HTML 的缩写，意思就是动态的 HTML。它并不是某一门独立的语言，事实上任何可以实现页面动态改变的方法都可以称为 DHTML。通常来说，DHTML 实际上是 JavaScript、HTML DOM、CSS 等技术的结合应用。JavaScript 已在上一节中作了简单介绍，CSS 也已在第 12 章中学习过，在此不再赘述。

19.3.1　HTML DOM 简介

HTML DOM（HTML Document Object Model）是 HTML 文档对象模型的简称，它定义了一种访问和处理 HTML 文档的标准方法。

HTML DOM 认为 HTML 文档中的每个元素都是一个节点，且节点间有分层次的，彼此间都是有关系的。下面创建一个如图 19-12 所示的简单 HTML 文件。

由图中所示代码可以清楚看到，HTML 文档（Document）是由若干元素（Element）构成的，这些元素又都是相互联系的节点（Node）。\<head>和\<body>是\<html>的子（Child）节点，反过来\<html>是\<head>和\<body>的父（Parent）节点。一个节点最多只有一个父节点，如\<html>

作为文档的根没有父节点；每个节点可以有若干个子节点，如<body>有<h1>和<p>两个子节点，<head>有一个子节点。同一父节点的各子节点被称为兄弟（Sibling）节点，如<head>和<body>就是兄弟节点。DOM 规定，标签中的文本被视为文本（Text）节点，故<h1>有一个文本节点，而该文本节点没有子节点。

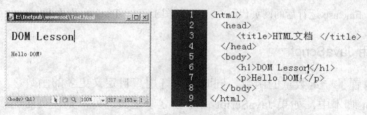

图 19-12   HTML 文档（左为预览视图，右为代码视图）

在 HTML DOM 中，Document 代表整个文档对象，按照其节点结构可以描绘出其当前文档的对象模型，如图 19-13 所示。

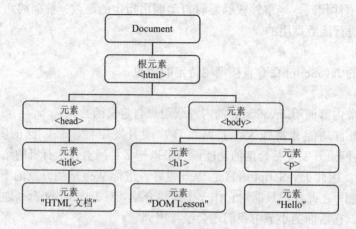

图 19-13   HTML DOM 文档结构

19.3.2   访问 HTML DOM 节点

在文档对象模型中，document 是文档节点，利用 document.documentElement 可获得<html>所对应的文档根节点，利用 document.body 可获得<body>元素所对应的节点。可用 childNodes 获取某节点的所有子节点集合（以数组方式存储），用 parentNode 获取其父节点，用 nextSibling 获取其下一个兄弟节点。

一般可用 nodeName、nodeType 和 nodeValue 来分别获取其节点名、节点类型和节点值。

现在将前述网页代码第 6 行更改为

<body onLoad="alert(document.body.childNodes[0].nodeName)">

保存并预览该网页，程序弹出的信息如图 19-14 所示。

即 document.body.childNodes[0]对应的是<h1>节点（注意数组下标是以 0 为基数的）。

读者也可以运用 getElementById() 和 getElementsByTagName() 这两种方法，查找整个 HTML 文档中的任何 HTML 元素，并且可以忽略文档结构。

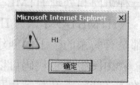

图 19-14   输出的节点名称

用 getElementById 方法在 HTML 文档中检索 ID 值为“myID”的对象的方法是

document.getElementById（"myID"）

其中的 document 对象也可以是其他对象，其含义则变为在特定对象中检索对象。

getElementsByTagName 的用法与此类似，但它搜索与指定的标签名匹配的所有对象集合。可以用类似下面的方式使用该方法搜索某节点（object）下所有的<P>标签对应的对象集合。

object.getElementsByTagName（"P"）

HTML DOM 中存在很多对象，每个对象又都具有各自的属性、事件和方法等，因篇幅限制，不可能进行一一详述。更多信息请查阅 HTML DOM 的相关资料。

19.3.3　DHTML

设计 DHTML 的目的就是为了使客户端 HTML 得到动态改变，增加用户交互。下面利用 JavaScript 语言来管理和维护 HTML 文档。

利用 Dreamweaver，可以很方便的改变浏览器窗口状态栏信息。方法是选中某个标签，为其添加“设置状态栏文本”行为，设置需要的文本内容并选用恰当的触发事件。保存并预览就会得到相应的结果。查看网页视图代码会发现，Dreamweaver 产生了一大段难以阅读的 JavaScript 代码。实际上我们可以自己来实现。

window.status="状态栏信息"

在 HTML DOM 中 Window 对象代表一个浏览器窗口，该对象的 status 属性可以被读写，其值对应窗口的状态栏信息。改变该属性的值就对应“设置状态栏文本”行为，如图 19-15 所示。

代码第 5～7 行定义了一个简单的函数，用于利用接收到的参数值改变 status 属性的值。<h1>元素的单击事件调用 change()函数，并传递参数 1，即想将状态栏信息变成 1。同样<p>元素的单击事件想把状态栏信息变为 2。保存并预览程序，分别单击两个标签对应的元素，就会看到状态栏信息的变化。

this 也是一个特殊对象，它代表当前对象自身。在 DOM 中，大多数 HTML 标签元素对象一般都具有 innerHTML 属性，代表元素对象的内嵌 HTML 代码。我们将上例中的代码变成如图 19-16 所示的代码。

```
1  <html>
2  <head>
3  <title>HTML文档</title>
4  <script language="javascript1.1">
5      function change(msg){
6          window.status=msg;
7      }
8  </script>
9  </head>
10 <body>
11   <h1 onClick="change(1)">DOM Lesson</h1>
12   <p onClick="change(2)"><I>Hello</I></p>
13 </body>
14 </html>
```

图 19-15　改变 Window.status 属性

```
1  <html>
2  <head>
3  <title>HTML文档</title>
4  <script language="javascript1.1">
5      function change(o){
6          window.status=o.innerHTML;
7      }
8  </script>
9  </head>
10 <body>
11   <h1 onClick="change(this)">DOM Lesson</h1>
12   <p onClick="change(this)"><I>Hello</I></p>
13 </body>
14 </html>
```

图 19-16　使用 innerHTML 属性

代码中，第 5～7 行依然定义函数，接收一个对象参数，并用该对象的 innerHTML 属性值更改状态栏的信息。第 11、12 行以事件方式调用 change()函数，并将对象自身（this）作为参数传递给 change()函数。

保存并运行网页，单击网页中“Dom Lesson”标签，状态栏信息变为“Dom Lesson”；单击网页中“Hello”对象，状态栏信息将变为“<I>Hello</I>”。把代码中第 6 行中的 innerHTML 更换成 innerText 属性，重新测试预览，单击网页中“Hello”对象，状态栏信息将变为“Hello”。

代码更改前后,程序运行效果之所以不同是因为 innerHTML 代表对象的 HTML 代码(含标签),而 innerText 属性仅代表对象中的普通文本（不含标签）。

大多数 DOM 对象的属性都是可读写的，所以我们既可以获取对象属性，也可以更改对象属性，我们仍然以 innerHTML 为例说明问题。

如图 19-17 所示的代码用以更改 myDiv 对象的展示内容。代码第 5～9 行定义 change()函数，用以改变 myDiv 对象的内容。第 6 行利用 getElementById("myDiv")得到对象引用并保存在变量 iDiv 中。第 7 行用于产生一段 html 代码，目的是将对象参数的内置文本内容用<font>标签格式化。第 8 行用新生成的 html 代码更新 myDiv 对象的 innerHTML 属性值。第 13～15 行代码声明，当鼠标在相关对象上移动时，将调用并向 change()函数传递对象自身。保存并预览该程序发现，当鼠标在 red、blue 和 green 等对应元素上平移时，myDiv 标签的内容会随鼠标的移动作出相应变化。

```
1   <html>
2   <head>
3   <title>HTML文档</title>
4   <script language="javascript1.1">
5     function change(o){
6       var iDiv=document.getElementById("myDiv");
7       var iStr="<font size='6'>"+o.innerText+"</font>";
8       iDiv.innerHTML=iStr;
9     }
10  </script>
11  </head>
12  <body>
13    <div onMouseOver="change(this)">red</div>
14    <div onMouseOver="change(this)">blue</div>
15    <div onMouseOver="change(this)">green</div>
16    <div id="myDiv"></div>
17  </body>
18  </html>
```

图 19-17　改变特定对象的 innerHTML 属性

还有许多事件行为都可以类似由对应的代码实现，例如更改文档标题就可以用下面的代码实现。

document.title="新的测试标题"

19.3.4　动态 CSS

HTML DOM 中,对象的 style 属性与 CSS 属性对应。可以利用 JavaScript 去动态改变 style 属性的值，从而动态改变网页的 CSS 属性。

例如，<body>元素对象具有 backgroundColor 的 Style 属性，它与 CSS 中<body>的 background-color 标签属性对应，我们可以用编程方法动态地改变它。例如下面的代码：

document.body.sytle.backgroundColor="blue"

此段代码将文档背景改为蓝色（blue）。

如图 19-18 所示的例子中，实框中为一段 CSS，默认文档背景为金黄色（gold）；页面中纵向排列有"red"、"blue"、"green" 3 个颜色，当鼠标在它们上面移动时，页面背景将变成相应的颜色。代码中第 6 行就是实现的关键，它用于更改页面 style 对象的 backgrundColor 属性值。

上例可以动态改变页面背景，我们再看如图 19-19 所示的例子，它可以更多地动态改变对象的属性，从而实现丰富的动态效果。

代码第 5～11 行定义 change()函数。第 6 行获取 myDiv 对象引用，第 7 行获取参数对象 o 提供的颜色名称。第 8 行将事件对象的鼠标指针为手型（hand）；第 9 行设置在 myDiv 标签中加粗显示颜色名，第 10 行设置与颜色名对应的颜色，第 11 行更改字体大小。保存并预览网页，你会发现，当鼠标在 red、blue 和 green 等元素对象上移动时，鼠标指定变为了手型，同时 myDiv 的文本颜色和内容都作出相应的变化。

```
2   <head>
3   <title>HTML文档</title>
4   <script language="javascript1.1">
5     function change(o){
6       document.body.style.backgroundColor=o.innerText;
7     }
8   </script>
9   <style type="text/css">
10
11  body {
12      background-color: gold;
13  }
14
15  </style>
16  </head>
17  <body>
18    <div onMouseOver="change(this)">red</div>
19    <div onMouseOver="change(this)">blue</div>
20    <div onMouseOver="change(this)">green</div>
21    <div id="myDiv"></div>
22  </body>
```

图 19-18　层叠样式表（CSS）

```
2   <head>
3   <title>HTML文档</title>
4   <script language="javascript1.1">
5     function change(o){
6       var iDiv=document.getElementById("myDiv");
7       var iColor=o.innerText;
8       o.style.cursor="hand";
9       iDiv.innerHTML="<b>"+iColor+"</b>";
10      iDiv.style.color=iColor;
11      iDiv.style.fontSize="50px";
12    }
13  </script>
14  </head>
15  <body>
16    <div onMouseOver="change(this)">red</div>
17    <div onMouseOver="change(this)">blue</div>
18    <div onMouseOver="change(this)">green</div>
19    <div id="myDiv"></div>
20  </body>
```

图 19-19　动态 CSS

19.4　XML

XML（eXtensible Markup Language）代表扩展标记语言，是由 World Wide Web Consortium（W3C）的 XML 工作组定义的。1982 年制定的 XML1.0 规范认为：扩展标记语言（XML）是 SGML 的子集，其目标是允许普通的 SGML 在 Web 上以目前 HTML 的方式被服务、接收和处理。XML 被设计成易于实现，且可在 SGML 和 HTML 之间互相操作。可以在 W3C 官方网站中位于 http://www.w3c.org/TR/REC-xml 的 Web 站点上阅读整个 XML1.0 规范。

19.4.1　XML 简介

如图 19-20 是利用 Dreamweaver 创建的一个普通 XML 文档代码。

代码第 1 行是 XML 声明指令，以 "<?" 开始，以 "?>" 结束。在 "<?" 后的第一个单词是指令名，在本例中是 xml（注意小写）。

XML 声明中有 version 和 encoding 两个属性。属性是由等号分开的名称－数值对：属性名位于等号左边；属性值位于等号右边，并以双引号括起来。

每个 XML 文档都以一个 XML 声明开始，并指定其所用的 XML 版本。XML 声明中可以包括 encoding 特性，指定文档的字符编码（本例为 gb2312）；还可包括 standalone 属性，用于告诉该文档是否是独立的。

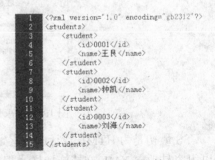

```
1   <?xml version="1.0" encoding="gb2312"?>
2   <students>
3       <student>
4           <id>0001</id>
5           <name>王艮</name>
6       </student>
7       <student>
8           <id>0002</id>
9           <name>钟凯</name>
10      </student>
11      <student>
12          <id>0003</id>
13          <name>刘海</name>
14      </student>
15  </students>
```

图 19-20　XML 文档

每个 XML 文档由若干节点（又称元素）组成，每个节点起于开始标记，止于结束标记。每个 XML 文档最多有一个根节点，每个节点又可由若干子节点构成。如本例中根节点 <students> 开始，以 </students> 结束；我们称它为 students 节点。students 节点又由 3 个 student 子节点构成，而 student 又各由 id 节点和 name 节点组成。

XML 中节点名称可由用户自己定义，虽然其节点名称一般被命名为包含一定的意义，但计算机并不会自动识别。也就是说，XML 的节点结构只是表达文档的形式，标记的名称并没有结构上的意义。如将上例中的 students 节点改为 base，student 改为 sub，并不会改变该 XML 文档的结构。

XML 节点名称是区分大小写的，节点起止标记应该一致。如与<student>匹配的结束标志是</student>，而</Student>则不匹配；<FOO>与<Foo>是不同的标记。

XML 是纯文本文档，用 Windows 系统自带的记事本程序就可以编辑它。还有很多专门的 XML 编辑器，如所见即所得的 Adobe FrameMaker、结构化的 JUMBO 等，本例的 XML 文档则是由 Macromedia Dreamweaver CS5 创建的。

19.4.2 XML 与浏览器

Mozilla 5.0 和 Internet Explorer 5.0 是首先对 XML 提供支持（虽然并不完全）的浏览器。将 XML 文档保存至 Web 服务器中，就可以直接在这类浏览器中看到 XML 文档的内容和结构了。

如将上一小节中的 students.xml 文档保存到本地 IIS 服务器的根目录中，在浏览器地址栏中输入 http://localhost/students.xml，将看到如图 19-21 所示的 XML 树状结构图。单击节点前的⊞可展开对应节点，单击节点前的⊟可将对应节点折叠。

19.4.3 XML 与 CSS

由于 XML 允许在文档中包括任意的标记，所以对于浏览器来说，不可能事先知道如何显示每个节点元素。当将文档发送给到用户端时，还需要同时发送样式单以决定如何呈现 XML 文档中各节点的数据。如图 19-21 所示的呈现方式是由默认样式单决定的。

图 19-21　在 IE 中 XML 文档的直接浏览效果

CSS 最初是为 HTML 设计的，它定义字体格式、段落格式以及其他样式等。现在 CSS 也可以很容易地向 XML 文档施加样式规则。

如图 19-22 所示代码是样式单文件 students.css 的内容，是为 students.xml 文档定制的。第 1 行指定 student 节点显示类型为 block、字号大小为 24pt；第 2 行定义 id 节点倾斜显示；第 3 行显示字体为黑体。

```
1  student {display:block;font-size:24pt;}
2  id {font-style: italic;}
3  name {font-family: "黑体";}
4
```

图 19-22　为 XML 文档定制的 CSS

编辑 students.xml 文档，在其 XML 声明与根节点之间加入如下的样式声明指令：

`<?xml-stylesheet type= "text/css" href="students.css" ?>`

该指令表示引用外部样式单；type 指定样式单的类型为 text/css；href 指定 CSS 文档所处的 URL 为 students.css，可以是绝对路径也可以是相对路径，此处为相对路径。

重新打开浏览器并浏览 students.xml 文档，其浏览结果如图 19-23 所示。比较图 19-21 可以看出，在 CSS 样式单的作用下，students.xml 文档的呈现格式已发生改变。

图 19-23　CSS 控制的 XML 预览效果

19.4.4　XSL

XSL 是 XML 自身的一个应用，它符合 XML 规范；XSL 分为变换和格式化两部分。

XSL 变换部分能够将一个标记替换为另一个标记。通过定义替换规则，使用标准的 HTML 标记代替 XML 标记或者使用 HTML 标记与 CSS 属性来替换 XML 标记。同时还可以在文档中重新安排元素和添加没有出现过的附加内容。

XSL 格式化部分把功能强大的文档视图定义为页面。XSL 格式化功能能够指定页面的外观和编排。格式化部分的功能被设计得非常强大，足可以为网络和打印自动处理来自相同源文档的编排任务。

XSL 变换部分（即 XSLT）目前已经比较成熟并得到较广泛地应用，而 XSL 格式化部分目前还没形成成熟标准。在此仅以 XSL 变换来简单介绍一下 XSL 的应用。

下面为 students.xml 文档定制一个 XSLT（整页）文件：

（1）执行"文件→新建"命令，选择"常规→基本页→XSLT(整页)"；

（2）在定位 XML 源对话框中选择"附加我的计算机或局域网上的本地文件"，单击"浏览"按钮并定位到 students.xml 文件。此时将出现与 XML 文档对应的绑定数据，如图 19-24 所示。

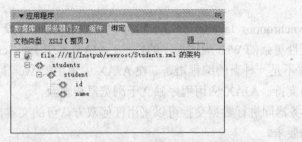

图 19-24　绑定的 XML 文档架构

（3）拖动 student 节点到"网页设计"视图；清空"此处为内容"所在的文本框内容，分别拖入 id 节点和 name 节点。

（4）打开"属性"窗口，设置各节点的显示格式。设置 id 节点加下划线显示，name 节点加粗显示。

（5）将文档保存为 students.xsl，其代码视图效果如图 19-25 所示。

图 19-25　为 XML 文档定制的 XSLT 代码

代码中第 1 行声明该文件遵守 XML 1.0 规范；第 4 行和第 26 行分别声明根节点的起始和结束位置；第 5 行声明输出属性；第 6～25 行是对模板的应用（匹配 XML 数据源的根节点），期间为一个完整的 HTML 文件结构；第 16～19 行是一个循环结构，匹配 Students/ Student 节点，第 17 行指定输出 id 节点的值，第 18 行指定输出 name 节点的值。

打开 students.xml 文档，在其 XML 声明与其根节点之间加入如下的样式声明：

```
<?xml-stylesheet type="text/XSL" href=
"students.xsl" ?>
```

重新打开浏览器浏览 Students.xml 文档，其浏览结果如图 19-26 所示。

图 19-26　XSLT 控制的 XML 预览效果

19.5　AJAX

AJAX（Asynchronous JavaScript and XML，异步 JavaScript 及 XML）是一种用来创建更好更快以及交互性更强的 Web 应用程序的技术。AJAX 基于 JavaScript、XML、HTML 和 CSS 等 Web 标准，并不是一种新的编程语言。在 AJAX 中使用的 Web 标准已被良好定义，并被所有的主要浏览器支持。AJAX 应用程序独立于浏览器和平台。

AJAX 与服务器间进行数据交换可以采用任何双方认可的文本格式，其中 XML 格式更能符合数据交换的要求。

19.5.1　AJAX 应用与普通 Web 应用

普通的 Web 应用中，浏览器中的网页内容只有在页面重载后才能得到更新。而对 AJAX

应用而言，AJAX 程序代码位于客户端网页内，它可以利用 JavaScript 脚本控制 XMLHttpRequest 对象以异步方式与服务器进行通信，获取服务器端数据；同时通过 JavaScript 脚本控制 DOM 对象，利用获取的数据更新浏览器页面中的内容。AJAX 应用的优点是：页面无需重新加载就可以更新页面数据，有效维护网页"状态"；客户端只需向服务器端请求必要的数据，而无需获得整个页面，有效减少了数据通信量，降低了带宽占用，提高了通信效率。

19.5.2　XMLHttpRequest 对象

XMLHttpRequest 对象的设计目标很明确，就是用来以后台方式并接收服务器端的数据。由于它以异步方式调用服务器程序并接收数据，所以可以使浏览器端与服务器的通讯变得非常通畅。XMLHttpRequest 对象并不属于 Web 浏览器 DOM 标准的扩展，它只是碰巧得到了多数浏览器的支持。

XMLHttpRequest 对象源自软件私有的 ActiveX 组件，可以在 IE 浏览器中作为 JavaScript 对象来访问；当然它也可以被大多数浏览器所支持，并且使用方法也基本类似，只是在使用细节上存在不同。

如图 19-27 中所示 JavaScript 代码是在 IE 浏览器创建 XMLHttpRequest 对象的常用方式（为简化问题，代码作了一定的精简）。

```
1  // JavaScript Document
2  function getXMLHttp(){
3      //创建XMLHttpRequest对象
4      var xHttp=null
5      if(typeof ActiveXObject !="undefined"){
6          xHttp=new ActiveXObject("Microsoft.XMLHttp");
7      }
8      return xHttp
9  }
```

图 19-27　创建 XMLHttpRequest 对象的自定义函数

代码中第 5 行判断浏览器是不 ActiveXObject 对象，第 6 行创建客户端的 XMLHttpRequest 对象，第 8 行将对象引用返回给函数调用者。

19.5.3　AJAX 简单实例

下面利用 AJAX 技术设计一个如图 19-28 所示的简单实例。

图 19-28　AJAX.html 客户端页面

单击页面中"更新"按钮，可分别更新页面中服务端时间和客户端时间。选中自动"更新"复选框，将隐藏"更新"按钮，且每秒自动更新网页中时间；相反，取消"自动更新"复选框，自动更新将终止，"更新"按钮将重现。

本例中我们用 XMLHttpRequest 对象以异步方式向服务器端请求时间数据，服务端 Server.asp 文件代码清单如图 19-29 所示。

```
1
2   <%@LANGUAGE="VBSCRIPT" CODEPAGE="936"%>
3   <%=now()%>
4
```

图 19-29　Server.asp 代码清单

考虑代码的可重用性，我们可以把有关 XMLHttpRequest 对象的操作编写在一个独立的 JavaScript 脚本文件 XMLHttp.js 中，文件代码如图 19-30 所示。

```
1   // JavaScript Document
2   function getXMLHttp(){
3       //建立XMLHttpRequest对象的函数
4       var xHttp=null;
5       if(typeof ActiveXObject !="undefined"){
6           xHttp=new ActiveXObject("Microsoft.XMLHttp");
7       }
8       return xHttp
9   }
10
11
12  function sendRequest(obj){
13      //向服务器端发送异步请求
14      var req=getXMLHttp();                    //获得XMLHttpRequest对象
15      if(req){                                 //如果req不是空则发送请求
16          req.onreadystatechange=function(){
17              //设置检测状态变化的回调函数
18              var ready=req.readyState;
19              if(ready==4){                    //返回数据成功
20                  obj.value=req.responseText;  //用返回的数据更新指定的页面对象
21              }else{
22                  obj.value="Reading...";
23              }
24          }
25          req.open("POST","Server.asp",true);  //打开XMLHttpRequest对象
26          req.send();                          //发送XMLHttpRequest对象
27      }
28  }
29
```

图 19-30　XMLHttp.js 代码清单

图中第 3~10 行代码就是前面介绍的创建 XMLHttpRequest 对象的函数。第 12~28 行代码用于向服务器端 Server.asp 文件请求数据，并处理接收到的数据。函数接收一个 obj 对象参数，第 16~20 行代码功能是把接收的数据用于更新该对象的值（表现为页面数据发生变化）。

创建如图 19-28 所示的网页，并命名为 AJAX.html。在其\<head\>区引用外部脚本文件 XMLHttp.js，在录入如图 19-31 中所示的 JavaScript 脚本代码。

```
1   <!DOCTYPE HTML PUBLIC "-//W3C//DTD HTML 4.01 Transitional//EN"
2   "http://www.w3.org/TR/html4/loose.dtd">
3   <html><head>
4   <script language="JavaScript" type="text/javascript" src="XMLHttp.js"></script>
5   <script language="JavaScript" type="text/javascript">
6   function update(){                          //更新页面程序
7       var oForm=document.getElementById("form1");
8       with(oForm){
9           clientTime.value=new Date();        //取得客户端当前时间
10          sendRequest(serverTime);            //按指定要求的文本框对象刷新
11      }
12  }
13
14  var auto=null;                              //设定一个全局基类变量
15  function autoupdate(obj){                    //自动更新程序
16      if(obj.checked){                        //如选中复选框为自动刷新
17          obj.form.Update.style.display="none";
18          auto=setInterval("update()",1000);  //每隔1秒自动更新一次
19      }else{
20          obj.form.Update.style.display="block";
21          clearInterval(auto);                //清除计时器
22      }
23  }
24  </script>
25  <meta http-equiv="Content-Type" content="text/html; charset=gb2312">
26  <title>AJAX客户端页面</title>
27  </head>
28  <body>
29  <form id="form1" name="form1" method="get" action="">
30  服务端时间<input name="serverTime" type="text" id="serverTime" size="36" readonly="true"><br>
31  客户端时间<input name="clientTime" type="text" id="clientTime" size="36" readonly="true"><br>
32  <input name="autoUpdate" type="checkbox" id="autoUpdate" onclick="autoupdate(this)"> 自动更新
33  <br><input type="button" name="Update" value="更新" onClick="update(this)">
34  </form>
35  </body></html>
36
```

图 19-31　AJAX.html 代码清单

将 AJAX.html、Server.asp、XMLHttp.js 文件发布到 IIS 服务器中。用 IE 浏览器打开 AJAX.html 文件，将得到类似图 19-28 所示的运行效果。

需要说明的时，由于该页面是在本地机器上测试的，所以服务器端的时间与客户端的时间相同；但由于服务器端采用 VBScript 脚本获取时间，而客户端以 JavaScript 脚本获取时间，所以会看到服务器端和客户端的时间格式稍有不同。

本章小结

本章简要介绍了 JavaScript、DHTML、XML 以及 AJAX 等常用网页应用技术的基本知识，并结合简单实例介绍的这些技术的简单应用。通过本章的学习，读者应对常用网页应用技术有了初步了解，对网页制作技术有了更深入的理解。当然网页应用技术层出不穷，本章也不可能一一穷尽；有志于在网页应用方面有所作为的读者，请自行参考相关书目，以便获取更丰富的知识。

思考练习

1. JavaScript 只能用于客户端编程吗？它作为客户端编程语言有什么优势？
2. 简述 HTML 文档的基本结构，简要介绍对应的 DOM 对象。
3. 在 IE 浏览器中，XML 文档中的数据只能如图 19-28 所示的方式显示吗？
4. 简述 AJAX 网页模式与普通网页模式的区别。

第20章 网页的艺术设计

网站建设越来越接近于一门艺术，而不仅仅是一项技术，网页的艺术设计，是艺术与技术的高度统一。通过本章学习，读者应该掌握以下内容：
- 网页艺术设计概述
- 网页艺术设计的审美
- 网页元素的编排技巧

20.1 网页艺术设计概述

20.1.1 设计内容

设计活动中包含着主观和客观两方面的因素，在确立了网页主题之后，首先要明确和熟悉设计的对象和构成的要素。网页艺术设计涉及的具体内容很多，可以概括为视听元素和版式设计两个方面。

视听元素主要包括文本、背景、按钮、图标、图像、表格、颜色、导航工具、背景音乐、动态影像等。无论是文字、图形、动画，还是音频、视频，网页设计者所要考虑的是如何以感人的形式把它们放进页面这个"大画布"里。多媒体技术的运用大大丰富了网页艺术设计的表现力。

网页的版式设计同报刊杂志等平面媒体的版式设计有很多共同之处，它在网页的艺术设计中占据着重要的地位。所谓网页的版式设计，是在有限的屏幕空间上将视听多媒体元素进行有机的排列组合，将理性思维个性化地表现出来，是一种具有个人风格和艺术特色的视听传达方式。它在传达信息的同时，也产生感官上的美感和精神上的享受。但网页的排版与书籍杂志的排版又有很多差异。印刷品都有固定的规格尺寸，网页则不然，它的尺寸是由读者来控制的。这使网页设计者不能精确控制页面上每个元素的尺寸和位置。而且，网页的组织结构不像印刷品那样为线性组合，这给网页的版式设计带来了一定的难度。

20.1.2 设计原则

网页的艺术设计，是技术与艺术的结合，内容与形式的统一。它要求设计者必须掌握以下三个主要原则。

1. 设计为主题服务

视觉设计表达的是一定的意图和要求，要有明确的主题，并按照视觉心理规律和形式将主题主动地传达给观赏者。网页艺术设计，作为视觉设计范畴的一种，其最终目的是达到最佳的主题诉求效果。这种效果的取得，一方面通过对网页主题思想运用逻辑规律进行条理性处理，使之符合浏览者获取信息的心理需求和逻辑方式；另一方面通过对网页构成元素运用艺术的形式进行条理性处理，更好地营造符合设计目的的视觉环境，突出主题。

优秀的网页设计必然服务于网站的主题，就是说，什么样的网站应该有什么样的设计。例如，个人站点与商业站点性质不同，目的也不同，所以评论的标准也不同。网页艺术设计与网站主题的关系应该是这样：首先，设计是为主题服务的；其次，设计是艺术和技术结合的产物，就是说，即要"美"，又要实现"功能"；最后，"美"和"功能"都是为了更好地表达主题。

2．形式与内容统一

任何设计都有一定的内容和形式。内容是构成设计的一切内在要素的总和，是设计存在的基础，被称为"设计的灵魂"；形式是构成内容诸要素的内部结构或内容的外部表现方式。设计的内容就是指它的主题、形象、题材等要素的总和，形式就是它的结构、风格或设计语言等表现方式。内容决定形式，形式反作用于内容。

一个优秀的设计必定是形式对内容的完美表现。一方面，网页设计所追求的形式美必须适合主题的需要，这是网页设计的前提。只讲花哨的表现形式以及过于强调"独特的设计风格"而脱离内容，或者只求内容而缺乏艺术的表现，网页设计都会变的空洞而无力。设计者只有将二者有机地统一起来，深入领会主题的精髓，再融合自己的思想感情，找到一个完美的表现形式，才能体现出网页设计独特的分量和特有的价值；另一方面，要确保网页上的每一个元素都有存在的必要性，不要为了炫耀而使用冗余的技术。那样得到的效果可能会适得其反。只有通过认真设计和充分的考虑来实现全面的功能并体现美感才能实现形式与内容的统一。

3．保持结构的整体性

网页的整体性包括内容和形式上的整体性，这里主要讨论设计形式上的整体性。网页是传播信息的载体，它要表达的是一定的内容、主题和意念，在适当的时间和空间环境里为人们所理解和接受，它以满足人们的实用和需求为目标。设计时强调其整体性，可以使浏览者更快捷、更准确、更全面地认识它、掌握它，并给人一种内部有机联系、外部和谐完整的美感。整体性也是体现一个站点独特风格的重要手段之一。

从某种意义上讲，强调网页结构形式的视觉整体性必然会牺牲灵活的多变性，"物极必反"就是这个道理。因此，在强调网页整体性设计的同时必须注意：过于强调整体性可能会使网页呆板、沉闷，以致影响访问者的情趣和继续浏览的欲望。"整体"是"多变"基础上的整体。

20.2　网页艺术设计的审美

20.2.1　审美误区

网页的从无到有，从满足基本的功能需要到追求美的较为高层次的需要，是一个循序渐进的过程。网页在满足了基本的功能要求之后，为了突出自己的特色，突出自己的优势，必须从审美入手。下面先分析几种常见的审美误区，希望大家能从中得到一些启示。

1．页面拥塞

这是很多网页都具有的特点，它将各种信息诸如文字、图片、动画等不加考虑地塞到页面上，有多少挤多少，不加以规范化，条理化，更谈不上艺术处理了。导致浏览时会遇到很多的不方便，主要就是页面五花八门，不分主次，没有很好的归类，让人难以找到需要的东西。

2. 页面花哨

这类网站也不少，显然这是很多不懂设计的人来制作的。他们把页面做得很花哨，但非常不实用，例如采用很深的带有花哨图案的图片作为背景，严重干扰了浏览，获取信息很困难。同时有些还采用了颜色各异、风格不同的图片、文字、动画，使页面五彩缤纷，没有整体感觉。尽管有些页面内容不多，但是浏览起来仍然特别困难。这种过度的包装甚至不如不加任何装饰的页面。不加装饰最起码不会损害其基本的功能需求。或许他们的初衷是好的，是想把自己的页面做得漂亮点，结果却是适得其反。

3. 页面缺乏特色

当我们打开电脑，上网一看，好像很多网站都是一样的。从标题的放置，按钮的编排到动画的采用都是如此。用色时随心所欲，只要能区分开文本和背景就达到目的。造成这种现象的原因就是网页设计师本身的原因，他们没有充分地利用自己的知识，分析自己网站的优势，发挥自己网站的特点，而是采用走捷径、大众化的方法，做起来当然很容易了，但是失去了自己特点的网页就像流水线上下来的产品，好像随便看哪一个都一样，这样就不能起到网页设计的目的了。当然这里不是片面的唯美主义，不能只是看中页面的漂亮而不顾用户使用的不方便。例如有些网页将按钮融入到页面的图片中去，倒是比较漂亮了，整体感强了，但是用户有时候却找不到按钮，造成困难。这同样是不可取的。

4. 纯技术化的网页

在这种网页上，充斥了许多纯粹为了炫耀技术的东西，如多个风格迥异的动画（缺乏美感甚至是与主体无关的动画），还有大量利用了 JavaScript 和动态 HTML 技术，然而始终没有把握住整体这个中心，造成页面的混乱。这与第一种有些类似，这种网页很多是技术上的高手制作的。但是结果给人除了羡慕技术之外毫无收获，这样的网页也是不合需要的。更为严重的是，大量地采用这种技术或动画，造成浏览时由于受带宽的限制而非常慢，所以不管是从功能上还是从形式上都是不可取的。

综合以上的分析，可以找出很多目前网页设计上的不足，特别是审美上的误区。在照顾网页功能需要的前提下，需要有针对性地采用一些美的形式来使网页做得更加有生气，更吸引人。

20.2.2 审美原则

从古至今，很多艺术家和学者提出了各种关于形式美的规律，很多经得起推敲的作品都是遵循这些规律去创作，以期完成其审美价值的。因此，在网页设计过程中，设计者必须去研究、掌握，并主动地、有意识地运用这些规律，才能创作出好的作品。当然，不同时代有不同的设计审美观念，也有不同的美学特征。在信息特别发达的今天，竞争日趋激烈，给人们带来了新的审美需求，对于网页设计，客观上将其推向了更高层的表现境界，这是网页设计的必然趋势。去追求一种和谐的单纯，即追求清晰的视觉冲击力和巨大的张力，我们应该把美的形式规律同现代的网页设计的具体问题结合起来。下面具体谈几点网页设计的审美原则。

1. 变化、统一原则

变化是各个组成部分之间的区别，统一是各个部分之间的内在关联。完美的图形设计，形式上要丰富有条理，即对图形的大小、方圆、动静、强弱等方面的处理；组织上要有秩序而不单调，不混乱，即图形的主从关系，叙事关系，呼应关系等方面的处理。在图形设计中运用变化与统一的规律，是处理形象和组织的对立统一过程，那么在网页设计中同样要恰当地利用这种规律，在我们把大量的信息安排到网页上去的时候，考虑怎样把它们合理地用统一的方式来排布，使整体感强同时又要有变化，这样使页面更丰富，更有生气，看起来就不感到枯燥，很多网站诸如体育网站，排布的新闻从上到下几十条，没有一点变化，显得单调而乏味，就是违反了这种形式美的规律，所以要充分地运用变化来改进它，从排布的形式上或者是颜色上都可以。

2. 条理、反复原则

其中反复是有规律的连续与延伸，有组织的变化与扩展并加以归纳，概括而富于条理化。条理与反复的原则是图形构成整体的秩序美的基础，是变化中的统一，也是运动发展中求得协调一致的表现方式，由它可以演化出多种多样的图形变化。这种在很多较为优秀的网站中运用较多，同时应用得也比较自如，这时由于很多网站丰富，信息含量大，不得不运用一定的方式将其条理化，同时又在一定程度上加以归纳后重复地利用，使网页较为整齐，脉络清楚，读起来也能有重点。当然，内容较少的网站同样需要条理与反复，以达到更富有变化和清晰的视觉效果。如文字的合理编排、图片和文字的结合、如何呼应等。

3. 对比、调和原则

对比是指在质或量方面相互差异甚大的两个要素同时配置在一起时，两者之间有相互作用的性格，更加令人感到彼此强烈地相互衬托。对比是为了使主题画面具有变化和生气而运用的方法。而调和是构成美的对象在部分与部分之间的相互关系。它无论是在质的方面还是量的方面都没有矛盾，各部分所传达给人的感受和意念之间不是相互分离或排斥的，而是一个部分多样性的整体统一来表现美的状态。那么在网页设计中，如何利用它来达到好的效果呢？首先合理地利用对比的因素，例如文本的排布、字体的大小、粗细、颜色、图片的宽窄、比例的反差、透明以及位置的放置等。

4. 均齐、平衡原则

这是动力与中心两者矛盾统一所产生的形态，是设计中求得中心稳定的两种组织形式。均齐的组织方法是，无论在哪一个中轴和中心支点，各方面配置同形同量的图形都要求图形整体结构严谨、形态安定整齐、平衡。实际上也是一个中轴和支点保持平衡，所不同的是配置的形为等量不等形，它没有一定的组织原则，只要能在形式结构上掌握好中心即可，它要求在形式上自然合理。所以均齐偏于静止的形式美感，而平衡却显得灵活多变，带有动感。在网页设计中，在充分考虑整体页面上所有图形、文字的基础上，如何比较整个页面上左右两边的量与质，是一个设计师自身经验的积累。页面上的平衡是一个动态的平衡，因为页面上两边的配置不会总是一样的，即左边一个图右边一个图，那是不多的。更多的时候是图和文字以及大块的颜色轻的图和小块的颜色重的图的平衡，以及与文本的疏密和大小的平衡，所以这是一种动态的平衡。只有通过不断的实践才能在这方面驾轻就熟地运用，满足人们视觉上的整体平衡感。这也是人的心理因素的一种图形化的表现，当然不是一种片面追求静止的对称，那是僵硬的、不生动的，同样会失去美感。

5. 合理留白的原则

网页中的留白就像情感小说中的心理描写或是动作电影中的抒情段落一样，可以让网页的视觉效果更加自由、流畅。很遗憾，许多网页设计师都不懂得这个浅显的道理，他们或是在客户需求的压力下，或是在不良设计习惯的驱使下，将整个页面塞满了图片、文字、链接或是广告，以至于所有视觉元素都不得不在拥挤的空间内苟延残喘、痛苦挣扎。

留白并不特指网页中的白色区域。事实上，网页中凡是没有前景元素干扰的视觉区域都可以被称为留白。横向通栏的留白可以让网页拥有一种水平的流动感；纵向的留白可以平衡文字、导航栏等视觉元素在水平方向的作用力；标题区域的大面积留白可以突出公司名称或网页标题信息；正文区域内的大面积留白既可以丰富页面布局的内涵，也可以缓解网上冲浪者在阅读时可能产生的视觉疲劳。

6. 节奏、韵律原则

运动中的事物都具有节奏和韵律的形式规律，节奏与韵律在音乐、舞蹈、诗歌及电影等具有时间形式的艺术中是通过视觉和听觉来表现的，节奏本身没有形象特征，只是表明事物在运动中的快慢、强弱以及间歇的节拍。节奏可以说是条理与反复的发展，它带有机械的秩序美，韵律是每个节拍间运动所表现的轨迹，它带有形象特征。在具体的网页设计的运用中，按钮的编排就经常会遇到这个问题，做得好的按钮能够使排在一起的诸多按钮富有音乐般的美感，同时丝毫不损其实用性，可惜现在见到类似的太少了，因为需要不仅是从形状上，而且要从整体的色泽、大小等综合方面入手。

作为形式美的法则，随着时代的不同而不断发展进步，特别在生活节奏如此快的互联网时代，由于追求目标的变化，人们的审美观念也在不断地变化，但是美的本质是一样的，同时随着技术的发展，很多目前不容易实现的审美形式也逐渐被克服，突破带宽的瓶颈，就会给网页设计的自如发展一片新的天地。我们对美的追求是永不停止的，作为设计师，也要不断地提高自己的素质，才能做出更好的富于美感的网页来。

20.2.3 网页布局的类型

网页布局大致可分为"国"字型、拐角型、标题正文型、左右框架型、上下框架型、综合框架型、封面型、Flash 型、变化型等。

1. "国"字型

也可以称为"同"字型，是一些大型网站所喜欢的类型，即最上面是网站的标题以及横幅广告条，接下来就是网站的主要内容，左右分列一些小条内容，中间是主要部分，与左右一起罗列到底，最下面是网站的一些基本信息、联系方式、版权声明等。这种结构是网上见到的最多的一种结构类型。

2. 拐角型

这种结构与上一种只是形式上的区别，很相近。上面是标题及广告横幅，接下来的左侧是一窄列链接等，右列是很宽的正文，下面也是一些网站的辅助信息。

3. 标题正文型

这种类型即最上面是标题或类似的一些东西，下面是正文，比如一些文章页面或注册页面等就是这种类型。

4. 左右框架型

这是一种左右为两页的框架结构，一般左面是导航链接，有时最上面会有一个小的标题或标志，右面是正文。我们见到的大部分论坛都是这种结构。这种类型结构非常清晰，一目了然。

5. 上下框架型

与上面类似，区别仅仅在于是一种上下分为两页的框架。

6. 综合框架型

上面两种结构的结合，是相对复杂的一种框架结构，较为常见的类似于"拐角型"结构。

7. 封面型

这种类型基本上是出现在一些网站的首页，大部分为一些精美的平面设计结合一些小的动画，放上几个简单的链接或者仅是一个"进入"的链接，甚至直接在首页的图片上做链接而没有任何提示。这种类型大部分出现在企业网站和个人主页，如果处理的好，会给人带来赏心悦目的感觉。

8. Flash 型

与封面型结构类似，只是这种类型采用了目前非常流行的游戏 Flash。与封面型不同的是，由于 Flash 强大的功能，页面所表达的信息更丰富。其视觉及听觉效果，如果处理得当，绝不逊色于传统的多媒体。

9. 变化型

是上面几种类型的结合与变化，比如网页在视觉上是很接近拐角型的，但所实现的功能实质是上、左、右结构的综合框架型。

20.3　页面元素的编排技巧

1. 大小的对比

大小关系是造形要素中最重要的一项，几乎可以决定意象与调和的关系。大小差别少，给人的感觉较为温和，大小的差别大，给人的感觉较鲜明，而且具有强力感。

2. 明暗的对比

阴与阳、正与反、昼与夜等类的对比可使人感觉到日常生活中的明暗关系。对彩度或色相的识别，是色感中最基本的要素。

3. 粗细的对比

字体愈粗，愈富有男性的气概。若代表时髦与女性，则通常以细字表现。细字如果份量增多，粗字就应该减少，这样的搭配看起来比较明快。

4. 曲线和直线的对比

曲线很富有柔和感、缓和感；直线则富坚硬感、锐利感，极具男性气概。平常我们并不注意这种关系，可是，当曲线或直线强调某形状时，我们便有了深刻的印象，同时也产生相对应的情感。为加深曲线印象，就以一些直线来强调，也可以说，少量的直线会使曲线更引人注目。

5. 质感的对比

在一般人的日常生活中，也许很少听到质感这句话，但是在美术方面，质感却是很重要的造形要素。譬如松弛感、平滑感、湿润感等等。质感不仅表现出情感，而且与这种情感融为一体。

6. 位置的对比

在画面两侧放置某种物体，不但可以强调，同时也可产生对比。画面的上下、左右和对角线上的四角都是潜在的力点，而在此力点处配置照片、大标题或标志、记号等，便可显出隐藏的力量。因此在潜在的对立关系位置上，放置鲜明的造形要素，可显出对比关系，并产生具有紧凑感的画面。

7. 主与从的对比

页面设计也和舞台设计一样，主角和配角的关系很清楚时，观众的心理会安定下来。明确表示主从的手法是很正统的构成方法，会让人产生安心感。如果两者的关系模糊，会令人无所适从，相反地，主角过强就失去动感，变成庸俗画面。

8．动与静的对比

一个故事的开始都有开端、说明、转变和结果。一座庭院中，也有假山、池水、草木、瀑布等的配合。同样，在设计配置上也有动态与文静部分。

扩散或流动的形状即为"动"；水平或垂直性强化的形状则为"静"。把这两者配置于相对之处，而以动部分占大面积，静部分占小面积，并在周边留出适当的留白以强调其独立性。

9．多种的对比

对比还有曲线与直线、垂直与水平、锐角与钝角等种种不同的对比。如果再将前述的各种对比和这些要素加以组合搭配，即能制作富有变化的画面。

10．起与收

页面整体空间因为各种力的关系而产生动态，进而支配空间。产生动态的形状和接受这种动态的另一形状，互相配合着，使空间变化更生动。

11．图与地

明暗逆转时，图与地的关系就会互相变换。一般印刷物都是白纸印黑字，白纸称为地，黑字称图；相反，有时会在黑纸上印反白字，此时黑底为地，白字则为图，这是黑白转换的现象。

12．强调

同一格调的版面中，在不影响格调的条件下，加进适当的变化，就会产生强调的效果。强调打破了版面的单调感，使版面变得有朝气、生动而富于变化。例如：版面皆为文字编排，看起来索然无味，如果加上插图或照片，就如一颗石子丢进平静的水面，产生一波一波的涟漪。

13．比例

希腊美术的特色为"黄金比"，在设计建筑物的长度、宽度、高度和柱子的型式、位置时，如果能参照"黄金比"来处理，就能产生希腊特有的建筑风格，也能产生稳重和适度紧张的视觉效果。长度比、宽度比、面积比等等比例，能与其他造形要素产生同样的功能，表现极佳的意象，因此使用适当的比例是很重要的。

14．韵律感

具有共通印象的形状反复排列时，就会产生韵律感。不一定要用同一形状的东西，只要具有强烈印象就可以了。三次、四次的出现就能产生轻松的韵律感。有时候，只反复使用两次具有特征的形状，就会产生韵律感。

15．左右重心

在人的感觉上，左右有微妙的相差。因为右下角有一处吸引力特别强的地方。考虑左右平衡时，如何处理这个地方就成为关键性问题。

人的视觉对从右上到左下的流向较为自然。编排文字时，将右下角空着来编排标题与插画，就会产生一种很自然的流向。如果把它逆转就会失去平衡而显得不自然。这种左右方向的平衡感，可能是和人们惯用右手有点关系吧。

16．向心与扩散

在我们的情感中，总是会意识事物的中心部分。即使很不在乎地看事物，在我们心中仍总是想探测其中心部分，好象如此，才有安全感一般，这就构成了视觉的向心。一般而言，向心型看似温柔，也是一般所喜欢采用的方式，但容易流于平凡。离心型的排版，可以称为是一种扩散型。具有现代感的编排常见扩散型的例子。

17．Jump 率

在版面设计上，必须根据内容来决定标题的大小。标题和本文大小的比率就称为 Jump 率。Jump 率越大，版面越活泼；Jump 率越小，版面格调越高。依照这种尺度来衡量，就很容易判断版面的效果。标题与本文字体大小决定后，还要考虑双方的比例关系，如何进一步来调整，也是相当大的学问。

18．统一与调和

如果过份强调对比关系，空间预留太多或加上太多造形要素时，容易使画面产生混乱。要调和这种现象，最好加上一些共通的造形要素，使画面产生共通的格调，具有整体统一与调和的感觉。反复使用同形的事物，能使版面产生调合感。若把同形的事物配置在一起，便能产生连续的感觉。两者相互配合运用，能创造出统一与调和的效果。

19．导线

依眼睛所视或物体所指的方向，使版面产生导引路线，称为导线。在制作构图时，常利用导线使整体画面更引人注目。

20．水平线

黄昏时，水平线和夕阳融合在一起，黎明时，灿烂的朝阳由水平线上升起。水平线给人稳定和平静的感受，无论事物的开始或结束，水平线总是固定地表达静止的时刻。

21．垂直线

垂直线的活动感，正好和水平线相反，垂直线表示向上伸展的活动力，具有坚硬和理智的意象，使版面显得冷静又鲜明。如果不合理的强调垂直性，就会变得冷漠僵硬，使人难以接近。将垂直线和水平线作对比的处理，可以使两者的性质更生动，不但使画面产生紧凑感，也能避免冷漠僵硬的情况产生，相互取长补短，使版面更完备。

本章以网页艺术设计原则以及存在的审美误区为铺垫，简要介绍了网页艺术设计中的布局、网页元素编排技巧等问题，希望读者能够在网页设计及浏览过程中，更多地注意其中的艺术元素，提高自身的艺术素养。

思考练习

1．网页的艺术设计三原则是什么？

2．网页布局的类型有哪几种？

附录 经典网站赏析

网　　址：http://www.nba.com

设计特点：这是 NBA 的官方网站。整个网站以黑、白、蓝为基调，浑厚清新。这样的配色可以显示独特的个性，又不失大型网站的风采。
布局特点：整个布局为左右结构，导航栏突出、明晰

网　　址：http://www.microsoft.com

设计特点：这是微软公司网站，背景颜色使用蓝色，菜单为灰黑色，字体为黑色。从网页我们就可以看出微软公司的风格、作风以及雄厚的实力。
布局特点：整个布局为框架格式，栏目清晰

网　　址：http://www.g-card.co.kr

设计特点：画面色彩丰富，上下的底色发生了3 种变化，人物形象颇感亲切。
布局特点：整体布局属于上、中、下结构。上面为主导航栏，中间为形象宣传区，下面为最新分类信息

网　　址：http://www.xiaoyouxi.com

设计特点：这是一个游戏网站，背景以蓝色为主，字体颜色红、黄、蓝交错，富有变化，给人以遐想、动感和激情。
布局特点：整个布局为上、中、下框架结构，上面为菜单栏，中间为动态广告，下部为分类信息

网　　址：http://www.sanghacheese.co.kr/

设计特点：这是一个幼儿食品网站。整体为暖色调效果，给人以安全雅致的感受，渐变的背景色强化了这种特性。

布局特点：属于左右式结构分布，左边为新产品宣传区域，右边为导航栏区域

网　　址：http://gdcore.co.kr

设计特点：这是一自然建筑网站。素描与水彩相结合的艺术风格，色彩以单色为主，配合少量的蓝色，温馨浪漫，富有童话意境。

布局特点：完全独立式布局，导航栏与宣传标题都作为海报式的文字排版处理

参考文献

[1] 程伟渊编著. 动态网页设计与制作实用教程（第二版）. 北京：中国水利水电出版社，2007.

[2] 廖彬山编著. 动态网站开发教程. 北京：清华大学出版社，2000.

[3] 高成编著. ASP 动态网站建设. 北京：国防工业出版社，2002.

[4] 石志国编著. ASP 动态网站编程. 北京：清华大学出版社，2001.

[5] 李昕编著. 疯狂站长之 Flash 5.0 & Fireworks 3.0. 北京：中国水利水电出版社，2000.

[6] 张景峰，庄连英编著. ASP 程序设计及应用（第二版）. 北京：中国水利水电出版社，2011.

[7] 魏善沛编著. 企业网站开发与管理. 北京：中国水利水电出版社，2009.

[8] 雷运发，莫云峰等编著. 网站设计与开发案例教程. 北京：中国水利水电出版社，2011.

[9] 梁建武等编著. ASP 程序设计（第二版）. 北京：中国水利水电出版社，2008.